New Wun Ching Developmental Publishing Co., Ltd.

New Age · New Choice · The Best Selected Educational Publications — NEW WCDP

管理數學

MATHEMATICS FOR MANAGEMENT MADE EASY

黃河清・童冠燁 編著

　　這是一本專供大學或科技大學管理相關科系之「管理數學」課程之用，此外，本書亦可供作業研究入門或生產與作業管理、計量行銷分析之輔助教材。

　　因為顧及教與學雙方之需求，本書分成二篇八章，第一篇是基礎數學，內容有邏輯與集合、矩陣與行列式及機率，這些都是學習者未來進行研究或職場應用必備之工具，若時間許可，允宜全授；第二篇是計量管理模式，包括線性規劃、決策理論、馬可夫鏈、賽局理論與存貨模式，這些章節對多數學生是陌生的，教師得因實際教學情況選其中幾章或每章做概念性導引，讓學生對這些模式是如何架構出來的有初步之理解，進而引發生學生之學習或研究之興趣才是重要的。

　　基本上，本書算是管理數學之入門書，取材上較偏重觀念，在計算上避免煩瑣之計算，因此本書之例子與練習題多屬計算量不大之計算問題及簡單之推證題，教師在教授第二篇時可由學生搜集相關之應用，然後在課堂做分組報告，這對提升學生學習興趣和活絡上課討論氣氛是有極大的幫助。

　　另外，在資訊化時代下，諸多領域應用資訊技術解決實務問題已為常態，故本書亦分別於第二章矩陣與行列式、第三章機率、第四章線性規劃、第五章決策理論、第六章馬可夫鏈等章末加入軟體求解示例，讓學生在了解基本概念後，遇到實務應用時能透過軟體快速得到解答，以協助其遂行管理實務，迅速發揮管理數學的應用價值。

　　本書在內容設計上，除了每節有學習目標，提示該節學習重點，並適當地安排隨堂演練，除可在課堂內學習之內容做及時之反饋外，本書亦有一些小框，對例題應用之公式或方法做一點醒。這些設計之目的無非是希望本書更具親和力。

　　本書任一章節均自可成一單獨課程，如何濃縮並深入淺出地表現出來自非易事，作者自忖學力多有不足之處，尚祈海內外大家不吝賜正，至為感荷。

編著者　謹識

目錄

CONTENTS

Part 01　基礎數學

CHAPTER /01　邏輯與集合

CHAPTER /02　矩陣與行列式

CHAPTER /03　機　率

Part 02　計量管理模式

CHAPTER /04　線性規劃

CHAPTER /05　決策理論

CHAPTER /06　馬可夫鏈

CHAPTER /07 賽局理論

CHAPTER /08 存貨模式

附　錄

PART 01

基礎數學

01 CHAPTER

邏輯與集合

1.1　基本邏輯

學習目標

1. 了解命題的意義與命題運算。
2. 熟稔命題代數之基本運算能力。
3. 了解充分條件、必要條件與充要條件。
4. 了解什麼是量詞。

前言

　　本章之基本邏輯以**命題代數**(propositional algebra)為主，目的是為管理決策者提供了管理應有之邏輯基礎，這是企業理性決策分析、尤其量化分析時不可或缺之基本能力。

命題是什麼？

　　凡是可以判斷**真**(truth)或**偽**(false)之**語句**(statement)就稱為**命題**(proposition)。

　　換言之，只有能判斷真、偽的語句才稱為命題，否則就不能稱為命題。例如：這家拉麵很好吃。因為好不好吃是個人口味問題，因人而異，亦無客觀之評量標準，我們很難判別這句話之真偽性，因此不是命題。其他像疑問句、感嘆句等都不是命題。

隨堂演練 A

下列哪一個語句是命題？

(1) $1 + 2 = 5$

(2) 這位小姐長得好高呀！

(3) 我們要採用哪一個促銷策略來擴大市場占有率？

Ans：(1)

5 命題連詞與真值表

我們在初等代數，對 $x+y$，$x-y$，$x \cdot y$… 之意義均應已熟稔，x, y 是為變量，$+, -, \cdot$ 為**算子**(operator)。相對地，在命題代數，p, q, r 稱為命題變元，也稱為**原子命題**(atom proposition)，命題**連詞**(connective)相當於算子。命題連詞計分下列 5 種：

1. **且則**(and)：以 $\wedge$ 表之：如 $p \wedge q$ 意指 p 且 q。

2. **或則**(or)：以 $\vee$ 表之：如 $p \vee q$ 意指 p 或 q。

3. **否則**(negation)：以 $\neg$ 表示：$\neg p$ 表示否定命題 p。

4. **條件**(conditional)：以 $\rightarrow$ 表之。$p \rightarrow q$ 表示若 p 則 q (if p then q)。

5. **雙條件**(biconditional)：以 $p \leftrightarrow q$ 或 p iff q 表之。$p \leftrightarrow q$ 表示若且唯若 p 則 q (if and only if p then q)。

真值表

命題變元經命題連詞串接後，可得許許多多新的命題，我們稱這種新得的命題為**複合命題**(compound proposition)。**每個命題均只有二個結果：真(T)與偽(F)**，經過這 5 個連詞串接後之結果，也還只有真(T)與偽(F)其中之一個。因此，這種邏輯也稱為**二元邏輯**。我們可用**真值表**(truth value table)來顯示命題變元 p, q, r 在不同真偽值下經串接後之真偽值。複合命題有 n 個命題變元，則其真值表應有 $\underbrace{2 \cdot 2 \cdots 2}_{n \text{個}} = 2^n$ 個列。

命題算連詞之真值表

我們先看 2 個命題變元 p, q 在 5 個命題連詞作用下之真值表：

1. 且

p	q	$p \wedge q$	例子
T	T	T	1+2=3 為真(T)且日本在亞洲為真(T)　∴真值為真
T	F	F	1+2=3 為真(T)且日本在歐洲為偽(F)　∴真值為偽
F	T	F	1+2=4 為偽(F)且日本在亞洲為真(T)　∴真值為偽
F	F	F	1+2=4 為偽(F)且日本在歐洲為偽(F)　∴真值為偽

2. 或

p	q	$p \vee q$	例子
T	T	T	1+2=3 為真(T)或日本在亞洲為真(T)　∴真值為真
T	F	T	1+2=3 為真(T)或日本在歐洲為偽(F)　∴真值為真
F	T	T	1+2=4 為偽(F)或日本在亞洲為真(T)　∴真值為真
F	F	F	1+2=4 為偽(F)或日本在歐洲為偽(F)　∴真值為偽

3. 否

p	$\neg p$	例子
T	F	日本在亞洲為真(T)　∴日本不在亞洲為偽(F)
F	T	日本在歐洲為偽(F)　∴日本不在歐洲為真(T)

回想小學算術對 $+, -, \times, \div$ 算子在運算上有先乘除後加減的規定，同樣地，我們在命題代數規定五種命題算子在串接上也有優先順序：括弧內的優先，然後依序 $\neg, \wedge, \vee, \rightarrow, \leftrightarrow$。

例 1

若二個命題 p, q 之真值分別為 T, F，求 $(1) \neg(p \wedge q)$；$(2) \neg[(p \vee \neg q)]$。

解

(1)

p	q	$\neg$	$p \wedge q$
T	F	T	F
		②	①

$\therefore p, q$ 分別為 T, F 時，$\neg(p \wedge q)$ 之真值為 T

(2)

p	q	$\neg$	$[(p \vee \neg q)]$
T	F	F	T T
		③	② ①

$\therefore p, q$ 分別為 T, F 時，$\neg[(p \vee \neg q)]$ 之真值為 F

上例解中，圓圈內之數字表示演算之順序，讀者在實作時可略之。

隨堂演練 B

若 p, q 分別為 F, T 時，求 $\neg(p \vee \neg q)$ 之真值。

Ans：T

例 2

求作 $\neg(p \vee q)$ 之真值表，並由真值表讀出 p 為偽，q 為真時，$\neg(p \vee q)$ 之真值。

解

(1) 本例有 2 個命題變元，故真值表應有 $2^2 = 4$ 個列。

p	q	$\neg$	$(p \vee q)$
T	T	F	T
T	F	F	T
F	T	F	T
F	F	T	F

(2) 由真值表第三列易知，當 p 為偽(F) q 為真(T)時，$\neg(p \vee q)$ 為偽(F)。

隨堂演練 C

作 $\neg(p \wedge q)$ 之真值表。

4. 條件

若 p 則 q $(p \rightarrow q)$ 之 p 稱為**前提**(premise)，q 為**結論**(consequence)，$p \rightarrow q$ 之真值表為：

p	q	$p \rightarrow q$	例子	
T	T	T	若 1+2=3 為真(T)則日本在亞洲(T)為真	∴真值為真
T	F	F	若 1+2=3 為真(T)且日本在美洲(F)為偽	∴真值為偽
F	T	T	若 1+2=4 為偽(F)且日本在亞洲(T)為真	∴真值為真
F	F	T	若 1+2=4 為偽(F)且日本在美洲(F)為偽	∴真值為真

因此條件命題僅當前提 p 為真且結論 q 為偽時為偽，其餘均為真

例 3

求 $p \vee q \rightarrow p \wedge q$ 之真值表。

解

p	q	$p \vee q$	$\rightarrow$	$p \wedge q$
T	T	T	T	T
T	F	T	F	F
F	T	T	F	F
F	F	F	T	F
		①	③	②

定理 A

$p \rightarrow q \Leftrightarrow \neg q \rightarrow \neg p$

證 明

p	q	$p \rightarrow q$	$\neg q$	$\rightarrow$	$\neg p$
T	T	T	F	T	F
T	F	F	T	F	F
F	T	T	F	T	T
F	F	T	T	T	T
			①	②	①

由箭頭所示之二行，顯示出在不同之 p, q 之真值組合下，對應之真值完全相同，我們稱這二個命題為**等價**(equivalent)，以 " $\Leftrightarrow$ " 表之。因此 $p \rightarrow q \Leftrightarrow \neg q \rightarrow \neg p$。

定理 A "若 p 則 q" 與 "若非 q 則非 p" 為等價，它表示 "若 p 則 q" 成立，那麼 "若非 q 則非 p" 亦成立。

例 4

數學定理之敘述常為"若 p 則 q"之形式。微分學有這麼個定理：若 $f(x)$ 在 (a,b) 中可微分，則 $f(x)$ 在 $[a,b]$ 中為連續。令 $p:f(x)$ 在 (a,b) 可微分，$q:f(x)$ 在 $[a,b]$ 連續，則敘述可寫成 $p \to q$，它等價於 $\neg q \to \neg p$，因此我們有：若 $f(x)$ 在 $[a,b]$ 中不連續，則 $f(x)$ 在 (a,b) 中不可微分。

定理 B

$$p \to q \Leftrightarrow \neg p \vee q$$

證 明

應用真值表

p	q	$p \to q$	$\neg p$	$\neg p \vee q$
T	T	T	F	T
T	F	F	F	F
F	T	T	T	T
F	F	T	T	T

由箭頭所示之二行，顯示出在不同 p, q 真值之組合下，對應之真值完全相同，因此 $p \to q \Leftrightarrow \neg p \vee q$。

定理 B 之意義是"若 p 則 q"與"非 p 或 q"等價，因此，定理 B 常用在邏輯之代數處理上。

5. 雙條件

雙條件命題 $p \leftrightarrow q$ 之真值表為：

p	q	$p \leftrightarrow q$	例子
T	T	T	若且唯若 1+2=3 為真(T)則日本在亞洲(T)為真 ∴真值為真
T	F	F	若且唯若 1+2=3 為真(T)且日本在美洲(F)為偽 ∴真值為偽
F	T	F	若且唯若 1+2=4 為偽(F)且日本在亞洲(T)為偽 ∴真值為偽
F	F	T	若且唯若 1+2=4 為偽(F)且日本在美洲(F)為真 ∴真值為真

因此，雙條件命題當 p, q 同為真或同為偽時 $p \leftrightarrow q$ 為真，其餘為偽。

定理 C

$$p \leftrightarrow q \Leftrightarrow (p \to q) \land (q \to p)$$

證 明

應用真值表

p	q	$p \leftrightarrow q$	$(p \to q)$	$\land$	$(q \to p)$
T	T	T	T	T	T
T	F	F	F	F	T
F	T	F	T	F	F
F	F	T	T	T	T

$$\therefore p \leftrightarrow q \Leftrightarrow (p \to q) \land (q \to p)$$

定理 C 之意思是：若且唯若 p 則 q 與 "若 p 則 q 且若 q 則 p" 為等價。

永真式與永假式

像例 5，命題變元之真值不論如何指派，其真值均為真，這是永真式，也稱為**套套邏輯**(tautology)，反之，真值均為假，則稱為**永假式**(contradiction)。

例 5

試作 $p \wedge q \to p$ 之真值表。

解

p	q	$p \wedge q$	$\to p$
T	T	T	T
T	F	F	T
F	T	F	T
F	F	F	T
		①	②

由真值表可看出此複合命題為恆真。

隨堂演練 D

$p \to p$ 是永真式、永假式還是皆非。

Ans：永真式

充分條件、必要條件及充要條件

條件命題"若 p 則 q"成立之前提下，請特別注意「成立」這個二個字。我們稱 p 為 q 之**充分條件**(sufficient condition)，q 為 p 之**必要條件**(necessary condition)。而"若 p 則 q"與"若 q 則 p"均同時成立，則 p、q 互為**充要條件**(sufficient and necessary condition)。如果條件命題「若你唱歌則我看電視」成立，你唱歌是我看電視的充分條件，我看電視是你唱歌的必要條件。

---

p, q 何者時充分條件，何者必要條件或充要條件，其實很簡單。

把 p, q 放在「若____則____」之適當位置（先決條件：若____則____成立），比如說若 p 則 q 成立，那麼 p 是 q 之充分條件，同時 q 是 p 之必要條件。

如果「若 p 則 q」與「若 q 則 p」均成立，那麼 p, q 互為充要條件。

例 6

試在下列空格填「充分」、「必要」或「充要」：

(1) $\triangle ABC$ 中 $AB = AC$ 是 $\triangle ABC$ 為等腰三角形之_____條件。

(2) $\triangle ABC$ 中 $AB = AC$ 是 $\triangle ABC$ 為正三角形之_____條件。

解

(1) 若 $AB = AC$ 則 $\triangle ABC$ 為等腰三角形，但 $\triangle ABC$ 為等腰三角形可能是 $AB = BC$，我們可確定 "若 $AB = AC$ 則 $\triangle ABC$ 為等腰三角形" 成立但 "若 $\triangle ABC$ 為等腰三角形則 $AB = AC$" 不成立。

∴ $AB = AC$ 是 $\triangle ABC$ 為等腰三角形之充分條件。（$\triangle ABC$ 為等腰三角形是 $AB = AC$ 必要條件。）

(2) $AB = AC$ 未必保證 $\triangle ABC$ 為正三角形，但若 $\triangle ABC$ 為正三角形則必有 $AB = AC$ ∴我們可確定 "若 $\triangle ABC$ 為正三角形則 $AB = AC$" 成立，但 "若 $AB = AC$ 則 $\triangle ABC$ 為正三角形" 不成立，因此 $AB = AC$ 是 $\triangle ABC$ 為正三角形之必要條件。

隨堂演練 E

1. $x = \sqrt{2}$ 是 x 為無理數之_____條件。

2. $x + 2y = 3$ 是 $x = 1, y = 1$ 之_____條件。

Ans:1.充分；2.必要

量　詞

引　子

我們在數學乃至日常生活中免不了要談到「**存在一些**」(exist some)和「**所有的**」（for all 或 for every）這類觀念，邏輯教材多會有下面這個古老的例子：

H_1：所有人都會死。

H_2：蘇格拉底是一個人。

結論 C：蘇格拉底會死。

談到涉及與「對每一個」（即「所有」）或存在一個（即「至少有一個」）有關之命題，這便走向**量詞**(quantifier)之領域，量詞符號有二個，$\forall$（對所有）與 $\exists$（存在）：

1. $\forall x P(x)$ 表示對論域中所有 x 而言 $P(x)$ 均為真。

2. $\exists x P(x)$ 表示論域中至少（存在）有一個 x 使得 $P(x)$ 為真。

簡單地說，論域就是我們要推理對象的範圍，有點像函數之定義域。

例如：$P(x)$ 為臺大學生身高超過 160cm，那麼 $\forall x P(x)$ 表為：所有臺大學生身高超過 160cm，$\exists x P(x)$ 表為：存在一位臺大學生他的身高超過 160cm，或至少有一位臺大學生他的身高超過 160cm。

例 7

令 $p(x)$ 是 "x 是偶數"，$q(x)$ 是 "x 是質數"，問下列命題之真偽：

(1) $p(2) \wedge q(2)$ (2) $p(3) \vee q(2)$

解

(1) $p(2) \wedge q(2)$：2 為偶數且 2 為質數，故為真。

(2) $p(3) \vee q(2)$：3 為偶數或 2 為質數，故為真。

量題之否定

定理 $\forall x P(x)$ 與 $\exists x P(x)$ 之否定分別為：

$\neg(\forall x P(x)) \Rightarrow \exists x (\neg P(x))$ 它的意思是 "所有 x，$P(x)$ 成立"，其否定為 "存在一個 x，$P(x)$ 不成立"。

$\neg(\exists x P(x)) \Rightarrow \forall x (\neg P(x))$ 它的意思是："存在一個 x，$P(x)$ 成立"，其否定為 "對每一個 x，$P(x)$ 不成立"。

例 8

1. $\forall x(x > 0)$：對所有 x，$x > 0$，其否定為 $\neg \forall x(x > 0) \Rightarrow \exists x(x \leq 0)$，存在一個 x，$x \leq 0$。

2. $\exists x(x > 0)$：存在一個 x，$x > 0$，其否定為 $\neg \exists x(x > 0) \Rightarrow \forall x(x \leq 0)$，對所有 x，$x \leq 0$。

學習目標

1. 對元素與集合，集合與集合之關係有一清晰之概念。
2. 熟稔集合之基本運算。包括活用布林代數與文氏圖等輔助工具。

前　言

自德國數學家康脫(Georg Cantor, 1845~1918)在十九世紀七〇年代創立了集合理論之雛型後，歷經數學家們之努力，大約在上世紀二〇年代即已大致完備。數學分析、機率統計、管理科學之隨機系統，乃至線性規劃都少不了集合，因此，我們有必要對集合做一簡介。

集合是指「定義明確之事物所形成的集體」(well-defined collection of objects)。集合中之每一個體稱為該集合之**元素**(element)。我們對集合之元素有以下之規定：

- **集合內之元素無次序之關係**，如 $\{1, 2, 3\}$ 與 $\{2, 1, 3\}$ 均視為同一集合。

- **集合內之元素均不相同，若有重複元素，則視為同一元素。**

    例如 $\{1, 2, 2, 3\}$ 與 $\{1, 2, 3\}$ 均視為同一集合。

    因此一個集合之元素有確定、無序與互異三個特性。

隨堂演練 A

問 $A = \{1, 3, 4, 2\}$，$B = \{1, 1, 2, 3, 4\}$，$C = \{1, 2, 2, 3, 4\}$ 三個集合是否同等？

Ans：是

集合之表示法有列舉法與構式法（描述法）二種，若由 1, 2, 3 所組成之集合 A，用列舉法表表示為 $A = \{1, 2, 3\}$，構式法表示則為 $A = \{n \mid 1 \le n \le 3$ ；n 為正整數$\}$。人們習慣上用大寫字母 A, B, C 等表示集合，而以小寫字母 $a, b, c \cdots$ 代表元素，$x \in A$ 讀做 x 屬於 A，表示 x 為 A 之一個元素，$x \notin A$ 表示 x 不為 A 之元素。

設 A, B 為二集合，若 B 中之每一元素均為 A 之元素則稱 B 包含於 A，記做 $B \subseteq A$，此時 B 亦稱為 A 之**子集合**(subset)。**任一集合顯然均為自身之子集合，即 $A \subseteq A$ 恆成立，若 $A \subseteq B$ 且 $B \subseteq A$ 則稱 $A = B$**。若 $A \subseteq B$ 但存在一個 $b \in B$ 使得 $b \notin A$，則稱 A 為 B 之**真子集**(proper subset)，記做 $A \subset B$，顯然 $A \subset A$ 並不成立。

全集(universal set)稱為**廣集**或**宇集**，是我們考慮下之所有元素所成之集合。

對任何一個不含任何元素之集合稱為**零集合**(null set)或**空集合**(empty set)，記做 ϕ。規定**空集合 ϕ 為任意集合之子集合，即 $\phi \subseteq A$ 恆成立**。

注意：ϕ 與 $\{\phi\}$ 不同，$\{\phi\}$ 為集合中只含一個元素 ϕ，所以 $\phi \in \{\phi\}$，又 ϕ 為任一集合之子集合，所以又有 $\phi \subseteq \{\phi\}$。

隨堂演練 B

若 $A \subseteq \phi$，則 A 與 ϕ 有何關係？

Ans：$A = \phi$

集合的基數

集合因其元素個數是否有限而分為**有限集合**(finite set)與**無限集合**(infinite set)二類，**本書只討論有限集合**。集合內不同元素的個數稱為有限集合 A 的**基數** (cardinal number)，記做 $|A|$ 或 $n(A)$，例如： $A = \{2, 3, 4\}$，$B = \{2, 2, 3, 4\}$，則 $|A| = |B| = 3$。

集合之聯集與交集

集合有二種基本運算：

1. **聯集** (union of sets)：A, B 二集合之聯集記做 $A \cup B$，定義為 $A \cup B = \{x \mid x \in A \lor x \in B\}$，或 $A \cup B = \{x \mid x \in A \text{ 或 } x \in B\}$。

   由定義我們有下列有關聯集之三個重要結果，A, B 為二集合，則
   - $A \cup B = B \cup A$
   - $A \cup A = A$
   - $A \cup S = S$（S 為全集）

2. **交集** (intersection of sets)：A, B 二集合之交集記做 $A \cap B$，定義為 $A \cap B = \{x \mid x \in A \land x \in B\}$，或 $A \cap B = \{x \mid x \in A \text{ 且 } x \in B\}$，$A \cap B = \phi$，則稱 A, B 為二**分離集合** (disjoint set)，或稱 A, B 為二**互斥集合** (mutually exclusive sets)。由定義我們可有下列關於交集之結果：
   - $A \cap B = B \cap A$
   - $A \cap A = A$
   - $A \cap S = A$

   由交集之定義，我們又可衍生下面二個集合運算：

   (1) **補集**(complement of sets)：設 S 為全集，則 A 之補集記做 $\overline{A}$（或 A', A^c 等，補集亦譯為餘集），定義為 $\overline{A} = \{x \mid x \in S \land x \notin A\}$ 或 $\overline{A} = \{x \mid x \in S \text{ 且 } x \notin A\}$。

   (2) **差集** (difference of sets)：A 與 B 之差集，記做 $A - B$，定義為 $A - B = \{x \mid x \in A \land x \notin B\}$，或 $A - B = \{x \mid x \in A \text{ 且 } x \notin B\}$。由差集之定義可知：$\boldsymbol{A - B = A \cap \overline{B}}$，從而可得 $A - A = \phi$ 及 $(\boldsymbol{A - B}) \cap (\boldsymbol{B - A}) = \phi$。

例 1

若 $A = \{a, b, c, d, e\}$，$B = \{a, b, c\}$，$C = \{c, e, f\}$，求(1) $A \cap B$ ；(2) $B \cap C$ ；(3) $A - (B \cup C)$ ；(4) $A - (B - C)$ 。

解

(1) $A \cap B = \{a, b, c\} = B$

(2) $B \cap C = \{c\}$

(3) $B \cup C = \{a, b, c, e, f\}$　　$\therefore A - (B \cup C) = \{d\}$

(4) $B - C = \{a, b\}$　　$\therefore A - (B - C) = \{c, d, e\}$

隨堂演練 C

承例 1，求 $(B \cup C) - A$ 。

Ans：$\{f\}$

文氏圖

文氏圖(Venn diagram)是一種用環圖之方式表達集合間之運算關係，以應用在二個集合或三個集合上最為常見。

例 2

A, B 為二集合，試以文氏圖表示：(1) $A \cup B$ ；(2) $A - B$ ；(3) $(A - B) \cup (B - A)$ 。

解

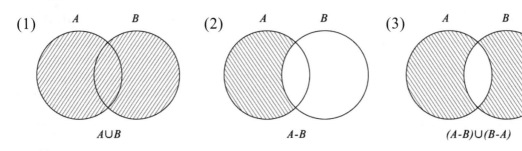

(1) $A \cup B$

(2) $A - B$

(3) $(A-B) \cup (B-A)$

例 3

A, B, C 為三集合，試繪出 (1) $(A \cap B) \cap C$；(2) $(A-B) \cup C$ 之文氏圖。

解

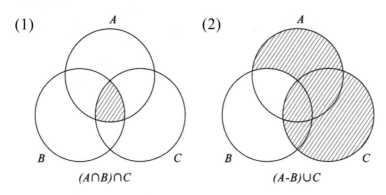

(1) $(A \cap B) \cap C$

(2) $(A-B) \cup C$

隨堂演練 D

試繪 $(A-B) \cap C$ 之文氏圖。

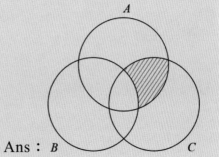

Ans：

注意：文氏圖只能供做集合化簡或論證時之輔助工具，不能做為論證之依據。

冪集合

A為任意一集合，定義$P(A)$為A之所有之子集合所成之集合，稱為A之**冪集合**(power set)，以$P(A)$表之。我們知道$\phi \subseteq A$，$A \subseteq A$，因此ϕ與A一定為 $P(A)$ 之 元 素 。 若 $A = \{a, b, c\}$ 則 $P(A) = \left\{ \phi, \{a\}, \{b\}, \{c\}, \{a, b\}, \{a, c\}, \{b, c\}, \underbrace{\{a, b, c\}}_{A} \right\}$，$P(A)$共有 8 個元素，一般而言，$n$個相異元素之集合應有$2^n$個子集合亦即$P(A)$有$2^n$個元素，因此亦有人用$2^A$表示$A$之冪集合。

例 4

$A = \{a, b, c, d\}$，$B = \{a, c\}$，$C = \{a, b, c\}$，求(1) $P(A-B)$；(2) $P(B \cap C)$。

解

(1) $A - B = \{b, d\}$ ∴ $P(A-B) = \left\{ \phi, \{b\}, \{d\}, \{b, d\} \right\}$

(2) $B \cap C = \{a, c\}$ ∴ $P(B \cap C) = \left\{ \phi, \{a\}, \{c\}, \{a, c\} \right\}$

隨堂演練 E

$A = \{a, b\}$，求$P(A)$。

Ans：$\left\{ \phi, \{a\}, \{b\}, \{a, b\} \right\}$

1.3 集合之基本定理

學習目標

　　了解集合論之基本定理（包括對偶原理），並能應用於集合之計算、化簡及論證。

　　我們在本節將發展一些基本定理，這對集合式之化簡或論證上都很重要。

定理 A

　　設 S 為全集，則

(1) 交換律：$A \cup B = B \cup A$；$A \cap B = B \cap A$

(2) 結合律：$(A \cup B) \cup C = A \cup (B \cup C)$；$(A \cap B) \cap C = A \cap (B \cap C)$

(3) 分配律：$A \cup (B \cap C) = (A \cup B) \cap (A \cup C)$；$A \cap (B \cup C) = (A \cap B) \cup (A \cap C)$

(4) 冪等律：$A \cup A = A$；$A \cap A = A$

(5) 吸收律：$S \cup A = S$；$S \cap A = A$

(6) 統一律：$S \cap A = A$；$A \cup \phi = A$

(7) 互補律：$A \cap \overline{A} = \phi$；$A \cup \overline{A} = S$

(8) 第摩根律(De Morgan's law)：$\overline{A \cup B} = \overline{A} \cap \overline{B}$；$\overline{A \cap B} = \overline{A} \cup \overline{B}$

證 明

(1) $A \cup B = B \cup A$：$x \in A \cup B \Leftrightarrow x \in A$ 或 $x \in B \Leftrightarrow x \in B$ 或 $x \in A$

　　$\therefore A \cup B = B \cup A$

(2) $(A\cup B)\cup C = A\cup(B\cup C)$：$x\in(A\cup B)\cup C \Leftrightarrow x\in(A\text{ 或 }B)$ 或 $x\in C \Leftrightarrow x\in A$ 或 $x\in(B\text{ 或 }C)$，$\therefore (A\cup B)\cup C = A\cup(B\cup C)$

(3) $A\cup A = A$：$x\in A\cup A \Leftrightarrow x\in A$ 或 $x\in A \Leftrightarrow x\in A$

(4)~(8)請讀者自行仿證。

定理 B

A, B 為二集合，則有

(1) 若 $A\subseteq B$ 則 $A\cup B = B$，$A\cap B = A$

(2) $A\subseteq(A\cup B)$；$(A\cap B)\subseteq A$

由定理 B，顯然 $(A\cup B)\cap C\subseteq C$；$(A\cup B)\cap C\subseteq A\cup B\cdots$

定理 C

定理 A 之分配律：$A\cup(B\cap C) = (A\cup B)\cap(A\cup C)$ 及 $A\cap(B\cup C) = (A\cap B)\cup(A\cap C)$，蘊含了一個關係：**若將恆等式之 $\cup$ 換成 $\cap$，$\cap$ 換成 $\cup$，ϕ 換成 S，S 換成 ϕ，則又有了另一個新的恆等式，這就是集合之對偶原理。**

隨堂演練 A

試寫出 $A\cap\overline{A} = \phi$ 之對偶關係式。

Ans：$A\cup\overline{A} = S$

我們舉些例子說明上述定理之應用：

例 1

化簡 $A\cup(A\cap B)$。

解

$A \cup (A \cap B) = (A \cup A) \cap (A \cup B) = A \cap (A \cup B)$

由定理 B 得知 $A \subseteq A \cup B$　∴ $A \cap (A \cup B) = A$

亦即 $A \cup (A \cap B) = A$

例 2

證明 $A - (B \cap C) = (A - B) \cup (A - C)$。

解

$A - (B \cap C) = A \cap \overline{(B \cap C)} = A \cap (\overline{B} \cup \overline{C})$

$= (A \cap \overline{B}) \cup (A \cap \overline{C}) = (A - B) \cup (A - C)$

例 3

試化簡 $A \cup (B - A)$。

解

$A \cup (B - A) = A \cup (B \cap \overline{A}) = (A \cup B) \cap (A \cup \overline{A}) = (A \cup B) \cap S = A \cup B$

隨堂演練 B

化簡 $A \cap (\overline{A} \cup B)$。

Ans：$A \cap B$

排容原理

學習目標

了解如何應用排容原理(inclusive-exclusive principle)計算有限集合元素個數。

A_i 是**有限集合**(finite set)，即集合之元素個數為有限，$i = 1, 2, \cdots, n$，若 A_i 之元素個數 $n(A_i) = n_i$，排容原理是求：$A_1, A_2, \cdots, A_n$ 經集合運算後之集合元素個數。二個有用的定理是：

定理 A

若 S 為全集合 $A \subseteq S$，則 $n(\overline{A}) = n(S) - n(A)$

證 明

設全集 S 之元素個數 $|S| = n$，A 之元素個數為 $|A|$，那麼不屬於 A 之元素個數為 $n(\overline{A}) = |\overline{A}| = n - |A| = |S| - |A|$。

定理 B

A, B 為二有限集合，A, B 之元素個數分別是 $n(A)$ 與 $n(B)$，則

$$n(A \cup B) = n(A) + n(B) - n(A \cap B)$$

證 明

$A \cap B = \phi$ 時　$n(A \cup B) = n(A) + n(B)$ 顯然成立。

$A \cap B \neq \phi$ 時　$\begin{cases} n(A) = n(A \cap \overline{B}) + n(A \cap B) \\ n(B) = n(\overline{A} \cap B) + n(A \cap B) \end{cases}$

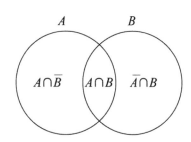

$$n(A \cup B) = n(A \cap \bar{B}) + n(A \cap B) + n(\bar{A} \cap B)$$

$$= [n(A) - n(A \cap B)] + n(A \cap B) + [n(B) - n(A \cap B)]$$

$$= n(A) + n(B) - n(A \cap B)$$

推論 B 1

$$n(A \cup B \cup C) = n(A) + n(B) + n(C) - n(A \cap B) - n(A \cap C) - n(B \cap C) + n(A \cap B \cap C)$$

證 明

$$n(A \cup B \cup C) = n[(A \cup B) \cup C] = n(A \cup B) + n(C) - n[(A \cup B) \cap C]$$

$$= n(A \cup B) + n(C) - n[(A \cap C) \cup (B \cap C)]$$

$$= [n(A) + n(B) - n(A \cap B)]) + n(C) - [n(A \cap C) + n(B \cap C) - n(A \cap C) \cap (B \cap C)]$$

$$= n(A) + n(B) + n(C) - n(A \cap B) - n(A \cap C) - n(B \cap C) + n(A \cap B \cap C)$$

例 1

為了了解某地區居民之新聞收視率,於是抽訪了 170 人,假設該地只有 A、B 二家電視公司有新聞節目其他則屬購物臺、戲劇臺等。結果有 64 人看 A 臺,83 人看 B 臺,25 人兩臺皆有收視,問(1)有多少人不看新聞?(2)有多少人只看 1 臺?

解

(1) 由題意 $n(A) = 64$, $n(B) = 83$, $n(A \cap B) = 25$

$n(A \cup B) = n(A) + n(B) - n(A \cap B)$

$= 64 + 83 - 25 = 122$

$\therefore n(\bar{A} \cap \bar{B}) = n(S) - n(A \cup B)$

$= 170 - 122 = 48$

即 48 人不收看新聞。

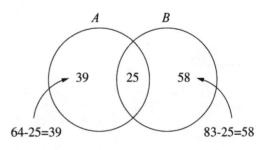

(2) 只看 A 臺不看 B 臺的人數 $n(A \cap \overline{B}) = n(A) - n(A \cap B) = 64 - 25 = 39$

同法只看 B 臺不看 A 臺的人數 $n(\overline{A} \cap B) = 58$

∴有 $39 + 58 = 97$ 人只看一臺。

對不習慣用公式計算的讀者亦可用文氏圖來解排容問題,由內而外逐一扣減,每一個區域和其他區域均為互斥。就例 1 而言,由題意知 $n(s) = 170$,$n(A) = 64$,$n(B) = 83$,$n(A \cap B) = 25$,我們在計算時先填 $A \cap B$ 之區域。$n(A \cap B) = 25$,所以 $n(A \cap \overline{B}) = 39$,$n(\overline{A} \cap B) = 58$,得知看電視新聞的人數 $n(A \cup B) = 39 + 25 + 58 = 122$,因此 $170 - 122 = 48$ 人不看電視新聞。只看 1 臺新聞的人有 $39 + 58 = 97$ 人。

🔧 隨堂演練 A

若某系想開設外文課程,暫訂為日文(J)與西班牙文(S),該系有 120 名學生,徵詢結果,有 76 人想修日文,18 人什麼都不修,25 人二種都想修,問有多少人只想修西班牙文?又多少個人只修了日文?

Ans:26 人;51 人

🔒 例 2

為參加校慶運動大會,本班有 60 名同學,經班會決定對其中之田徑、籃球與游泳三項將組隊參加。調查有 24 人參加田徑,21 人籃球隊,25 人游泳隊,11 人可同時參加田徑與籃球隊,13 人可參加田徑與游泳,14 人參加籃球與游泳,4 人三項均參加。問有多少人什麼項目都不參加?

🔧 解

令 A:本班全體同學 $n(A) = 60$,T:參加田徑同學 $n(T) = 24$,

B:參加籃球隊同學 $n(B) = 21$,S:參加游泳同學 $n(S) = 25$

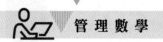

另 $n(T \cap B) = 11$，$n(T \cap S) = 13$，$n(B \cap S) = 14$，$n(T \cap B \cap S) = 4$

$\therefore n(\overline{T} \cap \overline{B} \cap \overline{S}) = n(S) - n(T \cup B \cup S)$

$= n(A) - \left[n(T) + n(B) + n(S) - n(T \cap B) - n(T \cap S) - n(B \cap S) + n(T \cap B \cap S)\right]$

$= 60 - [24 + 21 + 25 - 11 - 13 - 14 + 4]$

$= 24$（人）

亦可由文氏圖由內而外逐一扣減，便知什麼項目都不參加的有

60−4−9−4−7−2−10−0=24（人）

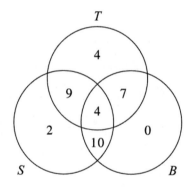

練習題 1

1. 將下列複合命題分解成若干原子命題 $p, q, r, \cdots$，然後用形式符號表出。

   (1) 若 $2+3$ 是偶數，則 $3+1$ 是奇數。

   (2) 若我在圖書館，則我會看書或跟別人討論功課。

   (3) 如果明天下雨，那麼我就去賣場買東西並去咖啡店喝咖啡。

2. 試作出下列命題公式之真值表，並指出何者是永真式、永假式。

   (1) $(\neg p \to q) \to (p \to q)$ (2) $p \wedge q \to \neg p$

   (3) $p \wedge q \to p$ (4) $p \wedge (p \to q)$

3. (1) 二整數和為偶數是二數均為偶數之_____條件。

   (2) $x = 1$ 是 $x^2 = 1$ 之_____條件。

   (3) $x = 1$ 是 $x + 1 = 2$ 之_____條件。

   (4) $xy < 0$ 是 $x > 0$ 且 $y < 0$ 之_____條件。

4. 用文氏圖表示：

   (1) $A \cup (B \cap C)$ (2) $(A \cup B) \cap C$ (3) $(A \cap B) - C$

5. $A = \{a, b, c, d, e\}$，$B = \{a, d, f, g\}$，$C = \{b, c, d, g, h\}$，$D = \{d, e, f, g, h\}$，求

   (1) $A - B$ (2) $B - (C \cup D)$

   (3) $(A \cup D) - C$ (4) $(C - A) - B$

   (5) $P((C - A) - B)$

6. 試指出下列哪一些敘述為正確。

   (1) $\{x \mid x \neq x\} = \phi$ (2) $\{x \mid x + 2 = 2\} = \phi$

   (3) $A \subset A$ (4) $\{(x, y) \mid x + 2y = 3, 2x + 4y = 1\} = \phi$

   (5) $A = \phi$ 則 $P(A)$ 之元素個數為 1

7. $A = \{a, \{b, c\}\}$，求 $P(A)$。

8. A, B, C 三集合之關係如左，試以文氏圖表示以下之集合：

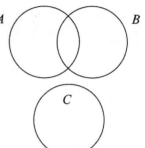

(1) $A \cap B \cap C$
(2) $A - (B \cup C)$
(3) $A \cap (B \cup C)$
(4) $A \cup (B \cap C)$

9. 請直接寫出下列集合運算之結果。

(1) $(A \cap B) \cup A$
(2) $A \cap (A \cap B)$
(3) $[A \cap (A \cap B)] \cap \phi$
(4) $(A \cap B) \cap (A \cup B)$
(5) $(A \cap B) \cup (A \cup B)$

10. 化簡：

(1) $A - (A - B)$

(2) $A - (A - A)$

11. 寫出 $A \cup (B \cap C) = (A \cup B) \cap (A \cup C)$ 之對偶式。

12. 若 $n(A - B) = 6$，$n(B - A) = 3$，$n(A \cup B) = 12$，求 $n(A \cap B)$。

13.（承 1.4 節例 2）問有多少人只參加單項？

02

矩陣與行列式

2.1 矩　陣

學習目標

1. 了解矩陣之意義。
2. 了解矩陣之基本運算（加、減、乘法與轉置）。

前　言

在管理科學領域中，矩陣應用之處很廣，包括以後要談的線性規劃、馬可夫鏈乃至在迴歸分析、計量經濟學等，在資訊時代，矩陣在程式處理上，不論在資訊貯存還是運算上均處有利之地位。

定　義

$m \times n$ **階矩陣**($m \times n$ matrix) A 是一個有 m 個列(row)，n 個行(column)之**陣列**(array)，陣列之 a_{ij} 為第 i 列第 j 行元素

$$A = \begin{bmatrix} a_{11} & a_{12} & \cdots & a_{1n} \\ a_{21} & a_{22} & \cdots & a_{2n} \\ \cdots & \cdots & \cdots & \cdots \\ a_{m1} & a_{m2} & \cdots & a_{mn} \end{bmatrix}，以 A = [a_{ij}]_{m \times n} 表之$$

若矩陣之列數與行數均為 n 時，我們稱此種矩陣為 n **階方陣**(square matrix of order n)。方陣 A 之 $a_{11}, a_{22}, \cdots, a_{nn}$ 稱為**主對角線**(main diagonal)，只有方陣才有主對角線。

注意：在臺灣我們是「橫列縱行」，但中國大陸是用「橫行縱列」。換言之，我們稱的行是他們的列，我們稱的列是他們的行，但不管如何，英文都是 row 或 column。

英文的 Row 與 Column 即有若干玄機：C 像耳朵是縱彎，R（rows 諧音像 nose）像鼻是橫突。

例如：

$$A = \begin{bmatrix} a_{11} & a_{12} & a_{13} & a_{14} \\ a_{21} & a_{22} & a_{23} & a_{24} \\ a_{31} & a_{32} & a_{33} & a_{34} \end{bmatrix},$$

則 A 之第 2 行為 $\begin{bmatrix} a_{12} \\ a_{22} \\ a_{32} \end{bmatrix}$，$A$ 之第三列為 $\begin{bmatrix} a_{31} & a_{32} & a_{33} & a_{34} \end{bmatrix}$

 隨堂演練 A

$A = \begin{bmatrix} 1 & 0 & -3 & 4 \\ 2 & -5 & 7 & 2 \\ 3 & -2 & 4 & 6 \end{bmatrix}$，問 a_{13}, a_{22}, a_{34} 為何？

Ans：$-3, -5, 6$

一些特殊的方陣

我們介紹一些重要的方陣：

1. **上三角陣與下三角陣**：主對角線以下之元素均為 0 之方陣稱為**上三角陣**（upper triangular matrix），主對角線以上元素均為 0 之方陣稱**下三角陣**（lower triangular matrix）。

例如：

$$\begin{bmatrix} 1 & 2 & 3 \\ 0 & 4 & 5 \\ 0 & 0 & 6 \end{bmatrix} 為上三角陣，\begin{bmatrix} 1 & 0 & 0 \\ 2 & 3 & 0 \\ 4 & 5 & 6 \end{bmatrix} 為下三角陣$$

2. **對角陣與單位陣**：主對角線元素外其餘元素均為 0 之方陣稱為**對角陣**(diagonal matrix)，若對角陣之對角線元素均為 1 者稱為**單位陣**(identity matrix)。

例如：

$$\begin{bmatrix} 1 & 0 & 0 \\ 0 & 0 & 0 \\ 0 & 0 & 3 \end{bmatrix} 為對角陣，\begin{bmatrix} 1 & 0 & 0 \\ 0 & 1 & 0 \\ 0 & 0 & 1 \end{bmatrix} 為單位陣$$

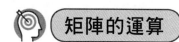 矩陣的運算

矩陣相等

定 義

$A = [a_{ij}]_{m \times n}$，$B = [b_{ij}]_{m \times n}$

若 $a_{ij} = b_{ij}$，$i = 1, 2, \cdots, m$，$j = 1, 2, \cdots, n$，則 $A = B$

因此二個矩陣 A, B 相等之條件為(1)同階；(2)對應之元素相等。

例 1

若 $\begin{bmatrix} 1 & 2 \\ x & 3 \end{bmatrix} = \begin{bmatrix} 1 & y \\ 2 & 3 \end{bmatrix}$，求 x, y。

解

$x = 2$ ， $y = 2$

矩陣加法、減法

定　義

$A = [a_{ij}]_{m \times n}$ ， $B = [b_{ij}]_{m \times n}$ ，則定義 $A + B = [a_{ij} + b_{ij}]_{m \times n}$ 與 $A - B = [a_{ij} - b_{ij}]_{m \times n}$

因此，對矩陣之加法有下列定理：

定理 A

A, B, C 為三個同階矩陣，則

(1) $A + B = B + A$

(2) $A + (B + C) = (A + B) + C$

證　明

令 $A = [a_{ij}]$ ， $B = [b_{ij}]$ ， $C = [c_{ij}]$ ，則

(1) $A + B = [a_{ij} + b_{ij}] = [b_{ij} + a_{ij}] = B + A$

(2) $(A + B) + C = \left[(a_{ij} + b_{ij}) + c_{ij} \right] = \left[a_{ij} + (b_{ij} + c_{ij}) \right] = A + (B + C)$

若 $m \times n$ 階矩陣之所有元素均為 0 者稱為**零矩陣**(zero matrix)以 $\mathbf{0}_{m \times n}$ 表之。

定理 B

$A = [a_{ij}]_{m \times n}$ ，則 $A + \mathbf{0}_{m \times n} = \mathbf{0}_{m \times n} + A = A$

純量與矩陣之乘法

定 義

$A = [a_{ij}]_{m \times n}$，$\lambda$ 為任意**純量**(scalar)，則 $\lambda A = [\lambda a_{ij}]_{m \times n}$

若讀者對純量這個名詞不習慣，你可把它想成實數。

例 2

$A = \begin{bmatrix} 2 & -3 & 4 \\ -1 & 0 & 5 \end{bmatrix}$，$B = \begin{bmatrix} -3 & -4 & 5 \\ 2 & 0 & -3 \end{bmatrix}$，求 $2A + 3B$。

解

$2A + 3B$

$= 2\begin{bmatrix} 2 & -3 & 4 \\ -1 & 0 & 5 \end{bmatrix} + 3\begin{bmatrix} -3 & -4 & 5 \\ 2 & 0 & -3 \end{bmatrix} = \begin{bmatrix} 4 & -6 & 8 \\ -2 & 0 & 10 \end{bmatrix} + \begin{bmatrix} -9 & -12 & 15 \\ 6 & 0 & -9 \end{bmatrix}$

$= \begin{bmatrix} -5 & -18 & 23 \\ 4 & 0 & 1 \end{bmatrix}$

隨堂演練 B

承例 1，求 $-3A + B$。

$$\text{Ans}：\begin{bmatrix} -9 & 5 & -7 \\ 5 & 0 & -18 \end{bmatrix}$$

矩陣與矩陣之乘法

矩陣之乘法有兩種，一是剛剛我們討論過的純量與矩陣之乘積，一是二個矩陣之乘積。

若 A 為一 $m \times n$ 階矩陣，B 為一 $n \times p$ 階矩陣，則 $C = A \cdot B$ 為一 $m \times p$ 階矩陣。上述 **AB 可乘之條件為 A 之行數必須等於 B 之列數**。若 $C = A \cdot B$（ A 、 B 為可乘），則 $c_{ij} = \sum\limits_{k=1}^{n} a_{ik} b_{kj}$ 。

例 3

$$A = \begin{bmatrix} a_{11} & a_{12} & a_{13} \\ a_{21} & a_{22} & a_{23} \end{bmatrix} \text{，} B = \begin{bmatrix} b_{11} & b_{12} \\ b_{21} & b_{22} \end{bmatrix} \text{，} C = \begin{bmatrix} c_{11} & c_{12} \\ c_{21} & c_{22} \\ c_{31} & c_{32} \end{bmatrix}$$

(1) $D = AC$ ，則 d_{12} ， d_{21} 為：

$d_{12} = a_{11} c_{12} + a_{12} c_{22} + a_{13} c_{32}$

$d_{21} = a_{21} c_{11} + a_{22} c_{21} + a_{23} c_{31}$

(2) $A \cdot B$：因 A 為 2×3 矩陣， B 為 2×2 矩陣 A 之行數為 3 不等於 B 之列數為 2 $\therefore A \cdot B$ 不可乘。

(3) $B \cdot A = \begin{bmatrix} b_{11}a_{11} + b_{12}a_{21} & b_{11}a_{12} + b_{12}a_{22} & b_{11}a_{13} + b_{12}a_{23} \\ b_{21}a_{11} + b_{22}a_{21} & b_{21}a_{12} + b_{22}a_{22} & b_{21}a_{13} + b_{22}a_{23} \end{bmatrix}$

有些讀者可能不習慣 AB 之計算，因此，在求 AB 時將 B「提高」：

$$\begin{bmatrix} b_{11} & b_{12} \\ b_{21} & b_{22} \end{bmatrix}$$

(1) $A \cdot B = \begin{bmatrix} a_{11} & a_{12} & a_{13} \\ a_{21} & a_{22} & a_{23} \end{bmatrix}$ ，$\therefore A$ 、 B 不可乘

(2) 求 $C = B \cdot A$ 時（以 c_{11}, c_{13} 為例）

$$\begin{bmatrix} a_{11} & a_{12} & a_{13} \\ a_{21} & a_{22} & a_{23} \end{bmatrix}$$

c_{11} ： $\begin{bmatrix} b_{11} & b_{12} \\ b_{21} & b_{22} \end{bmatrix}$ ， $\therefore c_{11} = b_{11}a_{11} + b_{12}a_{21}$

$$c_{13} : \begin{bmatrix} a_{11} & a_{12} & a_{13} \\ a_{21} & a_{22} & a_{23} \end{bmatrix}$$

$$\begin{bmatrix} b_{11} & b_{12} \\ b_{21} & b_{22} \end{bmatrix} , \quad \therefore c_{13} = b_{11}a_{13} + b_{12}a_{23}$$

矩陣連乘積之階數	可乘之條件
$A_{m\times n}B_{p\times q} \Rightarrow (AB)_{m\times q}$	$n = p$
$A_{m\times n}B_{p\times q}C_{r\times s} \Rightarrow (ABC)_{m\times s}$	$\begin{cases} n = p \\ q = r \end{cases}$

隨堂演練 C

$A = \begin{bmatrix} 1 & 1 \\ 0 & 1 \end{bmatrix}$ ， $B = \begin{bmatrix} 1 & 1 & -1 \\ -1 & -1 & 1 \end{bmatrix}$ ，求 AB 、 BA 、 A^2 與 B^2 。

Ans ： $\begin{bmatrix} 0 & 0 & 0 \\ -1 & -1 & 1 \end{bmatrix}$ ，不可乘， $\begin{bmatrix} 1 & 2 \\ 0 & 1 \end{bmatrix}$ ，不可乘

矩陣乘法之性質

定理 C

若 A, B, C 均滿足可加，可乘之條件， λ 為純量，則：

(1) $I_m A_{m\times n} = A_{m\times n} I_n = A_{m\times n}$

(2) 結合律： $(AB)C = A(BC)$

(3) 分配律： $(A+B)C = AC + BC$ ； $A(B+C) = AB + AC$

(4) $\lambda(AB) = (\lambda A)B = A(\lambda B)$

(5) $\mathbf{0}_{n\times m} A_{m\times n} = \mathbf{0}_{n\times n}$ ； $A_{m\times n} \mathbf{0}_{n\times m} = \mathbf{0}_{m\times m}$

證 明

(3) $A = [a_{ij}]$，$B = [b_{ij}]$，$C = [c_{ij}]$

令 $X = [x_{ij}]$，$X = (A+B)C$，則

$$x_{ij} = \sum (a_{ik} + b_{ik}) c_{kj} = \sum a_{ik} c_{kj} + \sum b_{ik} c_{kj}$$

$\therefore X = AC + BC$，即 $(A+B)C = AC + BC$

(4) 令 $Y = \lambda AB$，則

$$y_{ij} = \lambda \sum a_{ik} b_{kj} = \sum (\lambda a_{ik}) b_{kj} = \sum a_{ik} (\lambda b_{kj})$$

即 $\lambda AB = (\lambda A)B = A(\lambda B)$

注意：

(1) $AB = \mathbf{0} \not\Rightarrow A = \mathbf{0}$ 或 $B = \mathbf{0}$

(2) $AB = \mathbf{0} \not\Rightarrow BA = \mathbf{0}$

讀者可由隨堂演練 D 得到反例。

隨堂演練 D

$A = \begin{bmatrix} 1 & 1 & 2 \\ 3 & 3 & 6 \end{bmatrix}$，$B = \begin{bmatrix} 1 & -3 & 2 \\ 1 & 1 & 0 \\ -1 & 1 & -1 \end{bmatrix}$，驗證 $AB = \mathbf{0}$，但 $A \neq \mathbf{0}$，$B \neq \mathbf{0}$。

隨堂演練 E

由基本邏輯可知若 $A = \mathbf{0}$ 或 $B = \mathbf{0}$，則 $AB = \mathbf{0}$ 成立，那麼若 $AB \neq \mathbf{0}$，則 $A \neq \mathbf{0}$ 且 $B \neq \mathbf{0}$，還是 $A \neq \mathbf{0}$ 或 $B \neq \mathbf{0}$？

Ans：$A \neq \mathbf{0}$ 且 $B \neq \mathbf{0}$

矩陣代數中若 A，B 為可加，$A + B = B + A$ 恆成立，故 A，B 為**交換陣** (commute matrix)，概指乘法而言，即二矩陣 A，B 若為交換陣，則 $AB = BA$。

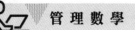

隨堂演練 F

$A = \begin{bmatrix} 1 & 0 \\ 2 & 1 \end{bmatrix}$，$B = \begin{bmatrix} 2 & 1 \\ 0 & 0 \end{bmatrix}$，問 A，B 是否可交換？

Ans：不可交換

定理 D

A 為任一 n 階方陣，則 $AI_n = I_n A = A$

顯然，A 為任一 n 階方陣，則 A 與 I_n 是可交換。若 A 為 $m \times n$，矩陣 $I_m A_{m \times n} = A_{m \times n}$，$A_{m \times n} I_n = A_{m \times n}$

代數式	方陣等式不恆成立的例子	方陣等式成立的例子
$x^2 - y^2 = (x+y)(x-y)$	$A^2 - B^2 \neq (A+B)(A-B)$	$I - A^2 = (I-A)(I+A)$
$x^3 - y^3$ $= (x-y)(x^2+xy+y^2)$	$A^3 - B^3$ $\neq (A-B)(A^2+AB+B^2)$	$I - A^3$ $= (I-A)(I+A+A^2)$
$x^2 - xy - 2y^2$ $= (x+y)(x-2y)$	$A^2 - AB - 2B^2$ $\neq (A+B)(A-2B)$	$I - A - 2A^2$ $= (I-2A)(I+A)$

定理 E

若 A, I 均為 n 階方陣，則

$$(A+I)^n = A^n + nA^{n-1} + \frac{n(n-1)}{2!}A^2 + \frac{n(n-1)(n-2)}{3!}A^3 + \cdots + A^n$$

例 4

若 $A^2 = \mathbf{0}$，試用 I, A 表示 $(I+A)^3$。

解

因 $IA = AI = A$，故 A, I 為可交換 $\Rightarrow (I+A)^3 = I^3 + 3I^2 A + 3IA^2 + A^3 = I + 3A$

（ $\because A^2 = \mathbf{0}$，那麼 $A^3 = A^2 \cdot A = \mathbf{0} \cdot A = \mathbf{0}$ ）

隨堂演練 G

若 $A^2 = A$，試用 A, I 表示 $(I+A)^2$。

Ans：$I + 3A$

矩陣之轉置

任意二矩陣 $A = [a_{ij}]_{m \times n}$，$B = [b_{ij}]_{n \times m}$，若 $a_{ij} = b_{ji}$，$\forall i$，j，則 B 為 A 之**轉置矩陣**(transpose matrix)，A 之轉置矩陣常用 A^T 表之。

簡單地說，A 之第一列為 A^T 之第一行，A 之第二列為 A^T 之第二行，…。

轉置矩陣之性質

定理 F

(1) $(A^T)^T = A$

(2) $(AB)^T = B^T A^T$ （設 A，B 為可乘）

(3) $(A+B)^T = A^T + B^T$ （設 A，B 為同階）

🔒 例 5

$$A = \begin{bmatrix} 1 & 0 & 3 \\ -2 & 1 & -1 \end{bmatrix}$$，則 A 之轉置矩陣 A^T 為 $\begin{bmatrix} 1 & -2 \\ 0 & 1 \\ 3 & -1 \end{bmatrix}$ 。

隨堂演練 H

以 $A = \begin{bmatrix} a & b & c \\ d & e & f \end{bmatrix}$ 驗證 $(A^T)^T = A$ 。

2.2 行列式

學習目標

1. 複習行列式之基本性質。
2. 掌握行列式性質以簡化計算或證明過程。

設 A 是一個含 n 個列 n 個行之正方形陣列,則 A 之**行列式**(determinant)記做 $|A|$ 或 $\det(A)$:

即 $A = \begin{bmatrix} a_{11} & a_{12} & \cdots & a_{1n} \\ a_{21} & a_{22} & \cdots & a_{2n} \\ \cdots & \cdots & \cdots & \cdots \\ a_{n1} & a_{n2} & \cdots & a_{nn} \end{bmatrix}$,則行列式 $|A| = \begin{vmatrix} a_{11} & a_{12} & \cdots & a_{1n} \\ a_{21} & a_{22} & \cdots & a_{2n} \\ \cdots & \cdots & \cdots & \cdots \\ a_{n1} & a_{n2} & a_{n3} & a_{nn} \end{vmatrix}$

本子節先「定義」一與二階行列式,然後透過**餘因式**(cofactor)來定義任一 n 階行列式 $\det(A)$ 或 $|A|$。

🎯 一階與二階行列式

一階行列式定義為 $|a| = a$

二階行列式定義為 $\begin{vmatrix} a & b \\ c & d \end{vmatrix} = ad - bc$

📁 例 1

求 $\begin{vmatrix} 2 & 1 \\ 3 & 4 \end{vmatrix}$。

解

$$\begin{vmatrix} 2 & 1 \\ 3 & 4 \end{vmatrix} = 2 \times 4 - 1 \times 3 = 5$$

隨堂演練 A

求 $\begin{vmatrix} 1 & 0 \\ 2 & -1 \end{vmatrix}$ 。

Ans：-1

行列式定義與 3 階行列式

定 義

給定一 n 階行列式 Δ，對 Δ 之任一元素 a_{jk}，定義 a_{jk} 之**子式**(minor) M_{jk} 為去掉第 j 列與第 k 行後剩餘之 $(n-1)$ 階行列式。並定義 a_{jk} 之**餘因式**(cofactor) $A_{jk} = (-1)^{j+k} M_{jk}$。

例 2

$$\Delta = \begin{vmatrix} a_{11} & a_{12} & a_{13} & a_{14} \\ a_{21} & a_{22} & a_{23} & a_{24} \\ a_{31} & a_{32} & a_{33} & a_{34} \\ a_{41} & a_{42} & a_{43} & a_{44} \end{vmatrix}，則 a_{32} 之子式為 \begin{vmatrix} a_{11} & a_{13} & a_{14} \\ a_{21} & a_{23} & a_{24} \\ a_{41} & a_{43} & a_{44} \end{vmatrix}。$$

$$\therefore A_{32} = (-1)^{3+2} \begin{vmatrix} a_{11} & a_{13} & a_{14} \\ a_{21} & a_{23} & a_{24} \\ a_{41} & a_{43} & a_{44} \end{vmatrix} = - \begin{vmatrix} a_{11} & a_{13} & a_{14} \\ a_{21} & a_{23} & a_{24} \\ a_{41} & a_{43} & a_{44} \end{vmatrix}$$

隨堂演練 B

（承例 2）求 a_{31} 之餘因式

$$\text{Ans}: \begin{vmatrix} a_{12} & a_{13} & a_{14} \\ a_{22} & a_{23} & a_{24} \\ a_{42} & a_{43} & a_{44} \end{vmatrix}$$

由此，我們可定義 n 階行列式如下：

定 義

$$a_{i1}A_{j1} + a_{i2}A_{j2} + \cdots + a_{in}A_{jn} = \begin{cases} 0 & ,i \neq j \\ \det(A) & ,i = j \end{cases}$$

及

$$a_{1i}A_{1j} + a_{2i}A_{2j} + \cdots + a_{ni}A_{nj} = \begin{cases} 0 & ,i \neq j \\ \det(A) & ,i = j \end{cases}$$

定理 A

若 $n \geq 2$，則 $\det(A)$ 可由 A 之任一列或行之餘因式展開，其結果均為相等。

例 3

求 $\begin{vmatrix} 1 & 0 & -1 \\ 2 & 1 & 1 \\ -3 & 0 & 1 \end{vmatrix}$。

解

我們由行列式第一列展開：

$$\begin{vmatrix} 1 & 0 & -1 \\ 2 & 1 & 1 \\ -3 & 0 & 1 \end{vmatrix} = 1\begin{vmatrix} 1 & 1 \\ 0 & 1 \end{vmatrix} - 0\begin{vmatrix} 2 & 1 \\ -3 & 1 \end{vmatrix} + (-1)\begin{vmatrix} 2 & 1 \\ -3 & 0 \end{vmatrix} = 1 - 0 - 3 = -2$$

承例 3，由第 2 行展開。

Ans：−2

例 4（論例）

試由定義導出三階行列式公式。

解

由第一列展開

$$\det(A) = \begin{vmatrix} a_{11} & a_{12} & a_{13} \\ a_{21} & a_{22} & a_{23} \\ a_{31} & a_{32} & a_{33} \end{vmatrix}$$

$$= a_{11} \begin{vmatrix} a_{22} & a_{23} \\ a_{32} & a_{33} \end{vmatrix} - a_{12} \begin{vmatrix} a_{21} & a_{23} \\ a_{31} & a_{33} \end{vmatrix} + a_{13} \begin{vmatrix} a_{21} & a_{22} \\ a_{31} & a_{32} \end{vmatrix}$$

$$= a_{11}(a_{22}a_{33} - a_{23}a_{32}) - a_{12}(a_{21}a_{33} - a_{23}a_{31}) + a_{13}(a_{21}a_{32} - a_{31}a_{22})$$

$$= a_{11}a_{22}a_{33} - a_{11}a_{23}a_{32} - a_{12}a_{21}a_{33} + a_{12}a_{23}a_{31} + a_{13}a_{21}a_{32} - a_{13}a_{31}a_{22}$$

三階行列式記憶（Sarrus 法）

$$\begin{vmatrix} a_{11} & a_{12} & a_{13} \\ a_{21} & a_{22} & a_{23} \\ a_{31} & a_{32} & a_{33} \end{vmatrix} = \begin{matrix} a_{11} & a_{12} & a_{13} & a_{11} & a_{12} \\ a_{21} & a_{22} & a_{23} & a_{21} & a_{22} \\ a_{31} & a_{32} & a_{33} & a_{31} & a_{32} \end{matrix}$$

例 5

$$\text{求} \begin{vmatrix} 1 & 2 & 0 \\ 0 & 3 & 5 \\ -2 & 1 & -2 \end{vmatrix} \text{。}$$

解

方法一（定義）

$$\begin{vmatrix} 1 & 2 & 0 \\ 0 & 3 & 5 \\ -2 & 1 & -2 \end{vmatrix} = 1 \begin{vmatrix} 3 & 5 \\ 1 & -2 \end{vmatrix} - 2 \begin{vmatrix} 0 & 5 \\ -2 & -2 \end{vmatrix} + 0 \begin{vmatrix} 0 & 3 \\ -2 & 1 \end{vmatrix}$$

$$= (3 \times (-2) - 5 \times 1) - 2(0 \times (-2) - 5 \times (-2)) + 0$$

$$= -11 - 20 + 0 = -31$$

方法二（Sarrus 法）

$$\begin{vmatrix} 1 & 2 & 0 \\ 0 & 3 & 5 \\ -2 & 1 & -2 \end{vmatrix}$$

$$= 1 \times 3 \times (-2) + 2 \times 5 \times (-2) + 0 \times 0 \times 1 - (-2) \times 3 \times 0 - 1 \times 5 \times 1 - (-2) \times 0 \times 2$$

$$= -6 - 20 + 0 - 0 - 5 + 0$$

$$= -31$$

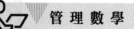

 隨堂練習 D

分別由第一列及第一行展開，求 $\begin{vmatrix} 1 & -2 & 2 \\ 3 & -2 & -3 \\ 5 & 1 & 2 \end{vmatrix}$。

Ans：67

定理 B　（行列式性質）

(1) 行列式若存在一列（行）之元素均為 0，則行列式為 0。

(2) 任意二相異列（行）對應之元素均成比例，則行列式為 0。

(3) 行列式之某一列（行）之元素均乘 $k(k \neq 0)$，則新行列式為原行列式之 k 倍。即

$$\begin{vmatrix} ka & kb & kc \\ d & e & f \\ g & h & i \end{vmatrix} = k\begin{vmatrix} a & b & c \\ d & e & f \\ g & h & i \end{vmatrix}$$

(4) 行列式之任二列（行）互換而得一新的行列式 $|B|$，則 $|A| = -|B|$。

(5) 行列式之某一列（行）乘上 k 倍加到另一列（行）則行列式不變。

我們不打算證明定理 B，但定理 B 之(5)要注意：行列式之某列（行）加另一列（行）k 倍到另一列（行）則行列式為原行列之 k 倍。

$$\begin{vmatrix} a & b \\ c & d \end{vmatrix} = \begin{vmatrix} a & b \\ ak+c & bk+d \end{vmatrix} 但 \begin{vmatrix} a & b \\ c & d \end{vmatrix} \neq \begin{vmatrix} a & b \\ a+kc & b+kd \end{vmatrix} , \begin{vmatrix} a & b \\ a+kc & b+kd \end{vmatrix} = k\begin{vmatrix} a & b \\ c & d \end{vmatrix}$$

例 6

以不展開方式，試證：$\begin{vmatrix} 1 & \alpha & \beta\gamma \\ 1 & \beta & \gamma\alpha \\ 1 & \gamma & \alpha\beta \end{vmatrix} = \begin{vmatrix} 1 & \alpha & \alpha^2 \\ 1 & \beta & \beta^2 \\ 1 & \gamma & \gamma^2 \end{vmatrix}$，$\alpha\beta\gamma \neq 0$。

解

$$\begin{vmatrix} 1 & \alpha & \beta\gamma \\ 1 & \beta & \gamma\alpha \\ 1 & \gamma & \alpha\beta \end{vmatrix} = \frac{1}{\alpha\beta\gamma} \begin{vmatrix} \alpha & \alpha^2 & \alpha\beta\gamma \\ \beta & \beta^2 & \alpha\beta\gamma \\ \gamma & \gamma^2 & \alpha\beta\gamma \end{vmatrix} = \begin{vmatrix} \alpha & \alpha^2 & 1 \\ \beta & \beta^2 & 1 \\ \gamma & \gamma^2 & 1 \end{vmatrix}$$

$$= -\begin{vmatrix} \alpha & 1 & \alpha^2 \\ \beta & 1 & \beta^2 \\ \gamma & 1 & \gamma^2 \end{vmatrix} = -\left(-\begin{vmatrix} 1 & \alpha & \alpha^2 \\ 1 & \beta & \beta^2 \\ 1 & \gamma & \gamma^2 \end{vmatrix} \right) = \begin{vmatrix} 1 & \alpha & \alpha^2 \\ 1 & \beta & \beta^2 \\ 1 & \gamma & \gamma^2 \end{vmatrix}$$

例 7

以不展開方式，試證 $\begin{vmatrix} 1 & a & b+c \\ 1 & b & a+c \\ 1 & c & a+b \end{vmatrix} = 0$。

解

$$\begin{vmatrix} 1 & a & b+c \\ 1 & b & a+c \\ 1 & c & a+b \end{vmatrix} = \begin{vmatrix} 1 & a & 1+a+b+c \\ 1 & b & 1+a+b+c \\ 1 & c & 1+a+b+c \end{vmatrix} = (1+a+b+c)\begin{vmatrix} 1 & a & 1 \\ 1 & b & 1 \\ 1 & c & 1 \end{vmatrix} = 0$$

隨堂演練 E

以不展開方式，試證 $\begin{vmatrix} 1 & a & -a \\ 1 & -b & b \\ 1 & c & -c \end{vmatrix} = 0$。

學習目標

1. 熟稔利用基本列運算，解線性聯立方程組。
2. 理解線性聯立方程組之基本列運算不會改變方程組的解。
3. 了解矩陣秩，及應用秩來判斷線性聯立方程組是否有解。
4. 了解反矩陣及其性質。

n 元線性聯立方程組

考慮下列**線性聯立方程組**(system of linear equations)：

$$\begin{cases} a_{11}x_1 + a_{12}x_2 + \cdots + a_{1n}x_n = b_1 \\ a_{21}x_1 + a_{22}x_2 + \cdots + a_{2n}x_n = b_2 \\ \quad\vdots \qquad\qquad\qquad\qquad\quad\vdots \\ a_{m1}x_1 + a_{m2}x_2 + \cdots + a_{mn}x_n = b_m \end{cases} \qquad I$$

若線性聯立方程組 I 有解，我們稱此方程組為**相容**(consistent)，否則為**不相容**(inconsistent)。

若聯立方程組 I 之 $b_1 = b_2 = \cdots = b_m = 0$ 時，稱為**齊次線性方程組**(homogeneous system of linear equations)。若 $b_1, b_2, \cdots, b_m$ 不全為 0，則稱為非齊次線性方程組(nonhomogeneous system of linear equations)。

關於聯立方程組 I 之解，若

1. 恰有一組解 $\mathbf{0} = (0, 0, \cdots, 0)$，則稱此種解稱為**零解**(zero solution)。

2. 有異於零解之解，則稱為**非零解**(nonzero solution)。

高斯約丹消去法之步驟

高斯約丹消去法(Gauss-Jordan elimination)和我們在國中時代學的消去法類似，只不過我們用比較更數學的方式而已。它的步驟是：

1. 將聯立方程組 *I* 寫成如下之**擴張矩陣**(augmented matrix)：

$$\underbrace{\begin{bmatrix} a_{11} & a_{12} & \cdots & a_{1n} \\ a_{21} & a_{22} & \cdots & a_{2n} \\ \vdots & \vdots & \vdots & \\ a_{m1} & a_{m2} & \cdots & a_{mn} \end{bmatrix}}_{\text{係數矩陣}} \left. \underbrace{\begin{matrix} b_1 \\ b_2 \\ \vdots \\ b_m \end{matrix}}_{\text{右手係數}} \right] = [A\,|\,b] \tag{1}$$

2. 透過基本列運算將(1)化成列梯形式：

基本列運算(elementary row operation)有三種：(1)任意二列對調；(2)任一列乘上異於零之數；(3)任一列乘上一個異於零之數再加到另一列。**列運算只是便於我們求出解，並不會改變聯立方程組之解。**

我們以 $\begin{cases} x + 3y = 4 \\ 3x - y = 2 \end{cases}$ 為例說明基本列運算

基本列運算		解
(1) 任意二列對調	$\begin{cases} x+3y=4 \\ 3x-y=2 \end{cases} \Rightarrow \begin{cases} 3x-y=2 \\ x+3y=4 \end{cases}$	$(1,1) \rightarrow (1,1)$
(2) 任一列乘上異於零之數	$\begin{cases} x+3y=4 \\ 3x-y=2 \end{cases} \Rightarrow \begin{cases} x+3y=4 \\ 6x-2y=4 \end{cases}$	$(1,1) \rightarrow (1,1)$
(3) 任一列乘上一個異於零之數再加到另一列	$\begin{cases} x+3y=4 \\ 3x-y=2 \end{cases} \Rightarrow \begin{cases} x+2y=3 \\ 5x+5y=10 \end{cases}$ 第一列乘 2 加到第 2 列	$(1,1) \rightarrow (1,1)$

擴張矩陣經基本列運算後，呈現的一個由左上方向右下方延伸的梯狀，稱為**列梯形式**(row echelon form)。梯下方之元素均為 0，梯上各列之最左邊第一個非零元素為 1，這個 1 稱為**領導 1**(leading 1)或**樞元**(pivot)，下面之同行元素均為 0。

例如 $\begin{bmatrix} 1 & 0 & 0 \\ 0 & 1 & 0 \\ 0 & 0 & 1 \end{bmatrix}$、$\begin{bmatrix} 1 & 2 & 0 \\ 0 & 0 & 1 \\ 0 & 0 & 0 \end{bmatrix}$、$\begin{bmatrix} 1 & 3 & 0 & 6 \\ 0 & 0 & 1 & 3 \\ 0 & 0 & 0 & 0 \end{bmatrix}$ 等均是。

3. 由列梯形式用**後代法**(back substitution)得到解。

若我們將列梯形式之每個樞元所在行，透過基本列運算，除樞元外該行其他元素均為 0，那麼此列梯形式稱為**簡化列梯形式**(reduced row echelon form)。由簡化梯形式更容易得出解答。

例 1

解 $\begin{cases} 3x + 2y = 1 \\ 5x - y = 6 \end{cases}$。

解

$$\begin{bmatrix} 3 & 2 & | & 1 \\ 5 & -1 & | & 6 \end{bmatrix}$$

$\xrightarrow{\text{以}a_{11}\text{為樞元(pivot)，第一列}\times\frac{1}{3}}$ $\begin{bmatrix} ① & \dfrac{2}{3} & | & \dfrac{1}{3} \\ 5 & -1 & | & 6 \end{bmatrix}$ \qquad *

$\xrightarrow{\text{第一列}\times(-5)+\text{第二列}\rightarrow\text{第二列}}$ $\begin{bmatrix} ① & \dfrac{2}{3} & | & \dfrac{1}{3} \\ 0 & -\dfrac{13}{3} & | & \dfrac{13}{3} \end{bmatrix}$

$\xrightarrow{\text{以}a_{22}\text{為樞元，第二列}\times\left(-\frac{3}{13}\right)}$ $\begin{bmatrix} 1 & \dfrac{2}{3} & | & \dfrac{1}{3} \\ 0 & ① & | & -1 \end{bmatrix}$

$\xrightarrow{\text{第二列}\times\left(-\frac{2}{3}\right)+\text{第一列}\rightarrow\text{第一列}}$ $\begin{bmatrix} 1 & 0 & | & 1 \\ 0 & ① & | & -1 \end{bmatrix}$

$\therefore x = 1$，$y = -1$

🔅 隨堂演練 A

在例 1 解之過程中，你能讀出擴張矩陣＊所表示之線性聯立方程組嗎？
$x=1$，$y=-1$滿足＊嗎？

$$\text{Ans：} \begin{cases} x+\dfrac{2}{3}y=\dfrac{1}{3} \\ 5x-y=6 \end{cases} ; 滿足$$

📁 例 2

解 $\begin{cases} x+2y-3z=-2 \\ 2x-y+z=3 \end{cases}$ 。

解

$\begin{bmatrix} 1 & 2 & -3 & \bigm| & -2 \\ 2 & -1 & 1 & \bigm| & 3 \end{bmatrix}$ 原方程組化為擴張矩陣 $[A\,|\,b]$

$\xrightarrow{\text{以}a_{11}\text{為「樞元」}} \begin{bmatrix} ① & 2 & -3 & \bigm| & -2 \\ 2 & -1 & 1 & \bigm| & 3 \end{bmatrix}$

$\xrightarrow{\text{第一列}\times(-2)+\text{第二列到第二列}} \begin{bmatrix} 1 & 2 & -3 & \bigm| & -2 \\ 0 & -5 & 7 & \bigm| & 7 \end{bmatrix}$

$\xrightarrow{\text{以}a_{22}\text{為樞元，第二列}\times\left(-\frac{1}{5}\right)} \begin{bmatrix} 1 & 2 & -3 & \bigm| & -2 \\ 0 & ① & -\dfrac{7}{5} & \bigm| & -\dfrac{7}{5} \end{bmatrix}$

$\xrightarrow{\text{第二列}\times(-2)+\text{第一列到第一列}} \begin{bmatrix} 1 & 0 & \dfrac{-1}{5} & \bigm| & \dfrac{4}{5} \\ 0 & 1 & -\dfrac{7}{5} & \bigm| & -\dfrac{7}{5} \end{bmatrix}$

$\therefore$ 令 $z=t$，則由第二列 $y-\dfrac{7}{5}z=-\dfrac{7}{5}$，即 $y-\dfrac{7}{5}t=-\dfrac{7}{5}$，得 $y=\dfrac{7}{5}t-\dfrac{7}{5}$

由第一列 $x - \dfrac{z}{5} = \dfrac{4}{5}$，即 $x - \dfrac{t}{5} = \dfrac{4}{5}$ 得 $x = \dfrac{t}{5} + \dfrac{4}{5}$

$\therefore$ 解為 $\begin{cases} x = \dfrac{t}{5} + \dfrac{4}{5} \\ y = \dfrac{7}{5}t - \dfrac{7}{5} \\ z = t \end{cases}$，$t$ 為實數

題目之幾何意義為二個平面 $x + 2y - 3z = -2$ 與 $2x - y + z = 3$ 交集之直線方程式為

$\begin{cases} x = \dfrac{t}{5} + \dfrac{4}{5} \\ y = \dfrac{7}{5}t - \dfrac{7}{5} \\ z = t \end{cases}$，$t$ 為實數

故此線性聯立方程組有無限多組解。

隨堂演練 B

解 $\begin{cases} 2x - y + z = 3 \\ 3x - y + 2z = 5 \end{cases}$

Ans：$x = 2 - t$，$y = 1 - t$，$z = t$，$t \in \mathbf{R}$

例 3

解 $\begin{cases} x + 2y - 3z = -2 \\ 2x - y + z = 3 \\ 3z + y - 2z = 2 \end{cases}$ 。

解

化原方程組為擴張矩陣 $[A \mid b]$

$$\begin{bmatrix} 1 & 2 & -3 & -2 \\ 2 & -1 & 1 & 3 \\ 3 & 1 & -2 & 2 \end{bmatrix}$$

以a_{11}為樞元 $\longrightarrow$
$$\begin{bmatrix} ① & 2 & -3 & -2 \\ 2 & -1 & 1 & 3 \\ 3 & 1 & -2 & 2 \end{bmatrix}$$

第一列×(−2)+第二列→第二列
第一列×(−3)+第三列→第三列 $\longrightarrow$
$$\begin{bmatrix} 1 & 2 & -3 & -2 \\ 0 & -5 & 7 & 7 \\ 0 & -5 & 7 & 8 \end{bmatrix}$$

第二列×(−1)+第三列→第三列 $\longrightarrow$
$$\begin{bmatrix} ① & 2 & -3 & -2 \\ 0 & -5 & 7 & 7 \\ 0 & 0 & 0 & 1 \end{bmatrix}$$

列梯形式之第三列顯示 $0x + 0y + 0z = 1$，這是個不相容方程組，即方程組無解。

線性聯立方程組解之個數只有「恰有一組解」,「無限多組解」及「無解」三種。

 秩

線性代數教材中，多以**線性獨立**(linearly independent)之概念來定義**秩**(rank)，也有些作者是從行列式來定義秩，它們都是同義的，不論用哪個定義，都有相同之性質。本書係採後者之方式。

定 義

若 n 階矩陣 A 之所有 $r+1$ 階的行列式都為 0，但存在一個 r 階行列式不為 0，則稱矩陣 A 之**秩**為 r，記做 $rank(A) = r$

秩是線性代數核心觀念，它有許多漂亮的性質，在此我們只提其中二個最基本的性質：

定理 A

矩陣 A 經列運算後之列梯形式中之非零列之個數為 r 時，$rank(A) = r$

例 4

若 $A = \begin{bmatrix} 1 & 2 & 3 \\ 3 & 2 & 5 \\ 2 & 4 & 6 \end{bmatrix}$，求 $rank(A)$。

解

$$\begin{bmatrix} 1 & 2 & 3 \\ 3 & 2 & 5 \\ 2 & 4 & 6 \end{bmatrix} \sim \begin{bmatrix} 1 & 2 & 3 \\ 0 & 4 & 4 \\ 0 & 0 & 0 \end{bmatrix}$$

因列梯形式有 2 個非零列　$\therefore rank(A) = 2$

隨堂演練 C

若 $A = \begin{bmatrix} 1 & 1 & 0 & 0 \\ 1 & -1 & 2 & -1 \\ 2 & 0 & 2 & -1 \end{bmatrix}$，求 $rank(A)$。

Ans：2

由定理 A 可得：

推論 A1

A 為 n 階方陣，則

(1) 若 $|A| \neq 0$，則 $rank(A) = n$

(2) 若 $|A| = 0$，則 $rank(A) < n$

(3) 若 $rank(A) = 0$，則 $A = \mathbf{0}$

隨堂練習 D

是否存在一個 $A \neq 0$，而 $rank(A) = \mathbf{0}$。

Ans：不可能

定理 B 是**用秩**來判斷方程組是否有解。

定理 B

$Ax = b$ 為 n 元線性聯立方程組，若 $rank([A\,|\,b]) \neq rank(A)$，則此方程組無解

例 5

（承例 3）用定理 B 說明例 3 無解。

解

由例 3 之列梯形式 $\begin{bmatrix} 1 & 2 & -3 & -2 \\ 0 & -5 & 7 & 7 \\ 0 & 0 & 0 & 1 \end{bmatrix}$

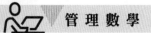

$$rank(A) = rank \left(\begin{bmatrix} 1 & 2 & -3 \\ 0 & -5 & 7 \\ 0 & 0 & 0 \end{bmatrix} \right) = 2$$

$$rank(A|b) = rank \left(\left[\begin{array}{ccc|c} 1 & 2 & -3 & -2 \\ 0 & -5 & 7 & 7 \\ 0 & 0 & 0 & 1 \end{array} \right] \right) = 3$$

$rank(A) \neq rank(A|b) \therefore$ 方程組無解。

隨堂演練 E

用定理 B 判斷 $\begin{cases} x+2y=4 \\ 2x+4y=5 \end{cases}$ 是否有解？

Ans：無解

 反矩陣

定義

　　A 為 n 階方陣，若存在一個同階方陣 B，滿足 $AB = BA = I$，I 是單位方陣則稱 B 是 A 的**反矩陣**(inverse matrix)。

　　我們將分二個途徑討論反矩陣：

(1) **方陣 A 何時有反矩陣？**

　　$\because AB = I$，二邊同取行列式 $|AB| = |A||B| = |I| = 1$，$\therefore |A| \neq 0$，即 $|A| \neq 0$時有反矩陣

(2) 如何求 A^{-1}？基本列運算是常用途徑。

若 A 有反矩陣，A^{-1} 之求法：

以 $A = \begin{bmatrix} a_{11} & a_{12} & a_{13} \\ a_{21} & a_{22} & a_{23} \\ a_{31} & a_{32} & a_{33} \end{bmatrix}$ 為例，若 $A^{-1} = X = \begin{bmatrix} x_1 & y_1 & z_1 \\ x_2 & y_2 & z_2 \\ x_3 & y_3 & z_3 \end{bmatrix}$

則 $AX = I$，需解三個線性聯立方程組：

$$A \begin{bmatrix} x_1 \\ x_2 \\ x_3 \end{bmatrix} = \begin{bmatrix} 1 \\ 0 \\ 0 \end{bmatrix}, \quad A \begin{bmatrix} y_1 \\ y_2 \\ y_3 \end{bmatrix} = \begin{bmatrix} 0 \\ 1 \\ 0 \end{bmatrix}, \quad A \begin{bmatrix} z_1 \\ z_2 \\ z_3 \end{bmatrix} = \begin{bmatrix} 0 \\ 0 \\ 1 \end{bmatrix}$$

它們都有相同之係數矩陣 A，因此我們可建立擴張矩陣如下：

$$\begin{bmatrix} a_{11} & a_{12} & a_{13} & | & 1 & 0 & 0 \\ a_{21} & a_{22} & a_{23} & | & 0 & 1 & 0 \\ a_{31} & a_{32} & a_{33} & | & 0 & 0 & 1 \end{bmatrix}$$

由基本列運算：

$$[A \,|\, I] \longrightarrow [I \,|\, A^{-1}]$$

即可找出 A^{-1}

① 例 6

$A = \begin{bmatrix} 2 & 3 \\ 1 & 5 \end{bmatrix}$，問 A^{-1} 是否存在？若存在，求 $A^{-1} = ?$，並用此結果解

$\begin{cases} 2x + 3y = 1 \\ x + 5y = 4 \end{cases}$。

解

(1) $\because |A| = \begin{vmatrix} 2 & 3 \\ 1 & 5 \end{vmatrix} = 7 \neq 0$，$\therefore A^{-1}$ 存在

$$\begin{bmatrix} 2 & 3 & | & 1 & 0 \\ 1 & 5 & | & 0 & 1 \end{bmatrix} \sim \begin{bmatrix} 1 & \dfrac{3}{2} & | & \dfrac{1}{2} & 0 \\ 1 & 5 & | & 0 & 1 \end{bmatrix} \sim \begin{bmatrix} 1 & \dfrac{3}{2} & | & \dfrac{1}{2} & 0 \\ 0 & \dfrac{7}{2} & | & -\dfrac{1}{2} & 1 \end{bmatrix}$$

$$\sim \begin{bmatrix} 1 & \dfrac{3}{2} & | & \dfrac{1}{2} & 0 \\ 0 & 1 & | & -\dfrac{1}{7} & \dfrac{2}{7} \end{bmatrix} \sim \begin{bmatrix} 1 & 0 & | & \dfrac{5}{7} & -\dfrac{3}{7} \\ 0 & 1 & | & -\dfrac{1}{7} & \dfrac{2}{7} \end{bmatrix} \therefore A^{-1} = \begin{bmatrix} \dfrac{5}{7} & -\dfrac{3}{7} \\ -\dfrac{1}{7} & \dfrac{2}{7} \end{bmatrix}$$

(2) $\begin{cases} 2x+3y=1 \\ x+5y=4 \end{cases}$ 相當於解 $Ax=b$，其中 $A = \begin{bmatrix} 2 & 3 \\ 1 & 5 \end{bmatrix}$，$b = \begin{bmatrix} 1 \\ 4 \end{bmatrix}$

$$\therefore x = A^{-1}b = \begin{bmatrix} \dfrac{5}{7} & -\dfrac{3}{7} \\ -\dfrac{1}{7} & \dfrac{2}{7} \end{bmatrix} \begin{bmatrix} 1 \\ 4 \end{bmatrix} = \begin{bmatrix} -1 \\ 1 \end{bmatrix}，即 x=-1，\ y=1$$

定理 C

$$A = \begin{bmatrix} a & b \\ c & d \end{bmatrix}，若 ad-bc \neq 0，則 A^{-1} 存在，且 A^{-1} = \dfrac{1}{ad-bc} \begin{bmatrix} d & -b \\ -c & a \end{bmatrix}$$

隨堂演練 F

$A = \begin{bmatrix} 3 & 0 \\ 4 & 1 \end{bmatrix}$，$A^{-1}$是否存在？若是，(1)用基本列運算；(2)用定理 C，求 A^{-1}。

Ans：$\dfrac{1}{3}\begin{bmatrix} 1 & 0 \\ -4 & 3 \end{bmatrix}$

例 7

$$A = \begin{bmatrix} 1 & 4 & 3 \\ 2 & 1 & 0 \\ -1 & 1 & 1 \end{bmatrix}，求 A^{-1}。$$

解

$$\begin{bmatrix} 1 & 4 & 3 & | & 1 & 0 & 0 \\ 2 & 1 & 0 & | & 0 & 1 & 0 \\ -1 & 1 & 1 & | & 0 & 0 & 1 \end{bmatrix} \sim \begin{bmatrix} 1 & 4 & 3 & | & 1 & 0 & 0 \\ 0 & -7 & -6 & | & -2 & 1 & 0 \\ 0 & 5 & 4 & | & 1 & 0 & 1 \end{bmatrix}$$

$$\sim \begin{bmatrix} 1 & 4 & 3 & | & 1 & 0 & 0 \\ 0 & 1 & \frac{6}{7} & | & \frac{2}{7} & -\frac{1}{7} & 0 \\ 0 & 5 & 4 & | & 1 & 0 & 1 \end{bmatrix} \sim \begin{bmatrix} 1 & 0 & -\frac{3}{7} & | & \frac{-1}{7} & \frac{4}{7} & 0 \\ 0 & 1 & \frac{6}{7} & | & \frac{2}{7} & -\frac{1}{7} & 0 \\ 0 & 0 & -\frac{2}{7} & | & -\frac{3}{7} & \frac{5}{7} & 1 \end{bmatrix}$$

$$\sim \begin{bmatrix} 1 & 0 & -\frac{3}{7} & | & -\frac{1}{7} & \frac{4}{7} & 0 \\ 0 & 1 & \frac{6}{7} & | & \frac{2}{7} & -\frac{1}{7} & 0 \\ 0 & 0 & 1 & | & \frac{3}{2} & -\frac{5}{2} & -\frac{7}{2} \end{bmatrix} \sim \begin{bmatrix} 1 & 0 & 0 & | & \frac{1}{2} & -\frac{1}{2} & -\frac{3}{2} \\ 0 & 1 & 0 & | & -1 & 2 & 3 \\ 0 & 0 & 1 & | & \frac{3}{2} & -\frac{5}{2} & -\frac{7}{2} \end{bmatrix}$$

$$\therefore A^{-1} = \begin{bmatrix} \frac{1}{2} & -\frac{1}{2} & -\frac{3}{2} \\ -1 & 2 & 3 \\ \frac{3}{2} & -\frac{5}{2} & -\frac{7}{2} \end{bmatrix}$$

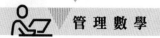

反矩陣之性質

定理 D

若 A，B 為可逆之同階方陣，則

(1) A^{-1} 為可逆

(2) $(AB)^{-1} = B^{-1}A^{-1}$ 與

(3) $(A^{-1})^{-1} = A$

證 明

(1) A^{-1} 為 A 之反矩陣，$A \cdot A^{-1} = I$，二邊同取行列式：

$$|AA^{-1}| = |A||A^{-1}| = |I| = 1$$

$$\Rightarrow |A^{-1}| = \frac{1}{|A|} \neq 0 \text{ 知 } A^{-1} \text{ 為可逆}$$

(2) $(AB)(B^{-1}A^{-1}) = A(BB^{-1})A^{-1} = AIA^{-1} = AA^{-1} = I$

$(B^{-1}A^{-1})(AB) = B^{-1}(A^{-1}A)B = B^{-1}IB = B^{-1}B = I$

$\therefore (AB)^{-1} = B^{-1}A^{-1}$

從伴隨矩陣到克拉瑪法則

解線性聯立方程組 $Ax = b$ 除高斯約丹消去法外，**克拉瑪法則**(Cramer's rule)是另一個重要解法。首先介紹**伴隨矩陣**(adjoint matrix)。

定 義

$A = [a_{ij}]$ 為一 n 階方陣，則其伴隨矩陣 $adj(A)$ 定義為

$$adj(A) = \begin{bmatrix} A_{11} & A_{12} & \cdots & A_{1n} \\ A_{21} & A_{22} & \cdots & A_{2n} \\ \vdots & \vdots & \cdots & \vdots \\ A_{n1} & A_{n2} & \cdots & A_{nn} \end{bmatrix}^{T}, \quad A_{ij} \text{ 為 } a_{ij} \text{ 之餘因式}$$

預備定理 E1

A 為 n 階方陣， $adj(A)$ 為 A 之伴隨矩陣，則 $A\,adj(A) = |A|\,I$

證 明

由定義 $A(adj(A)) = \begin{bmatrix} a_{11} & a_{12} & \cdots & a_{1n} \\ a_{21} & a_{22} & \cdots & a_{2n} \\ \vdots & \vdots & \cdots & \vdots \\ a_{n1} & a_{n2} & \cdots & a_{nn} \end{bmatrix} \begin{bmatrix} A_{11} & A_{12} & \cdots & A_{1n} \\ A_{21} & A_{22} & \cdots & A_{2n} \\ \vdots & \vdots & \cdots & \vdots \\ A_{n1} & A_{n2} & \cdots & A_{nn} \end{bmatrix}^{T}$

$= \begin{bmatrix} a_{11} & a_{12} & \cdots & a_{1n} \\ a_{21} & a_{22} & \cdots & a_{2n} \\ \vdots & \vdots & \cdots & \vdots \\ a_{n1} & a_{n2} & \cdots & a_{nn} \end{bmatrix} \begin{bmatrix} A_{11} & A_{21} & \cdots & A_{n1} \\ A_{12} & A_{22} & \cdots & A_{n2} \\ \vdots & \vdots & \cdots & \vdots \\ A_{1n} & A_{2n} & \cdots & A_{nn} \end{bmatrix}$

$= \begin{bmatrix} |A| & & & \\ & |A| & & \mathbf{0} \\ & & \ddots & \\ \mathbf{0} & & & |A| \end{bmatrix} = |A|\,I$

$\therefore\ A\,adj(A) = |A|\,I$

克拉瑪法則

定理 E

A 為 n 階非奇異方陣，線性聯立方程組 $Ax = b$ 之 x_i 的解為

$x_i = \dfrac{\det(A_i)}{\det(A)}$ ， $\det(A) \neq 0$

證 明

因此線性聯立方程組 $Ax = b$ 之解，$x = A^{-1}b = \dfrac{1}{\det(A)}(adj(A))b$

即

$$\begin{bmatrix} x_1 \\ x_2 \\ \vdots \\ x_i \\ \vdots \\ x_n \end{bmatrix} = \frac{1}{\det(A)} \begin{bmatrix} A_{11} & A_{21} & \cdots & A_{n1} \\ A_{12} & A_{22} & \cdots & A_{n2} \\ \vdots & \vdots & & \vdots \\ A_{1i} & A_{2i} & \cdots & A_{ni} \\ \vdots & \vdots & & \vdots \\ A_{1n} & A_{2n} & \cdots & A_{nn} \end{bmatrix} \begin{bmatrix} b_1 \\ b_2 \\ \vdots \\ b_i \\ \vdots \\ b_n \end{bmatrix}$$

$$\therefore x_i = \frac{b_1 A_{1i} + b_2 A_{2i} + \cdots + b_n A_{ni}}{\det(A)} = \frac{\det(A_i)}{\det(A)}$$

例 8

用克拉瑪法則，解 $\begin{cases} 2x + y = 4 \\ x + 2y = -1 \end{cases}$。

解

由克拉瑪法則

$$x = \frac{\begin{vmatrix} \mathbf{4} & 1 \\ \mathbf{-1} & 2 \end{vmatrix}}{\begin{vmatrix} 2 & 1 \\ 1 & 2 \end{vmatrix}} = 3 \qquad y = \frac{\begin{vmatrix} 2 & \mathbf{4} \\ 1 & \mathbf{-1} \end{vmatrix}}{\begin{vmatrix} 2 & 1 \\ 1 & 2 \end{vmatrix}} = \frac{-6}{3} = -2$$

（**粗體**所示之行為 b）

 隨堂演練 G

用克拉瑪法則解 $\begin{cases} 3x + 2y = 8 \\ 5x - y = 9 \end{cases}$。

Ans：$x = 2$，$y = 1$

損益平衡分析

在管理上，企業總收入等於總成本的那個點稱為**損益平衡點**（break-even point；簡稱 BEP），當產量超過 BEP 時，就有利潤，反之，便有損失。因此，企業常用損益平衡分析來做不同營運方案之選定。

命題 A

在下列條件下：

(1) 總收入 $R = px$，p 是單位價格，x 是數量

(2) 總成本 $C = vx + f$，v 是單位**變動成本**(variable cost)，它是隨產量變動而改變的單位成本，f 是**固定成本**(fixed cost)，它是不會隨產量增加而改變的成本，則

$$損益平衡點 \ x_{BEP} = \frac{f}{p-v}$$

證 明

總收入 $R = px$

總成本 $C = vx + f$

$px_{BEP} = vx_{BEP} + f$

$\therefore x_{BEP} = \dfrac{f}{p-v}$

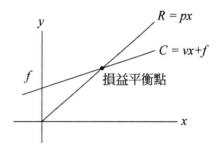

命題 A 之 $p - v$ 稱為**邊際貢獻**(marginal contribution)。顯然，在上述命題中，我們有以下之假設，諸如：收入函數中，產量或銷量及 p 均為固定值。這意味即便有多銷也沒有折扣。

在總成本函數 $C(x) = vx + f$，假設即便生產（銷售）越多，單位變動成本仍為不變，也沒考慮產能之限制。

例 9

若某工廠導入產品改善計畫，它有三個方案，三個方案都要有不同之設備來支撐，因此固定成本均不同，假設產品之單價為$24／個，有關資訊如下：

	固定成本	單位變動成本
方案 A	$12,000,000	$12
方案 B	10,800,000	18
方案 C	9,600,000	20

(1) 不考慮產能應採取何方案？

(2) 若該產品市場需求為 2,000,000 個，利用(1)之結果，問三個方案之盈虧如何？

(3) 若有人突然提出方案 D，它的單位變動成本$26／個，固定成本為$750,000，經理連算也不算把它就剔除了，何故？

解

(1) 方案 A 之 $x_{BEP} = \dfrac{f}{p-v} = \dfrac{12,000,000}{24-12} = 1,000,000$

方案 B 之 $x_{BEP} = \dfrac{f}{p-v} = \dfrac{12,000,000}{24-18} = 2,000,000$

方案 C 之 $x_{BEP} = \dfrac{f}{p-v} = \dfrac{12,000,000}{24-20} = 3,000,000$

在不考慮產能之情況下，方案 A 較優。

(2) 因市場需求量恰好是 2,000,000 個，大於 A 之 x_{BEP}，$\therefore$方案 A 是有盈餘，因市場需求量等於 B 之 x_{BEP}，$\therefore$方案 B 是不盈不虧，因市場需求量小於方案 C 之 x_{BEP}，$\therefore$方案 C 是虧損的。

(3) $p = 24$，$v = 26$，$p-v < 0$，$\therefore$經理一看就把他剔除了。

軟體求解示例

學習目標

　本節以 Microsoft Excel 進行矩陣之基本運算（加、減、乘法與轉置）、矩陣行列式。

例 1

若 $A = \begin{bmatrix} 10 & 20 & 30 \\ 40 & 50 & 60 \\ 70 & 80 & 90 \end{bmatrix}$, $B = \begin{bmatrix} 9 & 8 & 7 \\ 6 & 5 & 4 \\ 3 & 2 & 1 \end{bmatrix}$，求 $A+B, A-B, AB, A^2, A^T$。

解

(1) 啟動 Excel 後，在工作表中分別輸入 A、B。

(2) 確認 A、B 為同階後，運用儲存格進行矩陣加、減運算。

　① 在 B6 儲存格輸入加法公式=B2+G2 後，按 Enter 鍵。

　② 滑鼠游標移至 B6 右下角，滑鼠游標呈現＋時，按住滑鼠左鍵向右拖曳至 D6 儲存格，放開滑鼠。

　③ 滑鼠游標移至 D6 右下角，滑鼠游標呈現＋時，按住滑鼠左鍵向右拖曳至 D8 儲存格，放開滑鼠，完成 A+B 計算（如圖 2-1 所示）。

	A	B	C	D	E	F	G	H	I
1									
2		10	20	30			9	8	7
3	A=	40	50	60		B=	6	5	4
4		70	80	90			3	2	1
5									
6		=B2+G2							
7	A+B=					A-B=			
8									

	A	B	C	D	E	F	G	H	I
1									
2		10	20	30			9	8	7
3	A=	40	50	60		B=	6	5	4
4		70	80	90			3	2	1
5									
6		19							
7	A+B=					A-B=			
8									

	A	B	C	D	E	F	G	H	I
1									
2		10	20	30			9	8	7
3	A=	40	50	60		B=	6	5	4
4		70	80	90			3	2	1
5									
6		19	28	37					
7	A+B=	46	55	64		A-B=			
8		73	82	91					
9									

圖 2-1　Excel 矩陣加法運算

④ 在 G6 儲存格輸入減法公式=B2-G2 後，按 Enter 鍵。

⑤ 滑鼠游標移至 G6 右下角，滑鼠游標呈現＋時，按住滑鼠左鍵向右拖曳至 I6 儲存格，放開滑鼠。

⑥ 滑鼠游標移至 I6 右下角，滑鼠游標呈現＋時，按住滑鼠左鍵向右拖曳至 I8 儲存格，放開滑鼠，完成 A-B 計算（如圖 2-2 所示）。

	A	B	C	D	E	F	G	H	I
1									
2		10	20	30			9	8	7
3	A=	40	50	60		B=	6	5	4
4		70	80	90			3	2	1
5									
6		19	28	37			=B2-G2		
7	A+B=	46	55	64		A-B=			
8		73	82	91					

	A	B	C	D	E	F	G	H	I
1									
2		10	20	30			9	8	7
3	A=	40	50	60		B=	6	5	4
4		70	80	90			3	2	1
5									
6		19	28	37			1		
7	A+B=	46	55	64		A-B=			
8		73	82	91					

	A	B	C	D	E	F	G	H	I	J
1										
2		10	20	30			9	8	7	
3	A=	40	50	60		B=	6	5	4	
4		70	80	90			3	2	1	
5										
6		19	28	37			1	12	23	
7	A+B=	46	55	64		A-B=	34	45	56	
8		73	82	91			67	78	89	
9										

圖 2-2　Excel 矩陣減法運算

(3) 矩陣乘法運算

　　① 需先確定兩矩陣是否能相乘，若可以則決定相乘後的階數，以本
　　　　例 A(3×3)、B(3×3)而言，AB 結果為 3×3，故選好 3（列）×3
　　　　（欄）。

　　② 於功能列點選 公式 ，再點選 數學與三角函數 ，往下捲動選擇
　　　　MMULT 函數。選擇 MMULT 函數後，會出現一輸入視窗，分別
　　　　輸入 A 與 B 矩陣所在儲存格範圍。

③ 同時按下 Ctrl+Shift+Enter 三鍵，完成 AB 計算（如圖 2-3 所示）。

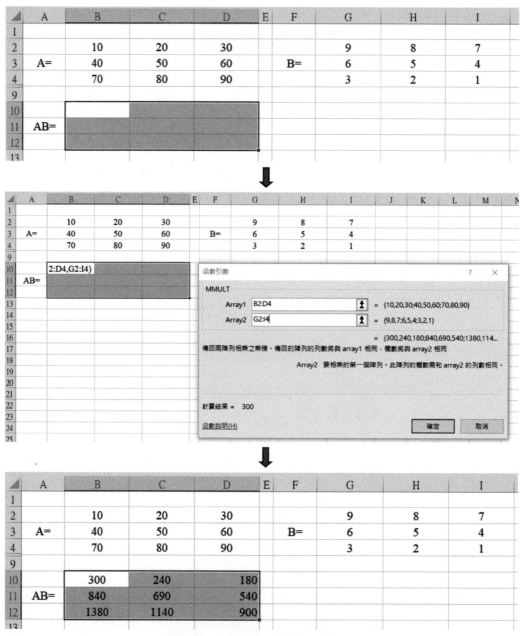

圖 2-3　Excel 矩陣乘法運算

(4) 矩陣平方運算

　① 需先確定矩陣的平方是否存在，若存在則確認其階數，以本例
　　 A(3×3)而言，故選好 3（列）×3（欄）。

② 於功能列點選 公式，再點選 數學與三角函數，往下捲動選擇 MMULT 函數。選擇 MMULT 函數後，會出現一輸入視窗，輸入 A 矩陣所在儲存格範圍兩次。

③ 同時按下 Ctrl+Shift+Enter 三鍵，完成 A^2 計算（如圖 2-4 所示）。

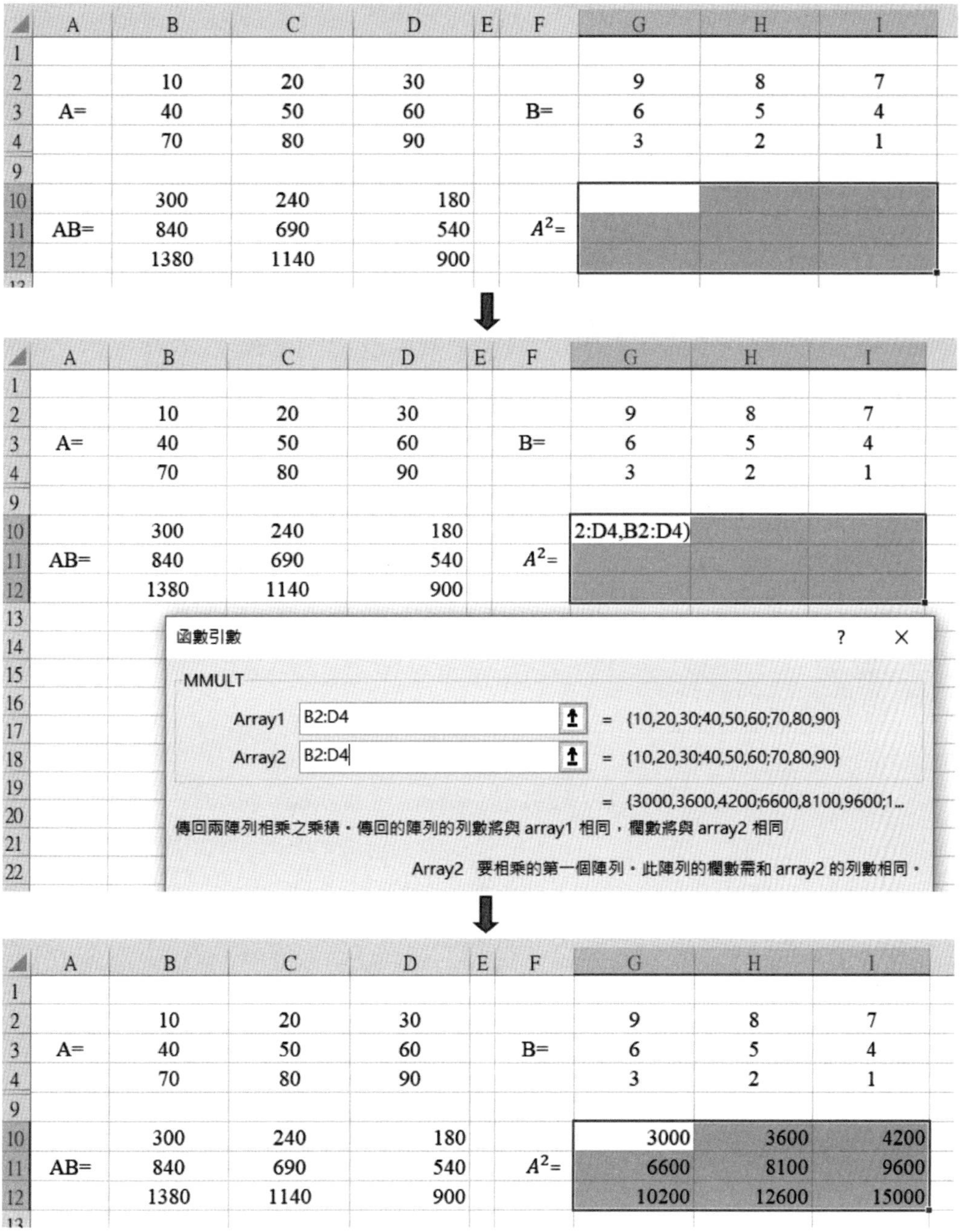

圖 2-4 Excel 矩陣平方運算

(5) 矩陣轉置

① 需先確定矩陣轉置後的階數，以本例 A(3×3)而言，故 A^T 為 3×3，因此選好 3（列）×3（欄）。

② 於功能列點選 公式，再點選 查閱與參照，往下捲動選擇 TRANSPOSE 函數。選擇 TRANSPOSE 函數後，會出現一輸入視窗，輸入 A 矩陣所在儲存格範圍。

③ 同時按下 Ctrl+Shift+Enter 三鍵，完成 A^T 計算（如圖 2-5 所示）。

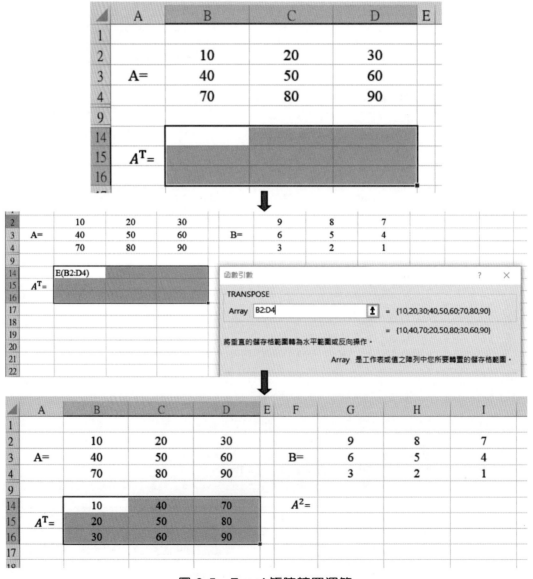

圖 2-5　Excel 矩陣轉置運算

(6) Ctrl+~鍵可交替顯示計算結果與計算公式（圖 2-6）。

	A	B	C	D	E	F	G	H	I
1									
2		10	20	30			9	8	7
3	A=	40	50	60		B=	6	5	4
4		70	80	90			3	2	1
5									
6		=B2+G2	=C2+H2	=D2+I2			=B2-G2	=C2-H2	=D2-I2
7	A+B=	=B3+G3	=C3+H3	=D3+I3		A-B=	=B3-G3	=C3-H3	=D3-I3
8		=B4+G4	=C4+H4	=D4+I4			=B4-G4	=C4-H4	=D4-I4
9									
10		=MMULT(B2:D4,G2:I4)	=MMULT(B2:D4,G2:I4)	=MMULT(B2:D4,G2:I4)			=MMULT(B2:D4,B2:D4)	=MMULT(B2:D4,B2:D4)	=MMULT(B2:D4,B2:D4)
11	AB=	=MMULT(B2:D4,G2:I4)	=MMULT(B2:D4,G2:I4)	=MMULT(B2:D4,G2:I4)		A^2=	=MMULT(B2:D4,B2:D4)	=MMULT(B2:D4,B2:D4)	=MMULT(B2:D4,B2:D4)
12		=MMULT(B2:D4,G2:I4)	=MMULT(B2:D4,G2:I4)	=MMULT(B2:D4,G2:I4)			=MMULT(B2:D4,B2:D4)	=MMULT(B2:D4,B2:D4)	=MMULT(B2:D4,B2:D4)
13									
14		=TRANSPOSE(B2:D4)	=TRANSPOSE(B2:D4)	=TRANSPOSE(B2:D4)					
15	A^T=	=TRANSPOSE(B2:D4)	=TRANSPOSE(B2:D4)	=TRANSPOSE(B2:D4)					
16		=TRANSPOSE(B2:D4)	=TRANSPOSE(B2:D4)	=TRANSPOSE(B2:D4)					

圖 2-6　矩陣加、減、乘法、平方、轉置運算公式

例 2

若 $C = \begin{bmatrix} 11 & 21 & 31 \\ 40 & 51 & 61 \\ 71 & 81 & 91 \end{bmatrix}$，$D = \begin{bmatrix} 10 & 15 & 20 & 25 & 30 \\ 35 & 30 & 25 & 20 & 15 \\ 42 & 45 & 37 & 22 & 41 \\ 13 & 16 & 19 & 24 & 12 \\ 24 & 34 & 46 & 17 & 23 \end{bmatrix}$，求 $|C|, |D|$。

解

(1) 在工作表中分別輸入 C、D。

(2) 點選欲放置 C 行列式值的儲存格後，於功能列點選公式，再點選數學與三角函數，往下捲動選擇 MDETERM 函數。選擇 MDETERM 函數後，會出現一輸入視窗，輸入 C 矩陣所在儲存格範圍。

(3) 點選確定，可得 $|C|$（如圖 2-7 所示）。

圖 2-7　矩陣 C 行列式值計算

(4) 點選欲放置 D 行列式值的儲存格後，於功能列點選公式，再點選數學與
三角函數，往下捲動選擇 MDETERM 函數。選擇 MDETERM 函數後，
會出現一輸入視窗，輸入 D 矩陣所在儲存格範圍。

(5) 點選確定，可得 $|D|$（如圖 2-8 所示）。

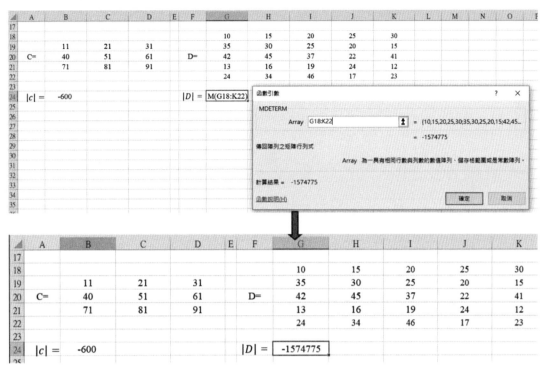

圖 2-8 矩陣 D 行列式值計算

例 3

若 $A = \begin{bmatrix} 1 & 4 & 3 \\ 1 & 2 & 1 \\ 3 & 2 & 1 \end{bmatrix}$，求 A^{-1}。

解

(1) 在工作表中輸入 A。

(2) 確定 A^{-1} 的階數，以本例 $A(3×3)$ 而言，故 A^{-1} 為 $3×3$，因此選好 3（列）×3（欄）。

(3) 於功能列點選公式，再點選數學與三角函數，往下捲動選擇 MINVERSE 函數。選擇 MINVERSE 函數後，會出現一輸入視窗，輸入 A 矩陣所在儲存格範圍。

(4) 同時按下 Ctrl+Shift+Enter 三鍵，完成 A^{-1} 計算（如圖 2-9 所示）。

	A	B	C	D	E	F	G	H	I
1									
2		1	4	3		$A^{-1}=$			
3	A=	1	2	1					
4		3	2	1					
5									

	A	B	C	D	E	F	G	H	I	J	K
1											
2		1	4	3		$A^{-1}=$	D4)				
3	A=	1	2	1							
4		3	2	1							

函數引數   ?   ×

MINVERSE

Array B2:D4   = {1,4,3;1,2,1;3,2,1}

= {0,-0.5,0.5;-0.5,2,-0.5;1,-2.5,0.5}

傳回儲存於某陣列中之矩陣的反矩陣

Array 為一具有相同行數與列數的數值陣列、儲存格範圍、或是常數陣列。

	A	B	C	D	E	F	G	H	I
1									
2		1	4	3			0	-0.5	0.5
3	A=	1	2	1		$A^{-1}=$	-0.5	2	-0.5
4		3	2	1			1	-2.5	0.5
5									

圖 2-9 反矩陣計算

🔒 例 4

以例 3 結果，求解 $\begin{cases} x+4y+3z=2 \\ x+2y+z=4 \\ 3x+2y+z=6 \end{cases}$ 。

解

(1) 由例 3 知 A^{-1} 存在，因此線性聯立方程組 $Ax=b$ 之解，可以 $x=A^{-1}b$ 求得。

(2) 在工作表中輸入 b。

(3) 本例求解三個未知數，故於工作表中選好 3（列）×1（欄）以放置結果。

(4) 於功能列點選公式，再點選數學與三角函數，往下捲動選擇 MMULT 函數。選擇 MMULT 函數後，會出現一輸入視窗，分別輸入 A^{-1} 與 b 矩陣所在儲存格範圍。

(5) 同時按下 Ctrl+Shift+Enter 三鍵，完成 $A^{-1}b$ 計算（如圖 2-10 所示）。

(6) 本例方程組之解為 $\begin{cases} x=1 \\ y=4 \\ z=-5 \end{cases}$ 。

	A	B	C	D	E	F	G	H	I
1									
2		1	4	3			0	-0.5	0.5
3	A=	1	2	1		A^{-1}=	-0.5	2	-0.5
4		3	2	1			1	-2.5	0.5
5									
6		2							
7	b=	4				$A^{-1}b$=			
8		6							
9									

	A	B	C	D	E	F	G	H	I	J
1										
2		1	4	3			0	-0.5	0.5	
3	A=	1	2	1		A^{-1}=	-0.5	2	-0.5	
4		3	2	1			1	-2.5	0.5	
5										
6		2					B6:B8)			
7	b=	4				$A^{-1}b$=				
8		6								

函數引數   ?   ✕

MMULT

Array1 G2:I4 ⬆ = {0,-0.5,0.5;-0.5,2,-0.5;1,-2.5,0.5}

Array2 B6:B8 ⬆ = {2;4;6}

= {1;4;-5}

傳回兩陣列相乘之乘積。傳回的陣列的列數將與 array1 相同，欄數將與 array2 相同

Array2 要相乘的第一個陣列。此陣列的欄數需和 array2 的列數相同。

	A	B	C	D	E	F	G	H	I
1									
2		1	4	3			0	-0.5	0.5
3	A=	1	2	1		A^{-1}=	-0.5	2	-0.5
4		3	2	1			1	-2.5	0.5
5									
6		2					1		
7	b=	4				$A^{-1}b$=	4		
8		6					-5		
9									

圖 2-10　方程組求解計算

練習題 2

1. $A = \begin{bmatrix} 1 & 1 \\ 0 & 1 \end{bmatrix}$，定義方陣 Y 之 n 次方為 $Y^n = \underbrace{Y \cdot Y \cdots Y}_{n \text{個}}$，問 $A^2 = ?$ $A^3 = ?$ 依此可猜

   出 $A^{131} = ?$

2. 計算：

   (1) 若 $A = \begin{bmatrix} 1 & 3 \\ 2 & 4 \end{bmatrix}$，求 $A^2 - 5A - 3I$ \quad (2) 若 $A = \begin{bmatrix} 1 & 0 \\ 0 & -1 \end{bmatrix}$，求 $A^2 - 2A - I$

   (3) 若 $A = \begin{bmatrix} a & 1 \\ 0 & b \end{bmatrix}$，求 $(A + A^T)^T$

3. 若 A 為 $m \times n$ 階，B 為 $n \times p$ 階，C 為 $s \times t$ 階矩陣

   (1) ABC 為可乘之條件

   (2) ACB 為可乘之條件

4. $A = \begin{bmatrix} 0 & a & b \\ 0 & 0 & c \\ 0 & 0 & 0 \end{bmatrix}$，求 $(A^T + A^2)^T = ?$

5. A，B 均為 n 階方陣

   (1) A，B 可交換為 $B = I$ 之 _____ 條件。

   (2) A^2 存在是 A 為方陣之 _____ 條件。

6. 計算：

   (1) $\begin{vmatrix} 2 & 3 \\ -1 & 4 \end{vmatrix}$ \qquad\qquad\qquad (2) $\begin{vmatrix} 0 & 9 \\ -8 & 7 \end{vmatrix}$

7. 計算：

   (1) $\begin{vmatrix} 1 & 3 & 7 \\ 3 & 5 & 9 \\ 5 & 7 & 11 \end{vmatrix}$ \qquad\qquad (2) $\begin{vmatrix} 1 & 0 & 1 \\ 0 & 1 & 1 \\ 1 & 0 & 1 \end{vmatrix}$

(3) $\begin{vmatrix} 1 & -5 & -1 \\ 0 & 2 & -2 \\ 0 & 0 & -3 \end{vmatrix}$ (4) $\begin{vmatrix} 2 & 1 & 1 \\ 1 & 2 & 1 \\ 1 & 1 & 2 \end{vmatrix}$

(5) $\begin{vmatrix} 1 & 0 & 0 \\ 0 & 2 & 0 \\ 5 & 1 & 3 \end{vmatrix}$

8. 不要計算，你能指出 x 之值為何？

$$\begin{vmatrix} 1 & 1 & 1 \\ 1 & 2 & x \\ 1 & 4 & x^2 \end{vmatrix} = 0$$

9. 下列敘述是否正確？若否請舉一反例。

(1) A 為 $m \times n$ 階矩陣，B 為 $n \times m$ 階矩陣，$|AB| = |BA|$。

(2) A 為 n 階實方陣，若 $A^2 = \mathbf{0}$，則 $|A| = 0$。

(3) A 為 n 階方陣，若 $A^2 = A$，則 $|A| = 0$ 或 1。

(4) A，B 為同階方陣，則 $|A+B| = |A| + |B|$。

10. 驗證 $\begin{vmatrix} a+m & b \\ c+n & d \end{vmatrix} = \begin{vmatrix} a & b \\ c & d \end{vmatrix} + \begin{vmatrix} m & b \\ n & d \end{vmatrix}$。

11. 用定理 B 證明下列方程組有解，然後用 Gauss-Jordan 法解：

(1) $x + 2y + z = 3$

(2) $\begin{cases} x + 3y + 2z = 10 \\ 2x + 2y + z = 4 \end{cases}$

12. 用 Gauss-Jordan 法解

$$\begin{cases} 4x_1 + 5x_2 + 3x_3 = 7 \\ x_1 + x_2 + x_3 = 3 \\ 2x_1 + 3x_2 + x_3 = 1 \end{cases}$$

13. 求下列矩陣之反矩陣：

(1) $\begin{bmatrix} 2 & 1 \\ 3 & 4 \end{bmatrix}$

(2) $\begin{bmatrix} 1 & 4 & 3 \\ -1 & -2 & 0 \\ 2 & 2 & 3 \end{bmatrix}$

(3) $\begin{bmatrix} a & 0 & 0 \\ 0 & b & 0 \\ 0 & 0 & c \end{bmatrix}$，$abc \neq 0$

14. 求下列矩陣之秩：

(1) $\begin{bmatrix} 1 & 2 & -1 & 3 \\ 3 & 4 & 0 & -1 \\ 5 & 8 & -2 & 5 \end{bmatrix}$

(2) $\begin{bmatrix} 3 & 6 & -2 & 6 \\ 2 & 4 & -3 & 0 \\ 3 & 6 & -2 & 5 \end{bmatrix}$

(3) $\begin{bmatrix} 1 & -1 & 0 & 0 \\ 0 & 1 & 0 & 0 \\ 0 & 0 & 1 & 0 \\ 0 & 0 & -1 & 1 \end{bmatrix}$

15. (1) 求 $A = \begin{bmatrix} 2 & 3 \\ -1 & 4 \end{bmatrix}$ 之反矩陣 A^{-1}，並以此解 $\begin{cases} 2x - 3y = -1 \\ -x + 4y = -5 \end{cases}$。

(2) 用 Cramer 法則解(1)。

16. 在線性之總收入函數，即 $R = px$ 及總成本函數 $C = vx + f$ 之模式中，R_{BEP} 為損益平衡點之收入，試證：

(1) $R_{BEP} = \dfrac{\text{固定成本}}{1 - \dfrac{\text{總變動成本}}{\text{總收入}}}$

(2) 定義**邊際成本**(marginal cost)，它表示多生產一個產品所需增加之額外成本。求線性成本函數 $C(x) = vx + f$ 的邊際成本。

17. 試證定理 E(3)：$(A^{-1})^{-1} = A$，A 為可逆方陣（提示應用 $A^{-1}A = I$，兩邊同取反矩陣）

18. 試證定理 C：$A = \begin{bmatrix} a & b \\ c & d \end{bmatrix}$，若 $ad - bc \neq 0$ 則 $A^{-1} = \dfrac{1}{ad - bc}\begin{bmatrix} d & -b \\ -c & a \end{bmatrix}$。

19. 設線性聯立方程組 $Ax = b$ 有二個相異解 x_1，x_2，試證 $y = \lambda x_1 + (1-\lambda)x_2$ 亦為 $Ax = b$ 之一解。

MEMO

03 CHAPTER

機　率

本章大綱

3.1 隨機實驗、樣本空間與事件

學習目標

1. 隨機實驗、樣本空間。
2. 事件。

 前　言

機率的想法在我們生活中無所不在。比方說，選舉期間預估某人當選之機率，一名學生期末考考得差，他可能自忖這學期這門課程八成被當，這些都有機率之概念。企業經營更是如此，例如行銷經理針對未來市場前景是繁榮、持平、蕭條之機率（可能性），綜合評估後便可取得來年之計畫生產量。

本書所討論的**決策理論**(decision theory)、**馬可夫鏈**(Markov chain)以及**賽局理論**(game theory)、**存貨模式**(inventory model)之部分都是隨機性模式，它們的數學工具都是**機率**(probability)。故本章討論聚焦於機率基本概念。

隨機實驗與樣本空間

隨機實驗

像擲骰子、丟銅板等，其**結果**(outcome)在實驗前無法預知，但它的所有可能結果在實驗前都能加以描述，如果這種實驗能在相同條件下反覆進行，我們便稱此種實驗為**隨機實驗**(random experiment)、統計實驗或簡稱實驗。

因此，我們可知隨機實驗有三個特性：

1. 實驗之所有可能結果均為已知。

2. 每次實驗之結果與前次、未來實驗之結果無關。

3. 可在相同之條件下反覆地進行實驗。

有了隨機實驗後,我們接著便可對樣本空間、事件、樣本點加以定義。

樣本空間、事件與樣本點

隨機實驗之所有可能結果所成之集合稱為**樣本空間**(sample space),以 S 表之;樣本空間之元素稱為**樣本點**(sample point);樣本空間之任何一子集合稱為**事件**(event)。

我們將集合、機率以及統計相關名詞彙於下表,方便讀者比較。

集合	機率	統計
全集	樣本空間	母體
子集合	事件	樣本
元素	樣本點	觀測點

例 1

擲一均勻銅板 2 次之隨機實驗,求(1)樣本空間 S;(2)至少出現一次正面之事件 E_1;(3)兩次擲出相同結果之事件 E_2。

解

(1) $S = \{(正,正),(正,反),(反,正),(反,反)\}$

(2) $E_1 = \{(正,反),(反,正),(正,正)\}$

(3) $E_2 = \{(正,正),(反,反)\}$

隨堂演練 A

承例 1,試求出現正、反面各一次之事件 E。

Ans: $E = \{(正,反),(反,正)\}$

在機率統計教材常出現求擲若干個銅板之類的隨機實驗的樣本空間，我們將 $n=2$ 與 $n=3$ 之時之樣本空間列出，你能看出表列規則嗎？可回想第一章之真值表。

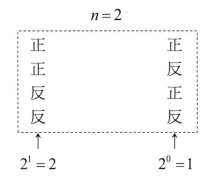

$n=2$	
正	正
正	反
反	正
反	反

$2^1 = 2$ 　　　　$2^0 = 1$

$n=3$		
正	正	正
正	正	反
正	反	正
正	反	反
反	正	正
反	正	反
反	反	正
反	反	反

$2^2 = 4$ 　　$2^1 = 2$ 　　$2^0 = 1$

循環一次　　循環一次　　循環一次

隨堂演練 B

擲銅板 3 次，求(1)正、反面交互出現之事件 E_1；(2)正面與反面出現次數相同之事件 E_2。

Ans：(1) $E_1 = \{(正, 反, 正)，(反, 正, 反)\}$；(2) $E_2 = \phi$

事件之集合表示

A, B 為定義於樣本空間 S 之二事件，由集合運算，可衍生出下列幾種事件：

1. $A \cup B$ 表示事件 A 發生**或**事件 B 發生。

2. $A \cap B$ 表示事件 A 發生**且**事件 B 發生。

3. $\overline{A}$（或 A^c）表示事件 A 外之其餘事件。

4. $A-B$ 表示**事件 A 發生且事件 B 不發生**。（根據集合運算：$A-B = A\cap\overline{B}$）

5. $A=\phi$ 表示事件 A 不發生，這種事件稱為**零事件**(null event)。

6. **互斥事件**(mutually exclusive event)：**二事件 A, B，若 A 發生時 B 一定不會發生，反之亦然，即 $A\cap B = \phi$。**

🔓 例 2

設 A, B, C 為三事件，試以集合表示：(1)至少有一事件發生；(2)恰好一事件發生；(3)所有事件均不發生。

解

(1) $A\cup B\cup C$。此表示（ A 發生）或（ B 發生）或（ C 發生）。

(2) $(A\cap\overline{B}\cap\overline{C})\cup(\overline{A}\cap B\cap\overline{C})\cup(\overline{A}\cap\overline{B}\cap C)$。此表示（ A 發生且 B,C 均不發生）或（ B 發生且 A,C 均不發生）或（ C 發生且 A,B 均不發生）。

(3) $\overline{A}\cap\overline{B}\cap\overline{C}$ 此表示（ A 不發生且 B 不發生且 C 不發生）。

🔅 隨堂演練 C

承例 2，求恰好有二事件發生之集合表示。

$$\text{Ans：} (A\cap B\cap\overline{C})\cup(A\cap\overline{B}\cap C)\cup(\overline{A}\cap B\cap C)$$

🔓 例 3

擲一銅板一次，E_1：出現正面之事件，E_2：出現反面之事件，因不可能既出現正面又出現反面，從而 E_1, E_2 為互斥事件，即 $E_1\cap E_2 = \phi$。

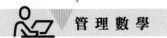
隨堂演練 D

A, B, C 為定義於樣本空間 S 之三個事件，若 A, C 互斥，B, C 互斥，問 A, B 是否亦互斥？（提示：可繪一適當之文氏圖）

Ans：不一定。例如下圖：

　　處理機率問題時，常先定義事件。讀者對問題陳述中之「至少」、「恰好」、「至多」這幾個字樣應特別注意。

3.2 機率的定義與基本定理

學習目標

1. 熟悉機率基本定理之推導與應用。
2. 能適當地應用文氏圖輔助計算。
3. 排容原理之應用。

 機率之定義

定 義

(1) 古典機率:令事件 A 為某實驗 E 之樣本空間 S 之部分集合,設該實驗有 N 個互斥且同等可能發生之結果,若事件 A 恰含有 m 個此項結果,則定義事件 A 發生之機率 $P(A)$ 為

$$P(A) = \frac{n(A)}{n(S)} = \frac{m}{N}$$

(2) 相對次數:設某實驗 E 之試驗總次數為 f,而事件 A 發生之次數為 f_A,則定義事件 A 發生之機率 $P(A)$ 為

$$P(A) = \lim_{f \to \infty} \frac{f_A}{f}$$

(3) 主觀機率:有些學者認為有許多事件之成功機率取決於決策者對事件所抱之信心程度,因此這種機率多少帶有主觀成分,其結果因人而異。

在機率之相對次數的定義，$P(A) = \lim\limits_{f \to \infty} \dfrac{f_A}{f}$，或許有人會認為 $\lim\limits_{f \to \infty} \dfrac{f_A}{f} = 0$？但讀者應理解的是，當實驗次數很大（即 $f \to \infty$ 時），事件 A 之發生次數亦會隨實驗次數之增加而不斷加大，最後 $\dfrac{f_A}{f}$ 趨向於一個定值 $P(A)$。

機率之定義或有不同，但在運算上必須依據機率之公理與有關定理。

機率的公理體系及有關之運算定理

早期之機率問題多數見於數學家解答之零星賭局問題，直至俄數學家 Andry Kolmogorov(1903~1987)於 1933 年建立機率三大公理，至此機率學始有一嚴謹之系統。

Kolmogorov 之機率公理體系

1. 事件 A 發生之機率 $P(A)$ 為一實數且 $P(A) \geq 0$。

2. 設 S 為樣本空間則 $P(S) = 1$。

3. 設 $A_1, A_2, \cdots, A_n$，為 n 個互斥事件則
   $$P(A_1 \cup A_2 \cdots \cup A_n) = P(A_1) + P(A_2) + \cdots + P(A_n)$$

由上義及上述三條公理，可導出下列幾個重要之定理：

定理 A

$P(\phi) = 0$，零事件（即一個不會發生的事件）發生的機率是 0

證 明

$\because S$ 與 ϕ 互斥，且 $S \cup \phi = S$　$\therefore P(S \cup \phi) = P(S) + P(\phi)$

又 $P(S \cup \phi) = P(S)$　$\therefore P(S) + P(\phi) = P(S)$　得　$P(\phi) = 0$

定理 B

$P(\overline{A}) = 1 - P(A)$，即事件 A 不發生之機率與 A 發生之機率的和為 1

證明

$$1 = P(S) = P(A \cup \bar{A}) = P(A) + P(\bar{A})$$

$$\therefore P(\bar{A}) = 1 - P(A)$$

定理 B 有二個常用之衍生公式，它們都可由第摩根律得到：

(1) $P(\bar{A} \cap \bar{B}) = 1 - P(A \cup B)$ 或 $P(\bar{A} \cup \bar{B}) = 1 - P(A \cap B)$

(2) $P(\bar{A} \cap \bar{B} \cap \bar{C}) = 1 - P(A \cup B \cup C)$ 或 $P(\bar{A} \cup \bar{B} \cup \bar{C}) = 1 - P(A \cap B \cap C)$

定理 C

$1 \geq P(A) \geq 0$，即任一事件發生之機率恆介於 0 與 1 之間

證明

$$P(\bar{A}) = 1 - P(A) \geq 0 \quad \therefore 1 \geq P(A)$$

但 $P(A) \geq 0 \quad$ 得 $\quad 1 \geq P(A) \geq 0$

定理 C 的意思是說**任一事件發生的機率 p 恆介於 0,1 之間**，例如：
$(1) 1 \geq P(A \cup B) \geq 0$；$(2) 1 \geq P\big((A-B)-(C \cup D)\big) \geq 0 \cdots$ 等。

定理 D

$$P(A \cup B) = P(A) + P(B) - P(A \cap B)$$

證明

$$A \cup B = (A \cap \bar{B}) \cup (A \cap B) \cup (\bar{A} \cap B)$$

$$A = (A \cap \bar{B}) \cup (A \cap B)$$

$$B = (A \cap B) \cup (\bar{A} \cap B)$$

$\because A \cap \bar{B}, \bar{A} \cap B, A \cap B$ 為互斥事件

$$\therefore P(A \cup B) = P[(A \cap \bar{B}) \cup (A \cap B) \cup (\bar{A} \cap B)]$$

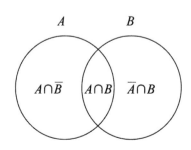

$$= P(A \cap \bar{B}) + P(A \cap B) + P(\bar{A} \cap B)$$

$$= [P(A) - P(A \cap B)] + P(A \cap B) + [P(B) - P(A \cap B)]$$

$$= P(A) + P(B) - P(A \cap B)$$

推論 D1

$$P(A \cup B \cup C) = P(A) + P(B) + P(C) - P(A \cap B)$$

$$- P(A \cap C) - P(B \cap C) + P(A \cap B \cap C)$$

證 明

$$P[(A \cup B \cup C)] = P[(A \cup B) \cup C] = P(A \cup B) + P(C) - P[(A \cup B) \cap C]$$

$$= P(A) + P(B) - P(A \cap B) + P(C) - P[(A \cap C) \cup (B \cap C)]$$

$$= P(A) + P(B) + P(C) - P(A \cap B) - [P(A \cap C) + P(B \cap C) - P(A \cap B \cap C)]$$

$$= P(A) + P(B) + P(C) - P(A \cap B) - P(A \cap C) - P(B \cap C) + P(A \cap B \cap C)$$

例 1

A, B 為定義於樣本空間 S 之二個事件，設 $P(A) = 0.4$，$P(B) = 0.3$，(1)求 $P(A \cup B)$ 之最大可能值；(2)又若 $P(A \cap B) = 0.2$，求 $P(A \cup B)$。

解

(1) $P(A \cup B) = P(A) + P(B) - P(A \cap B) \le P(A) + P(B) = 0.4 + 0.3 = 0.7$

(2) $P(A \cup B) = P(A) + P(B) - P(A \cap B) = 0.4 + 0.3 - 0.2 = 0.5$

例 2

A, B 為定義於樣本空間之二個事件，若 $P(A) = 0.5$，$P(B) = 0.3$，$P(A \cap \bar{B}) = 0.4$，求(1) $P(A \cap B)$ 與(2) $P(\bar{A} \cup B)$ 及(3) $P(\bar{A} \cap B)$。

解

(1) $P(A) = P(A \cap \bar{B}) + P(A \cap B)$ $\therefore 0.5 = 0.4 + P(A \cap B)$

得 $P(A \cap B) = 0.1$

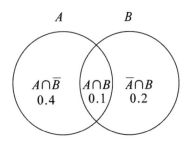

(2) $P(\bar{A} \cup B) = 1 - P(\overline{\bar{A} \cup B}) = 1 - P(A \cap \bar{B}) = 1 - 0.4 = 0.6$

(3) $P(B) = P(A \cap B) + P(\bar{A} \cap B)$

$\therefore P(\bar{A} \cap B) = P(B) - P(A \cap B) = 0.3 - 0.1 = 0.2$

隨堂演練 A

（承例 2）求 $P(\bar{A} \cup \bar{B})$。

Ans：0.9

定理 E

A, B 為樣本空間 S 之二個事件。若 $A \subseteq B$，則 $P(A) \le P(B)$

證 明

$\because A \subseteq B$，文氏圖陰影部分表示事件 $B - A = B \cap \bar{A}$

$\therefore P(B) = P[A \cup (B \cap \bar{A})] = P(A) + P(B \cap \bar{A}) \ge P(A)$

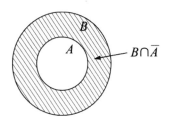

這個結果很合乎我們的直覺，若 S 為全國大學生所成之集合，A 為臺大學生所成之集合，B 為臺大大一學生之集合，顯然 $B \subseteq A$。若從全國大學生任抽 1 人，那麼抽到是臺大學生之機率一定比抽到臺大大一學生之機率為大。

例 3

若 A, B, C 均為定義於 S 之事件，那麼由定理 E，我們有 $P(A) \ge P(A \cap B)$，$P(A \cup B) \ge P(A)$，$P(A \cup B \cup C) \ge P(A \cup B) \ge P(A) \cdots$

隨堂演練 B

A, B, C 為定義於樣本空間 S 之三個事件，試比較下列機率之大小：
$P(A)$，$P(A\cap B)$，$P(A\cup (B\cap C))$。

Ans：$P(A\cup (B\cap C)) \geq P(A) \geq P(A\cap B)$

條件機率與機率 獨立

學習目標

1. 了解條件機率之定義以及如何將問題表成條件機率。

2. 了解機率獨立之意義以及判斷。

3. 對系統可靠度有一初步之理解。

什麼是條件機率？

條件機率(conditional probability)是已知某特定事件之條件下，發生另一事件之機率。

我們舉一個例子說明條件機率之意義：

假設某班對一公共議題之贊成或反對進行表決，結果如下方之交叉表。n_1，n_2，n_3，n_4為人數。

	男生	女生
贊成	n_1	n_2
反對	n_3	n_4
小計	s_1	s_2

若 B 表男生，G 表女生，A 表贊成，$\overline{A}$ 表反對

令 $n(B) = s_1$，$n(G) = s_2$，$n = s_1 + s_2 = n_1 + n_3 + n_2 + n_4$

$n(A \cap B) = n$（男生且贊成）$= n_1$

$n(A \cap G) = n$（女生且贊成）$= n_2$

$n(\overline{A} \cap B) = n$（男生且反對）$= n_3$

$n(\overline{A} \cap G) = n$（女生且反對）$= n_4$

	B	G
A	$n(A \cap B)$	$n(A \cap G)$
$\overline{A}$	$n(\overline{A} \cap B)$	$n(\overline{A} \cap G)$
	$n(B)$	$n(G)$

那麼我們可求出以下之機率：

1. 已知是男生，贊成之機率 $= \dfrac{n_1}{s_1} = \dfrac{n_1/n}{s_1/n} = \dfrac{P(A \cap B)}{P(B)}$

2. 已知是女生，反對之機率 $= \dfrac{n_4}{s_2} = \dfrac{n_4/n}{s_2/n} = \dfrac{P(\overline{A} \cap G)}{P(G)}$

有了簡單的概念，我們可正式定義出條件機率如下：

定 義

設 A, B 為二事件，已知事件 B 發生下，A 發生之**條件機率** $P(A|B)$ 定義為

$$P(A|B) = \frac{P(A \cap B)}{P(B)} \ , \quad P(B) \neq 0$$

管理者在應用條件機率時要注意的是，條件機率定義中之二事件 A, B 不一定有因果關係或時間序列之關係。兩者很可能是風牛馬不相及的二個事件。

例 1

已知 $P(A) = \dfrac{1}{2}$，$P(B) = \dfrac{2}{3}$，$P(A \cup B) = \dfrac{5}{6}$ 時，求 $P(B|A)$。

解

$\because P(A \cup B) = P(A) + P(B) - P(A \cap B)$

$\therefore P(A \cap B) = P(A) + P(B) - P(A \cup B)$

$= \dfrac{1}{2} + \dfrac{2}{3} - \dfrac{5}{6} = \dfrac{1}{3}$

$P(B|A) = \dfrac{P(A \cap B)}{P(A)} = \dfrac{\frac{1}{3}}{\frac{1}{2}} = \dfrac{2}{3}$

🔓 例 2

擲三個銅板，已知出現 2 個正面，求第一個銅板出現正面而第二個銅板出現反面之機率。

🔑 解

令 A＝擲三個銅板出現 2 個正面之事件，則

A＝{（正，正，反），（正，反，正），（反，正，正）}

B＝第一個銅板出現正面而第二個銅板出現反面之事件，則

B＝{（正，反，反），（正，反，正）}，得 $A\cap B$＝{（正，反，正）}

$$\therefore P(B\mid A)=\frac{P(A\cap B)}{P(A)}=\frac{\frac{1}{8}}{\frac{3}{8}}=\frac{1}{3}$$

🔓 例 3

擲二粒骰子，(1)已知第一粒骰子出現 3，求二粒骰子點數和為 8 之機率；(2)已知二骰子點數和為 8，求第一粒骰子出現 5 之機率。

🔑 解

令 X_i＝第 i 粒骰子出現之點數 $i=1, 2$

(1) $P(X_1+X_2=8\mid X_1=3)=\dfrac{P(X_1+X_2=8\text{且}X_1=3)}{P(X_1=3)}$

$=\dfrac{P(X_1=3\text{且}X_2=5)}{P(X_1=3)}=\dfrac{\frac{1}{36}}{\frac{1}{6}}=\dfrac{1}{6}$

(2) $P(X_1 = 3 \mid X_1 + X_2 = 8) = \dfrac{P(X_1 = 3 \text{且} X_1 + X_2 = 8)}{P(X_1 + X_2 = 8)}$

$= \dfrac{P(X_1 = 3 \text{且} X_2 = 5)}{P(X_1 + X_2 = 8)} = \dfrac{\frac{1}{36}}{\frac{5}{36}} = \dfrac{1}{5}$

> 例 3(2)
> $E = \{(2,6),(3,5),(4,4),$
> $\qquad (5,3),(6,2)\}$
> $\therefore P(X_1 + X_2 = 8) = \dfrac{5}{36}$

定理 A

A, B, H 為定義於樣本空間之三事件，則：

(1) $P(\overline{A} \mid H) = 1 - P(A \mid H)$

(2) $P(A \cup B \mid H) = P(A \mid H) + P(B \mid H) - P(A \cap B \mid H)$ ，但 $P(H) \neq 0$

證 明

(1) $1 - P(A \mid H) = 1 - \dfrac{P(A \cap H)}{P(H)} = \dfrac{P(H) - P(A \cap H)}{P(H)}$

$= \dfrac{P(\overline{A} \cap H)}{P(H)} = P(\overline{A} \mid H)$

(2) $P(A \cup B \mid H) = P[(A \cup B) \cap H] / P(H)$

$= P[(A \cap H) \cup (B \cap H)] / P(H)$

$= \dfrac{1}{P(H)} P[(A \cap H) \cup (B \cap H)]$

$= \dfrac{1}{P(H)} \{ [P(A \cap H) + P(B \cap H)] - P[(A \cap H) \cap (B \cap H)] \}$

$= \dfrac{1}{P(H)} [P(A \cap H) + P(B \cap H) - P(A \cap B \cap H)]$

$= \dfrac{P(A \cap H)}{P(H)} + \dfrac{P(B \cap H)}{P(H)} - \dfrac{P(A \cap B \cap H)}{P(H)}$

$= P(A \mid H) + P(B \mid H) - P(A \cap B \mid H)$

除定理 A 外，條件機率有許多與類似之結果，如隨堂演練 A。

隨堂演練 A

試證：若 $P(A) \neq 0$，則 $0 \leq P(B \mid A) \leq 1$。

機率獨立

隨機實驗之二個事件，若一事件是否發生不會影響到另一事件發生與否，則稱二事件**獨立**(independent)，否則稱為**相依**(dependent)。但這不利於分析，因此我們必須下一個具有可實踐性之定義。

定 義

若 A, B 為定義於樣本空間 S 之二事件，若 $P(A \cap B) = P(A)P(B)$，則稱 A, B 為獨立

由定義極容易推知：A, B 為獨立事件之充要條件為

(1) $P(A \mid B) = P(A)$，$P(B) \neq 0$ 或

(2) $P(B \mid A) = P(B)$，$P(A) \neq 0$

隨堂演練 B

$P(A)P(B) \neq 0$ 時，$P(A \mid B) = P(A)$ 與 $P(B \mid A) = P(B)$ 都是 A, B 獨立之充要之條件，試證之。

定理 B

若 A, B 為定義於樣本空間 S 之二獨立事件，則

(1) $\overline{A}$ 與 B 為獨立事件

(2) $\overline{A}$ 與 $\overline{B}$ 為獨立事件

證 明

(1) $P(\overline{A}\cap B) = P(B) - P(A\cap B) = P(B) - P(A)P(B)$

$= P(B)[1-P(A)] = P(\overline{A})P(B)$

$\therefore \overline{A}$ 與 B 亦為獨立

(2) $P(\overline{A}\cap\overline{B}) = 1 - P(A\cup B) = 1 - \left[P(A) + P(B) - P(A\cap B)\right] = 1 - P(A) - P(B) + P(A)P(B) =$

$(1-P(A)) - P(B)(1-P(A)) = (1-P(A))(1-P(B)) = P(\overline{A})P(\overline{B})$

定理 B 可擴張到 3 個及其以上獨立事件之情形。

例 4

定義於樣本空間 S 之二獨立事件 A, B，若 $P(A) = \dfrac{1}{3}$，$P(A\cup B) = \dfrac{1}{2}$，求

(1) $P(B)$；(2) $P(A\,|\,B)$ 與 (3) $P(\overline{B}\,|\,A)$。

解

(1) $\because A, B$ 獨立

$\therefore P(A\cup B) = P(A) + P(B) - P(A\cap B) = P(A) + P(B) - P(A)P(B)$

$\dfrac{1}{2} = \dfrac{1}{3} + P(B) - \dfrac{1}{3}P(B) \quad \therefore P(B) = \dfrac{1}{4}$

(2) $\because A, B$ 獨立 $\quad \therefore P(A\,|\,B) = P(A) = \dfrac{1}{3}$

(3) $\because A, B$ 獨立則 A 與 $\overline{B}$ 亦為獨立 $\quad \therefore P(\overline{B}\,|\,A) = P(\overline{B}) = 1 - P(B) = 1 - \dfrac{1}{4} = \dfrac{3}{4}$（由

(1)）

隨堂演練 C

一事件 A 若與自身互為獨立，求 $P(A) = ?$

Ans：0 或 1

 三事件獨立之條件

定 義

若 A, B, C 為定義於樣本空間 S 之三個獨立事件，若 A, B, C 同時滿足下列條件：

(1) $P(A \cap B) = P(A)P(B)$

(2) $P(A \cap C) = P(A)P(C)$

(3) $P(B \cap C) = P(B)P(C)$

(4) $P(A \cap B \cap C) = P(A)P(B)P(C)$

則稱 A, B, C 為三獨立事件，若只滿足條件部分，則稱 A, B, C 為**對對獨立** (pairwise independent)

例 5

設一袋中有 30 個相同大小之號球，上分別書以 $1, 2, \cdots, 30$。令 $A =$ 取出 2 的倍數之號球，$B =$ 取出 3 的倍數之號球，$C =$ 取出 5 的倍數之號球，問 A, B, C 是否為獨立事件？

解

$P(A) = P$（球號為 2 的倍數）$= \dfrac{15}{30} = \dfrac{1}{2}$

$P(B) = P$（球號為 3 的倍數）$= \dfrac{10}{30} = \dfrac{1}{3}$

$$P(C) = P（球號為 5 的倍數）= \frac{6}{30} = \frac{1}{5}$$

$$P(A \cap B) = P（球號為 6 的倍數）= \frac{5}{30} = \frac{1}{6}$$

$$P(A \cap C) = P（球號為 10 的倍數）= \frac{3}{30} = \frac{1}{10}$$

$$P(B \cap C) = P（球號為 15 的倍數）= \frac{2}{30} = \frac{1}{15}$$

$$P(A \cap B \cap C) = P（球號為 30 的倍數）= \frac{1}{30}$$

現判斷獨立性：

$$\because P(A \cap B) = \frac{1}{6} = P(A)P(B)$$

$$P(A \cap C) = \frac{1}{10} = P(A)P(C)$$

$$P(B \cap C) = \frac{1}{15} = P(B)P(C)$$

$$P(A \cap B \cap C) = \frac{1}{30} = P(A)P(B)P(C)$$

$\therefore A, B, C$ 為三個獨立事件。

隨堂演練 D

若一袋中有 25 個號球，分別畫以 $1, 2, \cdots, 25$，任抽 2 球，若 A 表抽出為 2 倍數之號球，B 表抽出為 5 倍數之號球，問 A, B 是否獨立？

Ans：不為獨立事件

例 6

若 A, B, C 同時射靶，各打一槍，若三人中靶之機率分別為 P_1, P_2, P_3，若三人射中靶為獨立事件，求(1)此靶恰中一發之機率；(2)此靶恰中二發之機率。

解

　　令 A, B, C 分表 A, B, C 擊中之事件，則

(1) P（恰中一發）$= P[(A \cap \bar{B} \cap \bar{C}) \cup (\bar{A} \cap B \cap \bar{C}) \cup (\bar{A} \cap \bar{B} \cap C)]$

　　$= P(A)P(\bar{B})P(\bar{C}) + P(\bar{A})P(B)P(\bar{C}) + P(\bar{A})P(\bar{B})P(C)$

　　$= P_1(1-P_2)(1-P_3) + (1-P_1)P_2(1-P_3) + (1-P_1)(1-P_2)P_3$

(2) P（恰中二發）$= P[(A \cap B \cap \bar{C}) \cup (A \cap \bar{B} \cap C) \cup (\bar{A} \cap B \cap C)]$

　　$= P(A \cap B \cap \bar{C}) + P(A \cap \bar{B} \cap C) + P(\bar{A} \cap B \cap C)$

　　$= P(A)P(B)P(\bar{C}) + P(A)P(\bar{B})P(C) + P(\bar{A})P(B)P(C)$

　　$= P_1 P_2(1-P_3) + P_1(1-P_2)P_3 + (1-P_1)P_2 P_3$

條件機率之乘法公式

　　我們先從二個事件、三個事件之條件機率之乘法公式，最後再結論出 n 個事件：

1. 二個事件：若 A, B 為二事牛，$P(A) > 0$，$P(B) > 0$，則有

　　$P(A \cap B) = P(A)P(B \mid A)$

　　或 $P(B)P(A \mid B)$

2. 三個事件：若 A, B, C 三事件，$P(A) > 0$，$P(A \cap B) > 0$，則

　　$P(A \cap B \cap C) = P(A)P(B \mid A)P(C \mid A \cap B)$

　　上式證明如下：

　　$P(A)P(B \mid A)P(C \mid A \cap B)$

　　$= P(A) \cdot \dfrac{P(A \cap B)}{P(A)} \cdot \dfrac{P(A \cap B \cap C)}{P(A \cap B)} = P(A \cap B \cap C)$

　　因此，我們可總結出：

定理 B

$A_1, A_2, \cdots, A_n$ 為 n 個事件，

若 $P(A_1) > 0$ ，$P(A_1 \cap A_2) > 0$ ，$\cdots$ ，$P(A_1 \cap A_2 \cdots \cap A_{n-1}) > 0$　　則

$P(A_1 \cap A_2 \cdots \cap A_n)$

$= P(A_1)P(A_2 \mid A_1) \cdot P(A_3 \mid A_1 \cap A_2) \cdots P(A_n \mid A_1 \cap A_2 \cdots \cap A_{n-1})$

在應用定理 C 時，如摸球、抽牌這類問題，應考慮抽取方式，是**抽出放回** (draw with replacement)還是**抽出不放回**(draw without replacement)。

例 7

設一袋中含有 5 個紅球，6 個白球，4 個藍球，從中每次取 1 球，連取 3 次

(1) 以抽出放回方式，依次抽出紅、白、藍球之機率。

(2) 以抽出不放回方式，依次抽出紅、白、藍球之機率。

解

定義事件 R_1 為第一次抽出為紅球之事件，W_2 為第二次抽出白球之事件，B_3 為第三次抽出為藍球之事件，則

(1) $P(R_1 \cap W_2 \cap B_3) = P(B_3 \mid W_2 \cap R_1)P(W_2 \mid R_1)P(R_1) = \dfrac{4}{15} \cdot \dfrac{6}{15} \cdot \dfrac{5}{15} = \dfrac{8}{225}$

(2) $P(R_1 \cap W_2 \cap B_3) = P(B_3 \mid W_2 \cap R_1)P(W_2 \mid R_1)P(R_1) = \dfrac{4}{13} \cdot \dfrac{6}{14} \cdot \dfrac{5}{15} = \dfrac{4}{91}$

隨堂演練 E

一袋中有紅白二種色牌，分別有 10、15 張，連抽 2 張，(1)以抽出不放回；(2)抽出放回方式；分別計算二次均為紅色之機率。

Ans：(1) $\dfrac{3}{20}$ ；(2)$\dfrac{4}{25}$

系統可靠度簡介

可靠度(reliability)是一個產品、設備在預定的壽命及使用環境下能充分發揮其預定功能的機率。**可靠度是個機率**，因此分析時必須符合機率學之法則。**任一產品之可靠度 R ，均滿足 $1 \geq R \geq 0$**。**系統可靠度**(system reliability)是由系統之元件或子系統之可靠度評估整個系統之可靠度。為了便於分析，**假設各元件或子系統能充分發揮其應有功能的事件為獨立**。

系統內各元件或子系統在分析時常用方塊表示，其布置的方式可分：**串聯**(series)、**並聯**(parallel)與**混合聯**(combination)三種，設零組件 A, B, C 之可靠度分別為 R_A, R_B, R_C ，而系統可靠度為 R_S ，則：

名稱	零組件配置例	系統可靠度 R_S
串聯	（A／B）	$R_S = 1 - (1 - R_A)(1 - R_B)$
並聯	（A—B—C）	$R_S = R_A R_B R_C$
混合聯	（A—B／C）	$R_S = R_A \left(1 - (1 - R_B)(1 - R_C)\right)$

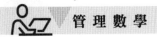

設零組件 A, B, C 表可充分發揮其功能之事件，則 $R_A = P(A)$，$R_B = P(B)$，$R_C = P(C)$，我們可試想自左端輸入水，經管線到右端出口，每一個方塊代表一個閘那麼便有下列三個基本結果：

1. 串聯系統：$R_S = P(A \cap B \cap C) = P(A)P(B)P(C) = R_A R_B R_C$

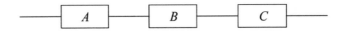

2. 並聯系統：$R_S = P(A \cup B) = 1 - P(\bar{A} \cap \bar{B}) = 1 - P(\bar{A})P(\bar{B}) = 1 - (1-R_A)(1-R_B)$

你也可以這麼想

$R_S = P(A \cup B) = P(A) + P(B) - P(A \cap B) = P(A) + P(B) - P(A)P(B)$

$= R_A + R_B - R_A R_B = 1 - (1-R_A)(1-R_B)$

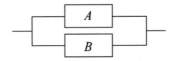

3. 混合聯系統：$R_S = P(A \cap (B \cup C) = R_A \left(1 - (1-R_B)(1-R_C)\right)$

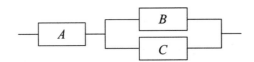

例 8

若一系統包含 3 個主要子系統 A, B, C，它們的可靠度分別為 0.9, 0.95, 0.8，設系統之結構布置如下，如下，求 R_S。

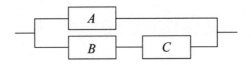

解

A, B, C 之系統可靠度為 $1-(1-R_A)(1-R_B R_C)$

$=1-(1-0.9)(1-0.95\times0.8)=0.976$

貝氏定理

學習目標

1. 全機率定理。
2. 貝氏定理。

全機率定理(total probability theorem)

定理 A （全機率定理）

若 $P(B) \neq 0$ 或 1，則

$$P(A) = P(A|B)P(B) + P(A|\bar{B})P(\bar{B})$$

證 明

$$P(A|B)P(B) + P(A|\bar{B})P(\bar{B}) = \frac{P(A\cap B)}{P(B)}P(B) + \frac{P(A\cap \bar{B})}{P(\bar{B})}P(\bar{B})$$

$$= P(A\cap B) + P(A\cap \bar{B}) = P(A)$$

例 1

大學餐廳對學生飲食習慣調查，結果如下：

	大一	大二	大三	大四
人數比率	0.2	0.3	0.3	0.2
吃素比率	0.02	0.04	0.05	0.04

任找一名學生，試求他（她）吃素之機率。

解

令 $V =$ 吃素事件，$Y_i = i$ 年級學生事件，依題意

$P(V \mid Y_1) = 0.02$，$P(Y_1) = 0.2$，$P(V \mid Y_2) = 0.04$，$P(Y_2) = 0.3$

$P(V \mid Y_3) = 0.05$，$P(Y_3) = 0.3$，$P(V \mid Y_4) = 0.04$，$P(Y_4) = 0.2$

$\therefore P(V) = \sum_{i=1}^{4} P(V \mid Y_i) P(Y_i)$

$\quad\quad = 0.02 \times 0.2 + 0.04 \times 0.3 + 0.05 \times 0.3 + 0.04 \times 0.2$

$\quad\quad = 0.039$

隨堂演練 A

設班上有 100 人，其中男生有 75 人，女生有 25 人，為公共議題進行調查，其中男生有 15 人，女生 10 人同意此議，若從這 100 人任取 1 人，問這人贊同此議題之機率。

Ans：$\dfrac{1}{4}$

例 2

一袋中有 n 張彩券，其中只有 m 張有獎，經充分混合後，問先抽者與後抽者誰為有利？

解

設 A 先抽，B 後抽

令 $X = A$ 抽到獎之事件，$Y = B$ 抽到獎之事件

$P(X) = \dfrac{m}{n}$

$P(Y) = P(Y \mid X)P(X) + P(Y \mid \bar{X})P(\bar{X})$

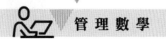

$$= \frac{m-1}{n-1} \cdot \frac{m}{n} + \frac{m}{n-1} \cdot \frac{n-m}{n} = \frac{(m-1)m + m(n-m)}{n(n-1)} = \frac{m}{n}$$

∴抽取之順序與抽到彩券之機率無關。

隨堂演練 B

某人進行一個擲骰銅板之遊戲。先擲一骰子，若出現點 1, 5 則擲銅板 A，若出現點 2, 3, 4, 6 則擲銅板 B，若二個銅板都是有偏的，A, B 出現正面之機率分別為 p, r，求某人擲出正面之機率。

Ans：$\dfrac{1}{3}p + \dfrac{2}{3}r$

定理 C （貝氏定理(Bayes' theorem)）

$B_1, B_2, \cdots, B_n$ 是定義於樣本空間 S 之 n 個互斥事件，事件 B_i 發生之機率 $P(B_i) \neq 0$，$i = 1, 2, 3, \cdots, n$，A 為 S 中之任一事件，且 $P(A) \neq 0$，則

$$P(B_i \mid A) = \frac{P(B_i \cap A)}{\displaystyle\sum_{k=1}^{n} P(B_k \cap A)} = \frac{P(A \mid B_i)P(B_i)}{\displaystyle\sum_{k=1}^{n} P(A \mid B_k)P(B_k)}$$

證 明

∵ $P(B_i \mid A) = \dfrac{P(B_i \cap A)}{P(A)} = \dfrac{P(B_i)P(A \mid B_i)}{P(A)}$

但 $P(A) = P(B_1)P(A \mid B_1) + P(B_2)P(A \mid B_2) + \cdots\cdots + P(B_n)P(A \mid B_n)$

$= \displaystyle\sum_{k=1}^{n} P(B_k)P(A \mid B_k)$

∴ $P(B_i \mid A) = \dfrac{P(A \mid B_i)P(B_i)}{\displaystyle\sum_{k=1}^{n} P(A \mid B_k)P(B_k)}$

貝氏定理本質上是求「由果推因」機率。從定理本身結構來看，分子恰是分母諸項中之某一項。

例 3

A, B, C 三機器生產某種螺釘，產量分別占總量之10%、40%、50%，又這些機器之產品分別有 3%、5%、1%是不合格的，任取一枚螺釘，發現是不合格，求它是由 A 機製造之機率？

解

設 A, B, C 分別表示由機器 A, B, C 製造之事件，D 表示螺釘不合格的事件，則

$P(A) = 0.1$ ，$P(B) = 0.4$ ，$P(C) = 0.5$

$P(D \mid A) = 0.03$ ，$P(D \mid B) = 0.05$ ，$P(D \mid C) = 0.01$

任取一枚螺釘發現是不合格，則它是由 A 機製造之機率 $P(A \mid D)$ 為：

$$P(A \mid D) = \frac{\boxed{P(D \mid A)P(A)}}{\boxed{P(D \mid A)P(A)} + P(D \mid B)P(B) + P(D \mid C)P(C)}$$

$$= \frac{0.03 \times 0.1}{0.03 \times 0.1 + 0.05 \times 0.4 + 0.01 \times 0.5} = \frac{3}{28}$$

例 4

(1) 某製藥廠宣稱他們的流感試劑有以下效果：若被檢測者有感染時，試劑能顯示他確診之機率為 0.99，若被檢測者未被感染，試劑顯示他未被感染之機率為 95%。以該試劑在某地區進行檢測，若該地區居民感染流感之比率推估為 10%，現任取 1 人進行檢測，問試劑顯示此人感染但實際沒被感染的機率。

(2) 你對(1)之結果的看法。

解

(1) 令 A = 被檢測者感染流感

B = 試劑顯示被檢測者有流感

依題意

$P(B \mid A) = 0.99$ ， $P(A) = 0.1$ ， $P(\bar{B} \mid \bar{A}) = 0.95$ ， $P(B \mid \bar{A}) = 0.05$

$\therefore P(\bar{A} \mid B) = \dfrac{P(B \mid \bar{A})P(\bar{A})}{P(B \mid A)P(A) + P(B \mid \bar{A})P(\bar{A})}$

$= \dfrac{0.05 \times 0.9}{0.99 \times 0.1 + 0.05 \times 0.9} = 0.3125$

(2) $P(A \mid B) = 1 - P(\bar{A} \mid B) = 1 - 0.3125 = 0.6875$ ，所以這個試劑的檢驗有效性顯然不是很好的。

隨堂演練 C

承例 3，求任取一枚螺釘，發現是壞的，求它是由 B 機器製造的機率？

Ans：$\dfrac{5}{7}$

3.5　隨機變數

學習目標

1. 隨機變數。
2. 機率密度函數及其特徵數（期望值、變異數）。

 隨機變數

定　義

設 ω 為樣本空間 S 之樣本點，則函數 $X(\omega) = x$，$x \in R$，稱 X 為**隨機變數**(random variable)，簡稱 r.v. X。

由定義易知**隨機變數為一個定義域為樣本空間，值域為實數域的函數**。習慣上隨機變數以大寫英文表之。

例 1

E 為擲二個銅板之隨機實驗，則

樣本空間 ＝ {（正，正），（正，反），（反，正），（反，反）}，

若我們定義隨機變數 X 為出現正面之次數則

$X[（正，正）] = 2$，$X[（正，反）] = X[（反，正）] = 1$，$X[（反，反）] = 0$

隨堂演練 A

承例 1，若我們規定隨機變數 X 為反面出現之次數。

Ans：$X（反，反）= 2$，$X（反，正）= X（正，反）= 1$，
$$X（正，正）= 0$$

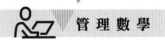
隨機變數可分**離散型隨機變數**(discrete random variable)與**連續型隨機變數**(continuous random variable)二種：

1. 離散隨機變數：隨機變數之值域為有限的或無限可數的，像**二項分配**(binomial distribution)、**卜瓦松分配**(Poisson distribution)等都是。

2. 連續隨機變數：隨機變數之值域為實數軸或一個區間者謂之。如**常態分配**(normal distibution)。

 機率函數

定義（pdf/pmf 之要件）

X 為離散型 r.v.	X 為連續型 r.v.
若 $f(x)$ 滿足	若 $f(x)$ 滿足
(1) $P(X = x) \geq 0$ 且	(1) $f(x) \geq 0$ 且
(2) $\sum_x f(x) = \sum_x P(X = x) = 1$	(2) $\int_{-\infty}^{\infty} f(x)dx = 1$
則稱 $f(x)$ 為**機率質量函數**(probability mass function, pmf)。	則稱 $f(x)$ 為一**機率密度函數**(probability density function, pdf)。

有了 pdf 及 pmf 之定義後，我們再定義如何計算事件 A 發生機率。

定 義

$f(x)$ 為 r.v. X 之機率函數，事件 $A\,(A \subseteq S)$ 發生之機率定義為

$$P(A) = P(x \in A) = \begin{cases} \int_A f(x)dx \cdots & X \text{為連續型 r.v.} \\ \sum_{x \in A} f(x) \cdots & X \text{為離散型 r.v.} \end{cases}$$

📁 **例 2**

$$f(x) = \begin{cases} \dfrac{2}{3}x & , \quad -1 < x < 2 \\ 0 & , \quad 其他 \end{cases} \quad 可否為一\ pdf?$$

🔧 **解**

$\because x < 0$ 時，$f(x) < 0$ $\quad \therefore f(x)$ 不是 pdf

📁 **例 3**

若 r.v. X 之 pmf 如下

x	1	2	3	4
$P(X = x)$	$\dfrac{1}{4}$	a	$\dfrac{1}{5}$	$\dfrac{1}{6}$

求 $(1)\,a$ ；$(2)\,P(2 \le X \le 4)$ ；$(3)\,P(2 < X \le 4)$ ；$(4)\,P(X \ge 2 \mid X \le 3)$。

🔧 **解**

(1) $P(X = 1) + P(X = 2) + P(X = 3) + P(X = 4) = \dfrac{1}{4} + a + \dfrac{1}{5} + \dfrac{1}{6} = 1$

$\therefore a = \dfrac{23}{60}$

(2) $P(2 \le X \le 4) = P(X = 2) + P(X = 3) + P(X = 4) = \dfrac{23}{60} + \dfrac{1}{5} + \dfrac{1}{6} = \dfrac{3}{4}$

或 $P(2 \le x \le 4) = 1 - P(x = 1) = 1 - \dfrac{1}{4} = \dfrac{3}{4}$

(3) $P(2 < X \le 4) = P(X = 3) + P(X = 4) = \dfrac{1}{5} + \dfrac{1}{6} = \dfrac{11}{30}$

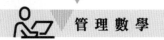

(4) $P(X \geq 2 \mid X \leq 3) = \dfrac{P(X \geq 2 \bigcap X \leq 3)}{P(X \leq 3)} = \dfrac{P(2 \leq X \leq 3)}{P(X \leq 3)} = \dfrac{P(X=2)+P(X=3)}{1-P(X=4)}$

$= \dfrac{\dfrac{23}{60}+\dfrac{1}{5}}{1-\dfrac{1}{6}} = \dfrac{7}{10}$

隨堂演練 B

若離散型 r.v.X 之發生值只有 $-1, 1, 2$，其機率表如下：

x	-1	1	2	其他
$P(X=x)$	0.2	a	0.6	0

(1)求 a；(2) $P(X > 0.8)$；(3) $P(-1 < X < 1.2)$。

Ans：(1)0.2；(2)0.8；(3)0.2

例 4

$f(x) = \begin{cases} e^{-x} & , \quad x \geq 0 \\ 0 & , \quad \text{其他} \end{cases}$，(1) 驗證 $f(x)$ 為一 pdf；(2) 求 $P(2 \leq X < 3)$ 與 (3) $P(|X| \leq 1)$。

解

(1) $x \geq 0$ 時，$f(x) = e^{-x} \geq 0$

$\displaystyle \int_{-\infty}^{\infty} f(x)dx = \int_{-\infty}^{0} 0\,dx + \int_{0}^{\infty} e^{-x} dx = 0 + \int_{0}^{\infty} e^{-x} dx = -e^{-x} \Big|_{0}^{\infty} = 1$

$\therefore f(x) = e^{-x}$ 在 $x \geq 0$ 時為一 pdf

(2) $\displaystyle P(2 \leq X < 3) = \int_{2}^{3} e^{-x} dx = -e^{-x} \Big|_{2}^{3} = e^{-2} - e^{-3}$

(3) $P(|X| \le 1) = P(-1 \le X \le 1)$

$= \int_{-1}^{1} e^{-x} dx = \int_{-1}^{0} 0 dx + \int_{0}^{1} e^{-x} dx = -e^{-x} \mid_{0}^{1} = 1 - e^{-1}$

$P(a \le X \le b)$ 為 pdf $f(x)$ 在 $a \le x \le b$ 與 x 軸所夾之面積，因此，連續 r.v. 之 $P(X = a) = P(X = b) = 0$。所以

$P(a \le X \le b) = P((X = a) \bigcup (a < X < b) \bigcup (X = b)) = P(a < X < b) + P(X = a) +$
$P(X = b) = P(a < X < b)$

同理可推論其餘。

---

(1) X 為連續型 r.v.

$P(a < X < b) = P(a \le X < b) = P(a < X \le b) = P(a \le X \le b)$

(2) X 為離散型 r.v.，則

$P(a < X < b)$、$P(a \le X < b)$、$P(a < X \le b)$ 與 $P(a \le X \le b)$ 未必相等，換言之，在計算離散型 **r.v.** 之機率時必須考慮到有無「等號」之情況。

隨堂演練 C

若 X 為離散型 r.v.，試說明 $P(a < X \le b)$ 與 $P(a \le X \le b)$ 之大小。

Ans：$P(a < X \le b) \le P(a \le X \le b)$

隨機變數之期望值算子

定義

r.v. X 隨機變數之期望值算子 $E(g(X))$ 定義為：

$$E(g(X)) = \begin{cases} \sum_{x} g(x)P(X=x) & , \quad X為離散型\text{r.v.} \\ \int_{-\infty}^{\infty} g(x)f(x)dx & , \quad X為連續型\text{r.v.} \end{cases}$$

期望值算子中以 **期望值**(expectation 或 expected value)與 **變異數**(variance) 最為重要：

(1) $g(X) = X$ 時，稱 $E(X)$ 為 X 之 **期望值**，它代表分配之平均數或者是分配之中心。

r.v. X 之期望值定義為

$$E(X) = \begin{cases} \sum_{x} xP(X=x) & , \quad X為離散型\text{r.v.} \\ \int_{-\infty}^{\infty} xf(x)dx & , \quad X為連續型\text{r.v.} \end{cases}$$

$E(X)$ 常用希臘字母 μ 表示

(2) $g(X) = (X-\mu)^2$ 時，$E(X-\mu)^2$ 稱為 X 之變異數，**它代表分配分散之程度**，$E(X-\mu)^2$ 亦常用希臘字母 σ^2 表之。$\sqrt{E(X-\mu)^2} = \sqrt{\sigma^2} = \sigma$，稱為 **標準差**(standard deviation)，**σ 為非負實數**。

r.v. X 之變異數定義為

$$\sigma^2 = E(X-\mu)^2 = \begin{cases} \sum_{x} (x-\mu)^2 P(X=x) & , \quad X為離散型\text{r.v.} \\ \int_{-\infty}^{\infty} (x-\mu)^2 f(x)dx & , \quad X為連續型\text{r.v.} \end{cases}$$

定理 A

$$\sigma^2 = E(X-\mu)^2 = E(X^2) - \mu^2$$

證 明

$$\sigma^2 = E(X-\mu)^2 = E(X^2 - 2\mu X + \mu^2) = E(X^2) - 2\mu E(X) + \mu^2$$

$$= E(X^2) - 2\mu \cdot \mu + \mu^2 = E(X^2) - \mu^2$$

> 母體平均數 μ 與母體變異數 σ^2 均視為常數。

我們常用定理 A 求 r.v. X 之 σ^2。

定理 B

a, b 為常數，X 為一 r.v.，若 $Y = aX + b$，則

$$E(Y) = E(aX+b) = aE(X) + b \text{ 或 } \mu_Y = a\mu_X + b$$

$$V(Y) = a^2 V(X)$$

證 明

只證明 X 為離散型隨機變數之情況，

(1) $E(Y) = E(aX+b) = \displaystyle\sum_x (ax+b)P(X=x)$

$= \displaystyle\sum_x axP(X=x) + \sum_x bP(X=x) = a\underbrace{\sum_x xP(X=x)}_{E(X)} + b\underbrace{\sum_x P(X=x)}_{1}$

$= aE(X) + b \text{ 或 } \mu_Y = a\mu_X + b$

(2) $V(Y) = V(Y - \mu_Y) = E\left[(aX+b) - (a\mu_X + b)\right]^2 = E\left[(aX - a\mu_X)^2\right]$

$= E\left[a(X - \mu_X)\right]^2 = a^2 E(X - \mu_X)^2 = a^2 V(X)$

例 5

某校大一新生不論男生或女生之體重之分布呈現**鐘形分配**(bell-shaped distribution)

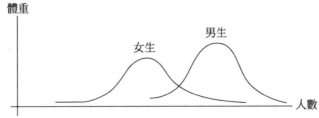

試評論之。

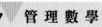

解

由上圖可得以下之結論：

(1) 大多數男生或女生，體重集中在平均數附近，離平均數越遠人數越少。

(2) 男生之平均體重比女生重。

(3) 男生體重之分布較女生集中，或者說女生體重之分布較男生來得分散。

例 6

設 r.v. X 之 pmf 為

x	1	2	3	4
$P(X=x)$	$\dfrac{1}{3}$	$\dfrac{1}{4}$	a	$\dfrac{1}{4}$

求 (1) a；(2) $E(X)$；(3) $V(X)$。

解

(1) $\displaystyle\sum_x P(X=x)=1 \quad \therefore P(X=1)+P(X=2)+P(X=3)+P(X=4)$

$=\dfrac{1}{3}+\dfrac{1}{4}+a+\dfrac{1}{4}=1$，得 $a=\dfrac{1}{6}$

(2) $\displaystyle E(X)=\sum_x xP(X=x)=1\times\dfrac{1}{3}+2\times\dfrac{1}{4}+3\times\dfrac{1}{6}+4\times\dfrac{1}{4}=\dfrac{7}{3}$

(3) $V(X)=E(X^2)-\left(E(X)\right)^2$，其中

$\displaystyle E(X^2)=\sum_x x^2 P(X=x)=1^2\times\dfrac{1}{3}+2^2\times\dfrac{1}{4}+3^2\times\dfrac{1}{6}+4^2\times\dfrac{1}{4}=\dfrac{41}{6}$

$\therefore V(X)=E(X^2)-\left(E(X)\right)^2=\dfrac{41}{6}-\left(\dfrac{7}{3}\right)^2=\dfrac{25}{18}$

① 例 7

若 r.v. X 之 pdf 為 $f(x) = \begin{cases} cx^2 & , \quad 1 > x > 0 \\ 0 & , \quad 其他 \end{cases}$ ，求 (1) c ；(2) $E(X)$ ；

(3) $V(X)$ 。

解

(1) $\displaystyle\int_{-\infty}^{\infty} cx^2 dx = \int_0^1 cx^2 dx = c \cdot \frac{x^3}{3}\bigg|_0^1 = \frac{c}{3} = 1 \quad \therefore c = 3$

(2) $\displaystyle E(X) = \int_{-\infty}^{\infty} x 3x^2 dx = \int_0^1 3x^3 dx = \frac{3}{4}x^4\bigg|_0^1 = \frac{3}{4}$

(3) $V(X) = E(X^2) - \left[E(X)\right]^2$ ，其中

$$E(X^2) = \int_{-\infty}^{\infty} x^2 \cdot 3x^2 dx = \int_0^1 3x^4 dx = \frac{3}{5}x^5\bigg|_0^1 = \frac{3}{5}$$

$$\therefore V(X) = E(X^2) - \left[E(X)\right]^2 = \frac{3}{5} - \left(\frac{3}{4}\right)^2 = \frac{3}{80}$$

隨堂演練 D

若 r.v. X 之 pdf 為 $f(x) = \begin{cases} c(1-x) & , \quad 1 > x > 0 \\ 0 & , \quad 其他 \end{cases}$ ，求 c ， $E(X)$ 與 $V(X)$ 。

Ans： $2; \dfrac{1}{3}; \dfrac{1}{18}$

3.6 幾個重要之機率分配

學習目標

　　本節將介紹(1)一致分配；(2)二項分配；(3)超幾何分配；(4)卜瓦松分配；(5)常態分配等五種常用之機率分配之機率函數，特徵值（主要是平均數與變異數）。

　　機率學中有一些常見的機率分配，本節選擇其中最常見之五種分配：一致分配、超幾何分配、二項分配、卜瓦松分配與常態分配。

一致分配

　　一致分配(uniform distribution)或稱均勻分配有離散型與連續型二種：

1. 離散型 r.v. X 之一致分配

$$f(x) = \begin{cases} \dfrac{1}{n} & , \quad x = 1, 2, \cdots, n \\ 0 & , \quad \text{其他} \end{cases}$$

2. 連續型 r.v. X 之一致分配

$$f(x) = \begin{cases} \dfrac{1}{b-a} & , \quad b > x > a \\ 0 & , \quad \text{其他} \end{cases}$$

　　不論離散型 r.v. X 還是連續型 r.v. X 之一致分配期望值均為 $\dfrac{a+b}{2}$，變異數均為 $\dfrac{(b-a)^2}{12}$。

　　一致分配在**模擬**(simulation)占有重要角色。

超幾何分配

組合公式

n 個物件中任取 m 個，$n \geq m$，其組合數記做 $\binom{n}{m}$，$\binom{n}{m} = \dfrac{n!}{m!(n-m)!}$

$= \binom{n}{n-m}$，$n! = n \cdot (n-1) \cdot (n-2) \cdots 3 \cdot 2 \cdot 1$

例如 $\binom{5}{2} = \dfrac{5!}{2!3!} = \dfrac{5 \times 4 \times 3!}{2 \times 1 \times 3!} = 10$

規定 $0! = 1$，那麼 $\binom{n}{0} = 1$，$\binom{n}{n} = 1$。

定理 A

從 r 個紅球，b 個黑球中以抽出不投返方式，任取 n 個球，其中含 x 個紅球之機率為

$$P(X = x) = \frac{\binom{r}{x}\binom{b}{n-x}}{\binom{r+b}{n}}，0 \leq x \leq r，0 \leq n-x \leq b$$

證 明

設 R 表抽出為紅球個數之隨機變數。

從 r 個紅球，b 個黑球中取出 n 個球之方法有 $\binom{r+b}{n}$ 種，$r+b \geq n$ 又自 r 個紅球取出 x 個紅球之方法有 $\binom{r}{x}$ 種，自 b 個黑球中取出 $n-x$ 個種黑球之方法有 $\binom{b}{n-x}$ 種，依排組組合之乘法法則，取出 x 個紅球與 $n-x$ 個黑球之方法有 $\binom{r}{x}\binom{b}{n-x}$ 種

$$\therefore P(X=x) = \frac{\binom{r}{x}\binom{b}{n-x}}{\binom{r+b}{n}}$$

推論 A1

從 r 個紅球，b 個黑球，w 個白球中以抽出不投返方式，任取 n 個球其中含 x 個紅球，y 個黑球，$n-x-y$ 個白球之機率為

$$P(R=x \bigcap B=y \bigcap W=n-x-y) = \frac{\binom{r}{x}\binom{b}{y}\binom{w}{n-x-y}}{\binom{r+b+w}{n}} \text{，若每個組合式均}$$

有意義

應用超幾何分配時有幾個值得我們注意之處：

(1) 原則上，超幾何分配是一個適用於**抽後不放回**，這與下段要談的**二項分配**(binomial distribution)之**抽後放回**不同。但**抽出數很大時，超幾何分配趨近於二項分配**，亦即超幾何分配之機率可用二項分配來近似估計。

(2) 超幾何分配解題之關鍵是如何依據**題意將樣本空間加以分割**，這種分割**必須滿足周延與互斥二原則**。

(3) 超幾何分配之函數結構特色如下，如此，你（妳）可在計算超幾何分配前檢視所設立之 pmf 是否有誤

$$\frac{\binom{r}{x}\binom{b}{n-x}}{\binom{r+b}{n}} + \cdots + \frac{\binom{r}{x}\binom{b}{y}\binom{w}{n-x-y}}{\binom{r+b+w}{n}} + \cdots$$

例 1

從 5 個紅球，3 個白球，2 個黑球之袋中任選 3 球，求有 2 個紅球 1 個白球之機率。

解

設 R, B, W 分別表抽出紅球、白球與黑球之隨機變數，則

$$P(R = 2, W = 1) = P(R = 2, W = 1, B = 0)$$

$$= \frac{\binom{5}{2}\binom{3}{1}\binom{2}{0}}{\binom{10}{3}} = \frac{\frac{5!}{2!3!} \cdot \frac{3!}{1!2!} \cdot \frac{2!}{0!2!}}{\frac{10!}{3!7!}} = \frac{1}{4}$$

例 2

（承例 1）已知抽出 3 球中至少有 1 個白球之情況下，求所抽之 3 球為 1 白球 2 紅球之機率。

$$P(W = 1, R = 2 \mid W \geq 1)$$

$$= P(W = 1, R = 2, B = 0 \mid W \geq 1) = \frac{P\left[(W = 1, R = 2, B = 0) \bigcap (W \geq 1)\right]}{P(W \geq 1)}$$

$$= \frac{P(W = 1, R = 2, B = 0)}{1 - P(W = 0)} = \frac{\dfrac{\binom{3}{1}\binom{5}{2}\binom{2}{0}}{\binom{10}{3}}}{1 - \dfrac{\binom{3}{0}\binom{7}{3}}{\binom{10}{3}}} = \frac{\dfrac{30}{120}}{1 - \dfrac{35}{120}} = \frac{6}{17}$$

例 2 之 $P(W = 0)$ 相當於白球取 0 個，非白球（共 7 個）中取 3 個之機率，適當地依題意將母體加以分割是解超幾何分配機率技巧之所在。

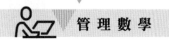

隨堂演練 A

從 3 位中國人，2 位日本人，4 位美國人，1 位英國人中，任選 4 人成立一委員會，求下列之機率：(1)各國人均有 1 位；(2)亞洲人 2 位，歐美人 2 位。

$$\text{Ans：}(1)\frac{4}{35}；(2)\frac{10}{21}$$

二項分配

有許多像擲銅板這類**試行**(trial)，**每次試行之結果只有兩種**（如「正面或反面」，「成功」或「失敗」）且**每次試行之結果互為獨立**，對具有這種特質之試行，我們稱之為**伯努利試行**(Bernoulli trial)。

伯努利試行中之每次試行結果互為獨立，它有二個意義：**一是每次試行之結果和以前試行結果無關**，也不會影響到未來試行之結果，**一是在這個試行中試行結果發生之機率相同**。二項分配是伯努利試行 n 次，而產生之機率質量函數。

定理 B

重複進行某試行 n 次，設每次試行成功之機率均為 p，失敗之機率為 $1-p=q$，則此 n 次試行中恰有 k 次成功之機率為

$$P(X=k)=\binom{n}{k}p^k(1-p)^{n-k}$$

證 明

令 $A=$ 試行成功之事件

$\overline{A}=$ 試行失敗之事件

在 n 次試行中，若前 k 次是成功而後 $n-k$ 次為失敗，則

$$P[\underbrace{A\cdots\bigcap A}_{k\text{個}}\bigcap\underbrace{\bar{A}\cdots\bar{A}}_{n-k\text{個}}]$$

$$= P(A)\cdots P(A)\cdot P(\bar{A})P(\bar{A})\cdots P(\bar{A})$$

$$= p^k q^{n-k}$$

k 個 A 及 $n-k$ 個 $\bar{A}$ 有 $\binom{n}{k}$ 個選法，故在 n 次試行中有 k 次成功之機率為

$$P(X=k)=\binom{n}{k}p^k q^{n-k}$$

定　義

若 r.v. X 之 pdf 為

$$f(x)=\binom{n}{x}p^x(1-p)^{n-x}\,,\quad x=0,1,2,\cdots,n$$

則稱 r.v. X 服從母數為 n, p 之二項分配，記做 r.v. $X \sim b(n, p)$

求二項分配之期望值或變異數時，我們自然可以直接應用定義展開求出：

$$\mu=\sum_{k=0}^{n}k\binom{n}{k}p^k(1-p)^{n-k}$$

但這種做法有時候很麻煩，這時可用**動差母函數**(moment generating function)。

定　義

r.v. X 之動差母函數，記做 $M(t)$，定義為

$$M(t)=E(e^{tX})$$

由定義，易得 $M(0)=1$

由微積分之**麥克勞林展開式**(Mclaurine's expression)，

$$e^{tx} = 1 + tx + \frac{1}{2!}(tx)^2 + \frac{1}{3!}(tx)^3 + \cdots$$

$$\therefore E(e^{tX}) = E\left(1 + tX + \frac{1}{2!}(tX)^2 + \frac{1}{3!}(tX)^3 + \cdots + \frac{1}{n!}(tX)^n \cdots\right)$$

$$= E(1) + E(tX) + E\left(\frac{1}{2!}(tX)^2\right) + \cdots E\left(\frac{1}{n!}(tX)^n\right) \cdots$$

$$= 1 + tE(X) + \frac{t^2}{2!}E(X^2) + \cdots + \frac{t^n}{n!}E(X^n) + \cdots$$

$$M(t) = 1 + tE(X) + \frac{t^2}{2!}E(X^2) + \cdots + \frac{t^n}{n!}E(X^n) + \cdots$$

$$\frac{d}{dt}M(t)\bigg|_{t=0} = E(X) + tE(X^2) + \cdots + \frac{t^{n-1}}{(n-1)!}E(X^n)\bigg|_{t=0}$$

$$= E(X)$$

$$\frac{d^2}{dt^2}M(t)\bigg|_{t=0} = E(X^2) + tE(X^3) + \cdots + \frac{t^{n-2}}{(n-2)!}E(X^n)\bigg|_{t=0}$$

$$= E(X^2)$$

如此，我們可建立定理 C。

定理 C

$M(t)$ 是 r.v. X 之動差母函數則

$$E(X) = M'(t)\big|_{t=0}$$

$$E(X^2) = M''(t)\big|_{t=0}$$

若將 $M(t)$ 取自然對數，我們可得到**累差**(cumulant)記做 $C(t)$，其定義如下：

$$C(t) = \ln M(t)$$

定理 D

若 r.v. X 之累差為 $C(t)$ 則

$$C'(t)\big|_{t=0} = \mu$$

$$C''(t)\big|_{t=0} = \sigma^2$$

證 明

$$C(t) = \ln M(t)$$

$$\therefore C'(t) = \frac{M'(t)}{M(t)}$$

(1) $\quad C'(t)\bigg|_{t=0} = \frac{M'(t)}{M(t)}\bigg|_{t=0} = \frac{\mu}{1} = \mu$

(2) $\quad C''(t)\bigg|_{t=0} = \frac{M(t)M''(t) - \left[M'(t)\right]^2}{(M(t))^2}\bigg|_{t=0} = M''(0) - (M'(0))^2 = E(X^2) - \mu^2 = \sigma^2$

定理 E

若 r.v. $X \sim b(n, p)$，則 $E(X) = np$，$V(X) = npq$

證 明

r.v. X 之 $M(t) = E(e^{tX}) = \sum_{x=0}^{n} e^{tx} \binom{n}{x} p^x q^{n-x}$

$= \sum_{x=0}^{n} \binom{n}{x} (pe^t)^x q^{n-x} = (pe^t + q)^n$

$\therefore E(X) = M'(t)\big|_{t=0} = n(pe^t + q)^{n-1} pe^t\big|_{t=0} = np$

$$E(X^2) = M''(t)\big|_{t=0} = n(n-1)(pe^t+q)^{n-2} \cdot pe^t \cdot pe^t + n(pe^t+q)^{n-1} pe^t \big|_{t=0}$$

$$= n(n-1)p^2 + np$$

$$\therefore V(X) = E(X^2) - [E(X)]^2 = n(n-1)p^2 + np - (np)^2 = -np^2 + np = npq$$

我們可也可用累差：

$$C(t) = \ln M(t) = n\ln(pe^t+q)$$

$$\therefore E(X) = C'(t)\big|_{t=0} = \frac{npe^t}{pe^t+q}\bigg|_{t=0} = np$$

$$V(X) = C''(t)\big|_{t=0} = \frac{(pe^t+q)npe^t - npe^t \cdot pe^t}{(pe^t+q)^2}\bigg|_{t=0}$$

$$= np - np^2 = npq$$

例 3

進行某獨立試行 5 次，每次成功之機率為 p，求

(1) 5 次試行均失敗之機率。

(2) 5 次試行均成功之機率。

(3) 成功次數為偶數之機率。

(4) 至少一次成功之機率。

(5) $P(3 \geq X > 2)$。

(6) 已知至少 1 次成功，求 5 次均成功之機率。

解

令 X 表試行成功次數

(1) $P(X=0) = \begin{pmatrix} 5 \\ 0 \end{pmatrix} p^0(1-p)^5 = (1-p)^5$

(2) $P(X=5) = \begin{pmatrix} 5 \\ 5 \end{pmatrix} p^5(1-p)^0 = p^5$

(3) $P(X=0)+P(X=2)+P(X=4) = \binom{5}{0}p^0(1-p)^5 + \binom{5}{2}p^2(1-p)^3 + \binom{5}{4}p^4(1-p)$

$= (1-p)^5 + 10p^2(1-p)^3 + 5p^4(1-p)$

(4) $P(X \geq 1) = 1 - P(X=0)$

$= 1-(1-p)^5$

(5) $P(3 \geq X > 2) = P(X=3) = \binom{5}{3}p^3(1-p)^2 = 10p^3(1-p)^2$

(6) $P(X=5 \mid X \geq 1) = \dfrac{P(X=5\text{且}X \geq 1)}{P(X \geq 1)} = \dfrac{P(X=5)}{P(X \geq 1)}$

$= \dfrac{P(X=5)}{1-P(X=0)} = \dfrac{p^5}{1-(1-p)^5}$

隨堂演練 B

某獨立試行成功之機率為 P，求 6 次試行中均至少有一次成功之機率。

Ans：$1-(1-p)^6$

卜瓦松分配

當 $n \to \infty$，$np \to \lambda < \infty$（λ 為常數），可證明二項分配之極限分配為

$$\lim_{\substack{n \to \infty \\ np \to \lambda}} \binom{n}{x}p^x(1-p)^{n-x} \approx \frac{e^{-\lambda}\lambda^x}{x!} \quad x = 0,1,2\cdots$$（參考黃義雄：機率與統計，五南），

因此我們定義：

定 義

若 r.v. X 之 pmf 為 $f(x) = \dfrac{e^{-\lambda}\lambda^x}{x!}$，$x = 0,1,2,\cdots$，則稱 X 服從母數是 λ 之卜

瓦松分配(Poisson distribution)，以 r.v. $X \sim P_o(\lambda)$ 表之。

定理 F

若 r.v. $X \sim P_o(\lambda)$，則 $E(X) = V(X) = \lambda$

證明

r.v. $X \sim P_o(\lambda)$

$$M(t) = E(e^{tX}) = \sum_{x=0}^{\infty} e^{tx} \frac{e^{-\lambda} \lambda^x}{x!} = e^{-\lambda} \sum_{x=0}^{\infty} \frac{(\lambda e^t)^x}{x!} = e^{-\lambda} e^{\lambda e^t} = e^{\lambda(e^t - 1)}$$

$$C(t) = \ln M(t) = \lambda(e^t - 1)$$

$$\therefore E(X) = C'(t) \big|_{t=0} = \lambda e^t \big|_{t=0} = \lambda$$

$$V(X) = C''(t) \big|_{t=0} = \lambda e^t \big|_{t=0} = \lambda$$

卜瓦松通常用在計算稀少事件發生之機率，品質管理之 C 管制圖就用到卜瓦松機率分配。

用卜瓦松分配計算機率時，首先由 $np = \lambda$ 以確定機率密度函數之母數 λ。

例 4

某一市有 60,000 個住戶，每天火災機率為 $\dfrac{1}{10,000}$，求一天內有二戶火災之機率。

解

因為卜瓦松分配為二項分配之極限分配，因此，我們可用卜瓦松分配與二項分配分別求出機率，二個結果只有很小的差異。

方法一：卜瓦松分配	$\lambda = np = 60,000 \times \dfrac{1}{10,000} = 6$
	$P(X = 2) = \dfrac{e^{-6} 6^x}{x!} \bigg|_{X=2} = 18e^{-6} \approx 0.04462$

方法二：二項分配	$\dbinom{60,000}{2}\left(\dfrac{1}{10,000}\right)^2\left(\dfrac{9,999}{10,000}\right)^{59,998} \approx 0.04461$

隨堂演練 C

某市有 10,000 戶住宅，據統計車禍之機率 $p = 0.0004$，問此 10,000 戶在一日內(1)無車禍發生之機率；(2)至少二次以上車禍之機率？

Ans：(1) e^{-4} 或 0.0183；(2) $1 - 5e^{-4}$ 或 0.9084

常態分配

常態分配(normal distribution)是機率理論中最重要的機率分配，它與統計學最重要定理－**中央極限定理**(central limit theorem, CLT)有密切關係，此外在**時間與動作研究**(time and motion study)、品質管制的管制圖也用到常態分配。

定 義

設連續型 r.v. X 之 pdf 為 $f(x, \mu, \sigma^2) = \dfrac{1}{\sqrt{2\pi}\sigma} e^{-\frac{(x-\mu)^2}{2\sigma^2}}$ ，$\infty > x > -\infty$

則稱 r.v. X 服從母數為 μ, σ 之常態分配。以 r.v. $X \sim n(\mu, \sigma^2)$ 表之

我們可證明的是 $f(x, \mu, \sigma^2) = \dfrac{1}{\sqrt{2\pi}\sigma} e^{-\frac{(x-\mu)^2}{2\sigma^2}}$ ，$\infty > x > -\infty$ 滿足 pdf 之條件

定理 G

若 r.v. $X \sim n(\mu, \sigma^2)$，則

$E(X) = \mu$ ，$V(X) = \sigma^2$

若 r.v. $X \sim n(\mu, \sigma^2)$，取 $Z = \dfrac{X - \mu}{\sigma}$ 行變數變換，即可得期望值為 0，標準差為 1 之**標準常態分配**(standard normal distribution)。它的 pdf 是

$$f(x) = \frac{1}{\sqrt{2\pi}} e^{-\frac{x^2}{2}} \ , \ \infty > x > -\infty$$

標準常態分配以 $n(0, 1)$ 表示。

若 r.v. $X \sim n(\mu, \sigma^2)$，如何求 $P(a \le X \le b)$？

例如 r.v. $X \sim n(1, 4)$，若要求 $P(2 \le X \le 3)$，照理

$$P(2 \le X \le 3) = \int_2^3 \frac{1}{\sqrt{2\pi}} e^{-\frac{(x-1)^2}{2}} dx$$ ，計算上將會很麻煩，幸好有一個「標準常態機率表」（附錄一），可供我們利用查表的方式得到所要機率。

定理 H

若 r.v. $Z \sim n(0, 1)$，則有 $P(Z \ge 0) = P(Z \le 0) = \frac{1}{2}$，而且 $P(Z \ge a) = P(Z \le -a)$，$a > 0$

證 明

(1) $P(Z \ge 0) = \int_0^\infty \frac{1}{\sqrt{2\pi}} e^{-\frac{z^2}{2}} dz \overset{y=-z}{=\!=\!=} \int_0^{-\infty} \frac{1}{\sqrt{2\pi}} e^{-\frac{(-y)^2}{2}} d(-y) = \int_{-\infty}^0 \frac{1}{\sqrt{2\pi}} e^{-\frac{y^2}{2}} dy$

又 $\int_{-\infty}^0 \frac{1}{\sqrt{2\pi}} e^{-\frac{z^2}{2}} dz + \int_0^\infty \frac{1}{\sqrt{2\pi}} e^{-\frac{z^2}{2}} dz = 1$

$\therefore \int_{-\infty}^0 \frac{1}{\sqrt{2\pi}} e^{-\frac{z^2}{2}} dz = \int_0^\infty \frac{1}{\sqrt{2\pi}} e^{-\frac{z^2}{2}} dz = \frac{1}{2}$，即 $P(Z \ge 0) = P(Z \le 0) = \frac{1}{2}$

(2) $P(Z \ge a) = \int_a^\infty \frac{1}{\sqrt{2\pi}} e^{-\frac{z^2}{2}} dz \overset{y=-z}{=\!=\!=} \int_{-a}^{-\infty} \frac{1}{\sqrt{2\pi}} e^{-\frac{(-y)^2}{2}} d(-y)$

$\qquad\qquad = \int_{-\infty}^{-a} \frac{1}{\sqrt{2\pi}} e^{-\frac{y^2}{2}} dy = \int_{-\infty}^{-a} \frac{1}{\sqrt{2\pi}} e^{-\frac{z^2}{2}} dz = P(Z \le -a)$

在(2)之證明中，我們應用到定積分變數是**啞變數**(dummy variable)之性質。

如此便可藉由查表求得我們有興趣的機率：若 r.v. $X \sim n(\mu, \sigma^2)$，我們要求 $P(a > X > b)$，首先進行**標準化**(standardize)

$$P\left(z_1 = \frac{a-\mu}{\sigma} > Z = \frac{X-\mu}{\sigma} > z_2 = \frac{b-\mu}{\sigma} \right)$$ ，如此便可查表了。

① 例 5

若 r.v. $X \sim n(9, 6.25)$ ，求 (1) $P(X < 6)$ ；(2) $P(8 < X < 12)$ 。

解

(1) $P(X < 6) = P\left(\dfrac{X-9}{2.5} < \dfrac{6-9}{2.5}\right) = P(Z < -1.2) = P(Z > 1.2) = 0.5 - P(0 \le Z \le 1.2) =$

$0.5 - 0.3849 = 0.1151$

(2) $P(8 < X < 12) = P\left(\dfrac{8-9}{2.5} < \dfrac{X-9}{2.5} < \dfrac{12-9}{2.5}\right) = P(-0.4 < Z < 1.2)$

$= P(Z < 1.2) - P(Z < -0.4) = (0.5 + P(0 \le Z \le 1.2)) - P(Z > 0.4) =$

$(0.5 + P(0 < Z < 1.2)) + (0.5 - P(0 \le Z \le 0.4)) = (0.5 + 0.3849) + (0.5 - 0.1554) =$

$0.8849 - 0.3446 = 0.5403$

① 例 6

若 r.v. $X \sim n(75, 25)$ ，求 $P(X > 78 \mid X > 70)$ 。

解

$$P(X > 78 \mid X > 70) = \frac{P(X > 78 \cap X > 70)}{P(X > 70)} = \frac{P(X > 78)}{P(X > 70)}$$

$$= \frac{P\left(\dfrac{X-75}{5} > \dfrac{78-75}{5}\right)}{P\left(\dfrac{X-75}{5} > \dfrac{70-75}{5}\right)} = \frac{P(Z > 0.6)}{P(Z > -1)} = \frac{P(Z > 0.6)}{P(Z < 1)}$$

$$= \frac{0.5 - P(0 \le Z \le 0.6)}{0.5 + P(0 \le Z \le 1)} = \frac{0.5 - 0.2257}{0.5 + 0.3413}$$

$$= \frac{0.2743}{0.8413} = 0.3260$$

例 7

　　若某工廠之電焊訓練班參訓之學員共 50 名，他們的學期成績評比約略服從 $n(62,16)$，班主任規定學員中有 6 名可列為 A 等，問列 A 等之分數約略幾分，又受訓學員有多少人及格？

解

(1) $P(Z > z) = 0.12$，$P(Z \le z) = 1 - P(Z > z) = 0.88$；$P(0 \le Z \le z) = 0.38$

　　查表 $P(0 \le Z \le 1.17) = 0.3790$，$P(0 \le Z \le 1.18) = 0.3810$，

　　可以 $z = \dfrac{1.17 + 1.18}{2} = 1.175$ 近似之

　　$\dfrac{X - \mu}{\sigma} = \dfrac{X - 62}{4} = 1.175$　∴成績超過 66.7 分以上可得 A

(2) $P(X \ge 60) = P\left(\dfrac{X - 62}{4} \ge \dfrac{60 - 62}{4} \right) = P(Z \ge -0.5) = P(Z \le 0.5)$

　　$= 0.5 + P(0 \le Z \le 0.5) = 0.5 + 0.1915 = 0.6915$

　　∴及格的學員有 $50 \times 0.6915 = 34.575 \approx 35$ 位

隨堂演練 D

r.v. $X \sim n(10, 9)$，求 $P(13 > X > 7)$。

Ans：0.6826

二項機率與卜瓦松機率之常態近似[*：本部分可略之不授]

　　當 n 很大時，不論二項機率或卜瓦松機率可都用常態分配來近似求解。

1. 先求出二項分配或卜瓦松分配之期望值 μ 與標準差 σ。

2. 應用常態分配近似求 $P(X \geq a)$，$P(X \leq b)$ 或 $P(a \leq X \leq b)$ 時，將 a, b 值向左或向右移動 0.5，以使新的範圍足以約略地涵蓋舊的範圍。

機率分配	期望值 (μ)	標準差 (σ)
二項分配 $b(n, p)$	np	$\sqrt{npq}$
卜瓦松分配 $P_o(\lambda)$	λ	$\sqrt{\lambda}$

$P(a \leq X \leq b)$	$P(X \geq a)$	$P(X \leq a)$
$P(a \leq X \leq b)$ $\approx P\left(\dfrac{a-\mu-0.5}{\sigma} \leq \dfrac{X-\mu}{\sigma} \leq \dfrac{b-\mu+0.5}{\sigma}\right)$	$P(X \geq a)$ $\approx P\left(\dfrac{X-\mu}{\sigma} \geq \dfrac{a-\mu-0.5}{\sigma}\right)$	$P(X \leq a)$ $\approx P\left(\dfrac{X-\mu}{\sigma} \leq \dfrac{a+\mu+0.5}{\sigma}\right)$

例 8

若 100 個零組件中之不良率為 4%，問該批零組件至多有 2 個不合格品之機率(1)用卜瓦松機率表；(2)用常態分配近似。

解

100 個零組件中不良率 $p = 4\%$，所以發生不良品次數之期望值 $\lambda = np = 100 \times 4\% = 4$，標準差 $\sigma = \sqrt{\lambda} = \sqrt{4} = 2$

(1) 由卜瓦松分機率表：

$$P(X \leq 2) = P(X = 0) + P(X = 1) + P(X = 2) = 0.0183 + 0.0733 + 0.1465 = 0.2381$$

(2) 由常態分配近似求解：

$$P(X \le 2) \approx P(X \le 2.5) = P\left(\frac{X-4}{2} \le \frac{2.5-4}{2}\right) = P(Z \le -0.75) = P(Z \ge 0.75)$$

$$= 0.5 - P(0 \le Z \le 0.75) = 0.5 - 0.2734 = 0.2266$$

例 9

若 r.v. $X \sim b(100, 0.8)$，求 (1) $P(X \ge 76)$；(2) $P(X = 84)$ 之常態近似。

解

$\because$ r.v. $X \sim b(100, 0.8)$ $\quad \therefore \mu = np = 100 \times 0.8 = 80$

$\sigma = \sqrt{npq} = \sqrt{100 \times 0.8 \times 0.2} = 4$

(1) $P(X \ge 76) \approx P(X \ge 75.5) = P\left(\frac{X-80}{4} \ge \frac{75.5-80}{4}\right)$

$= P(Z \ge -1.13) = P(Z \le 1.13) = 0.5 + P(0 \le Z \le 1.13) = 0.5 + 0.3708 = 0.8708$

(2) $P(X = 84) \approx P(83.5 \le X \le 84.5)$

$= P\left(\frac{83.5-80}{4} \le \frac{X-80}{4} \le \frac{84.5-80}{4}\right) = P(0.88 \le Z \le 1.13)$

$= P(Z \le 1.13) - P(Z \le 0.88) = 0.8708 - 0.8106 = 0.0602$

隨堂演練 E

若 r.v. $X \sim P_o(2)$

(1) 利用卜瓦松機率分配表求 $P(X \le 2)$；

(2) 利用常態分配近似求 $P(X \le 2)$。

Ans：(1)0.6767；(2)0.6368

3.7 軟體求解示例

學習目標

本節以 Microsoft Excel 進行超幾何分配、二項分配、卜瓦松分配、常態分配之計算。

例 1

從 20 個紅球，25 個白球之袋中任選 10 球，求(1)有紅球 6 個，白球 4 個之機率；(2)至多 5 個紅球之機率；(3)至少 3 個白球之機率。

解

(1) 紅球 6 個，白球 4 個之機率

① 於工作表上輸入相關資料，並規劃適當位置以儲存計算所得機率。

② 於功能列點選公式，再點選其他函數，點選統計，往下捲動選擇 HYPGEOM.DIST 函數。選擇 HYPGEOM.DIST 函數後，會出現一函數引數輸入視窗，分別輸入各引數所在儲存格（如圖 3-1 所示）。各引數說明如下：

(a) Sample s：樣本中成功個數，本例以紅球數為成功個數，故輸入 C4 儲存格。

(b) Number sample：樣本大小，即抽出的總球數，故輸入 E4 儲存格。

(c) Population s：母體中成功之個數，即本例袋中紅球數，故輸入 C3 儲存格。

(d) Number pop：母體之大小，即本例袋中總球數，故輸入 E3 儲存格。

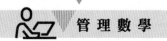

(e) Cumulative：一邏輯值；當設定為 TRUE 時，採用累加分配函數；設定為 FALSE 時，採用機率密度函數。本例要求的是單一值的機率，故設定為 FALSE。

圖 3-1　超幾何機率計算(1)引數輸入

③ 點選確定鍵，完成本例計算（如圖 3-2 所示），得機率近似值為 0.1537。

	A	B	C	D	E	F
1						
2			紅球	白球	總球數	機率
3		袋子球數	20	25	45	
4	(1)	取出球數	6	4	10	0.153694425
5						

圖 3-2　超幾何機率計算(1)結果

(2) 至多 5 個紅球之機率

① 本例紅球至多 5 個，故 Cumulative 引數需設定為 TRUE（如圖 3-3 所示）。

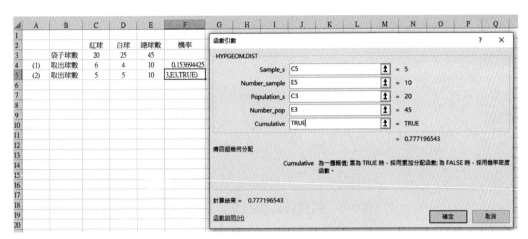

圖 3-3　超幾何累加機率計算(2)引數輸入

② 點選確定鍵，完成本例計算（如圖 3-4 所示），得機率近似值為 0.7772。

	A	B	C	D	E	F
1						
2			紅球	白球	總球數	機率
3		袋子球數	20	25	45	
4	(1)	取出球數	6	4	10	0.153694425
5	(2)	取出球數	5	5	10	0.777196543

圖 3-4　超幾何累加機率計算(2)結果

(3) 至少 3 個白球之機率

① 「至少 3 個白球」即「至多 7 個紅球」，相關引數輸入如圖 3-5 所示。

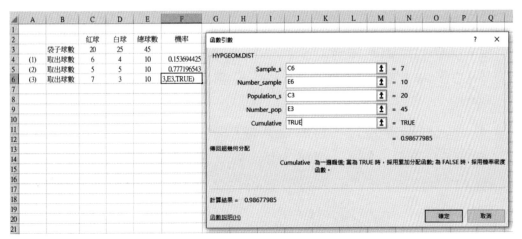

圖 3-5　超幾何累加機率計算(3)引數輸入

② 點選確定鍵，完成本例計算（如圖 3-6 所示），得機率近似值為 0.9868。

	A	B	C	D	E	F
1						
2			紅球	白球	總球數	機率
3		袋子球數	20	25	45	
4	(1)	取出球數	6	4	10	0.153694425
5	(2)	取出球數	5	5	10	0.777196543
6	(3)	取出球數	7	3	10	0.98677985

圖 3-6　超幾何累加機率計算(3)結果

(4) Ctrl+~鍵可交替顯示計算結果與計算公式（圖 3-7）。

	A	B	C	D	E	F
1						
2			紅球	白球	總球數	機率
3		袋子球數	20	25	=C3+D3	
4	(1)	取出球數	6	4	=C4+D4	=HYPGEOM.DIST(C4,E4,C3,E3,FALSE)
5	(2)	取出球數	5	5	=C5+D5	=HYPGEOM.DIST(C5,E5,C3,E3,TRUE)
6	(3)	取出球數	7	3	=C6+D6	=HYPGEOM.DIST(C6,E6,C3,E3,TRUE)
7						

圖 3-7　超幾何分配機率計算公式

例 2

有一骰子，出現偶數機率是為 0.65，若連續擲此骰子 20 次，求(1)出現 8 次偶數點數的機率；(2)至多 5 次偶數的機率；(3)至少有 9 次奇數的機率。

解

(1) 出現 8 次偶數點數的機率

① 於工作表上輸入相關資料，並規劃適當位置以儲存計算所得機率。

② 於功能列點選公式，再點選其他函數，點選統計，往下捲動選擇 BINOM.DIST 函數。選擇 BINOM.DIST 函數後，會出現一函數引數輸入視窗，分別輸入各引數所在儲存格（如圖 3-8 所示）。各引數說明如下：

(a) Number s：實驗成功次數，本例以偶數為成功次數，故輸入 C3 儲存格。

(b) Trials：獨立實驗次數，即投擲的次數，故輸入 B3 儲存格。

(c) Probability s：每一次實驗的成功機率，即本例出現偶數機率，故輸入 D3 儲存格。

(d) Cumulative：一邏輯值；當設定為 TRUE 時，採用累加分配函數；設定為 FALSE 時，採用機率質量函數。本例要求的是單一值的機率，故設定為 FALSE。

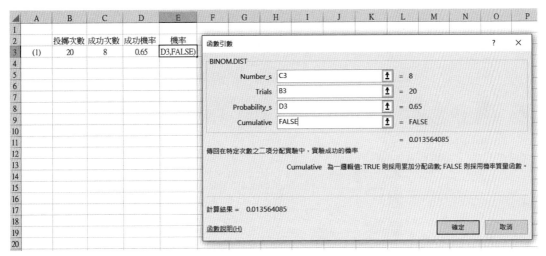

圖 3-8　二項分配機率計算(1)引數輸入

③ 點選確定鍵，完成本例計算（如圖 3-9 所示），得機率近似值為 0.0136。

	A	B	C	D	E
1					
2		投擲次數	成功次數	成功機率	機率
3	(1)	20	8	0.65	0.01356409
4					

圖 3-9　二項分配機率計算(1)結果

(2) 至多 5 次偶數的機率

① 本例偶數至多 5 次，故 Cumulative 引數需設定為 TRUE（如圖 3-10 所示）。

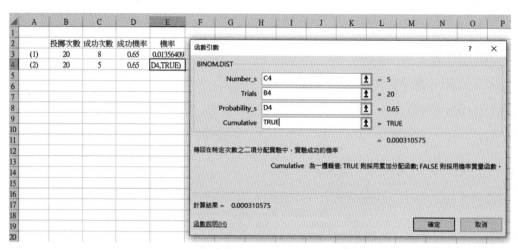

圖 3-10　二項分配累加機率計算(2)引數輸入

② 點選確定鍵，完成本例計算（如圖 3-11 所示），得機率近似值為 0.0003。

圖 3-11　二項分配累加機率計算(2)結果

(3) 至少有 9 次奇數的機率

　　① 「至少 9 次奇數」即「至多 11 次偶數」，相關引數輸入如圖 3-12 所示。

圖 3-12　二項分配累加機率計算(3)引數輸入

② 點選確定鍵，完成本例計算（如圖 3-13 所示），得機率近似值為 0.2376。

	A	B	C	D	E
1					
2		投擲次數	成功次數	成功機率	機率
3	(1)	20	8	0.65	0.01356409
4	(2)	20	5	0.65	0.00031057
5	(3)	20	11	0.65	0.23762236

圖 3-13　二項分配累加機率計算(3)結果

(4) Ctrl+~鍵可交替顯示計算結果與計算公式（圖 3-14）。

	A	B	C	D	E
1					
2		投擲次數	成功次數	成功機率	機率
3	(1)	20	8	0.65	=BINOM.DIST(C3,B3,D3,FALSE)
4	(2)	20	5	0.65	=BINOM.DIST(C4,B4,D4,TRUE)
5	(3)	20	11	0.65	=BINOM.DIST(C5,B5,D5,TRUE)

圖 3-14　二項分配機率計算公式

 例 3

　　某市有 50,000 個住戶，根據統計每天發生車禍之機率 p 為 0.0001，求此市在一日內(1)無車禍發生之機率；(2)至多 5 次車禍之機率。

解

(1) 無車禍發生之機率

① 於工作表上輸入相關資料，並規劃適當位置以儲存計算所得機率。

② 於功能列點選公式，再點選其他函數，點選統計，往下捲動選擇 POISSON.DIST 函數。選擇 POISSON.DIST 函數後，會出現一函數引數輸入視窗，分別輸入各引數所在儲存格（如圖 3-15 所示）。各引數說明如下：

(a) X：事件出現次數，本例為車禍數，故輸入 C6 儲存格。

(b) Mean：期望值，即平均車禍的次數，故輸入 D3 儲存格。

(c) Cumulative：一邏輯值；當設定為 TRUE 時，傳回卜瓦松分配的累加機率值；設定為 FALSE 時，以卜瓦松質量函數計算。本例要求的是單一值的機率，故設定為 FALSE。

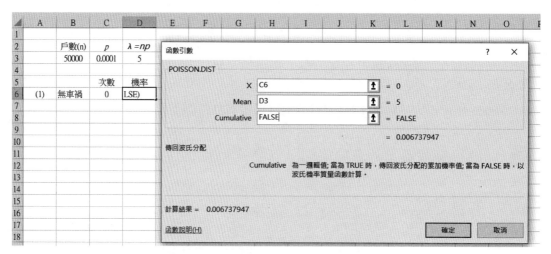

圖 3-15　卜瓦松機率計算(1)引數輸入

③ 點選確定鍵，完成本例計算（如圖 3-16 所示），得機率近似值為 0.0067。

	A	B	C	D	E
1					
2		戶數(n)	p	$\lambda = np$	
3		50000	0.0001	5	
4					
5			次數	機率	
6	(1)	無車禍	0	0.006738	

圖 3-16　卜瓦松分配機率計算(1)結果

(2) 至多 5 次車禍之機率

① 本例至多 5 次車禍，故 Cumulative 引數需設定為 TRUE（如圖 3-17 所示）。

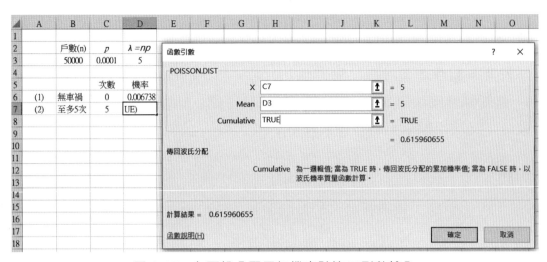

圖 3-17　卜瓦松分配累加機率計算(2)引數輸入

② 點選確定鍵，完成本例計算（如圖 3-18 所示），得機率近似值為 0.6160。

	A	B	C	D	E
1					
2		戶數(n)	p	$\lambda = np$	
3		50000	0.0001	5	
4					
5			次數	機率	
6	(1)	無車禍	0	0.006738	
7	(2)	至多5次	5	0.615961	

圖 3-18　卜瓦松分配累加機率計算(2)結果

(3) Ctrl+~鍵可交替顯示計算結果與計算公式（圖 3-19）。

	A	B	C	D
1				
2		戶數(n)	p	$\lambda = np$
3		50000	0.0001	=B3*C3
4				
5			次數	機率
6	(1)	無車禍	0	=POISSON.DIST(C6,D3,FALSE)
7	(2)	至多5次	5	=POISSON.DIST(C7,D3,TRUE)
8				

圖 3-19　卜瓦松分配機率計算公式

例 4

若某學期修管理數學之學生共 50 名，學生的學期成績評比符合 $n(65, 25)$，若任課教師決定學生中有 10 名成績可列為 A 等，問列 A 等之分數約略幾分，又該學期學生有多少人及格？

解

(1) 於工作表上輸入相關資料，並規劃適當位置以儲存計算所得結果。

(2) 於功能列點選公式，再點選其他函數，點選統計，往下捲動選擇 NORM.S.INV 函數。選擇 NORM.S.INV 函數後，會出現一函數引數輸入視窗，輸入引數所在儲存格（如圖 3-20 所示），本例為 D6。

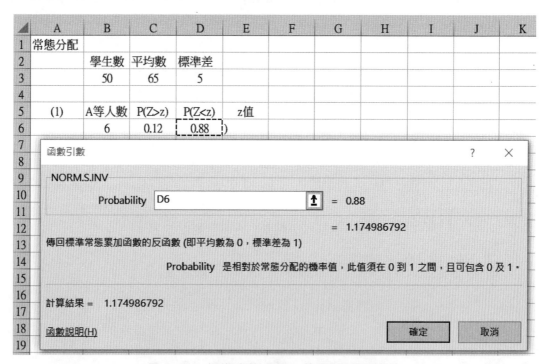

圖 3-20　標準常態分配 z 值計算引數輸入

(3) 點選確定鍵，可得 z 之近似值為 1.175。

(4) 依據標準化公式 $z = \dfrac{X - \mu}{\sigma}$，可得 x = μ + z×σ，故 A 等的分數約為 70.87

（如圖 3-21 所示）。

	A	B	C	D	E	F
1	常態分配					
2		學生數	平均數	標準差		
3		50	65	5		
4						
5	(1)	A等人數	P(Z>z)	P(Z<z)	z值	分數
6		6	0.12	0.88	1.174987	70.87493

圖 3-21　A 等的分數計算結果

(5) 另 Excel 提供在已知機率、平均數、標準差下，可求 x 值的反函數。於
功能列點選公式，再點選其他函數，點選統計，往下捲動選擇
NORM.INV 函數。選擇 NORM.INV 函數後，會出現一函數引數輸入視
窗，輸入各引數所在儲存格（如圖 3-22 所示）。各引數說明如下：

① Probability：相對於常態分配的機率值，本例為 0.88，故輸入 D6
儲存格。

② Mean：分配的平均數，故輸入 C3 儲存格。

③ Standard dev：分配的標準差，故輸入 D3。

圖 3-22　常態分配反函數引數輸入

(6) 點選確定鍵，可得 A 等的分數約為 70.87（圖 3-23）。

	A	B	C	D	E	F	G	H
1	常態分配							
2		學生數	平均數	標準差				
3		50	65	5				
4								
5	(1)	A等人數	P(Z>z)	P(Z<z)	z值	分數		
6		6	0.12	0.88	1.174987	70.87493		
7						70.87493	<=反函數計算結果	

圖 3-23　常態分配反函數計算結果

(7) 於功能列點選公式，再點選其他函數，點選統計，往下捲動選擇 NORM.DIST 函數。選擇 NORM.DIST 函數後，會出現一函數引數輸入視窗，輸入各引數所在儲存格（如圖 3-24 所示）。各引數說明如下：

① X：要計算的分配的數值，本例為 60，故輸入 B9 儲存格。

② Mean：分配的平均數，故輸入 C3 儲存格。

③ Standard dev：分配的標準差，故輸入 D3。

④ Cumulative：一邏輯值；當設定為 TRUE 時，採用累加分配函數；設定為 FALSE 時，採用機率密度函數。本例要求的是累計的機率，故設定為 TRUE。

(8) 點選確定鍵，可得累計機率$(P(X<60))$之近似值為 0.1587。

(9) $P(X \geq 60) = 1 - P(X < 60) = 0.8413$，故及格人數$= 50 \times 0.8413 \cong 42$人（如圖 3-24 所示）。

	A	B	C	D	E	F	G	H
1	常態分配							
2		學生數	平均數	標準差				
3		50	65	5				
4								
5	(1)	A等人數	P(Z>z)	P(Z<z)	z值	分數		
6		6	0.12	0.88	1.174987	70.87493		
7						70.87493	<=反函數計算結果	
8	(2)	及格分數	P(X<60)	P(X>60)	及格人數			
9		60	0.158655	0.841345	42.06724			

圖 3-24　及格學生數計算結果

(10) Ctrl+~鍵可交替顯示計算結果與計算公式（圖 3-25）。

	A	B	C	D	E	F	G
1	常態分配						
2		學生數	平均數	標準差			
3		50	65	5			
4							
5	(1)	A等人數	P(Z>z)	P(Z<z)	z值	分數	
6		6	=B6/B3	=1-C6	=NORM.S.INV(D6)	=E6*D3+C3	
7						=NORM.INV(D6,C3,D3)	<=反函數計算結果
8	(2)	及格分數	P(X<60)	P(X>60)	及格人數		
9		60	=NORM.DIST(B9,C3,D3,TRUE)	=1-C9	=B3*D9		

圖 3-25　常態分配計算公式

管 理 數 學

練習題 3

1. A, B, C 為定義於樣本空間之三個事件，試以集合表示：

   (1) 至少有二個事件發生　　　　　(2) 二事件發生但 B, C 不能同時發生

2. 以抽出放回方式連擲一銅板三次，其可能結果有 _(1)_ 個，樣本空間為
   _(2)_

   ・ 若 E_1 表示正面、反面出現一樣多的事件，則 $E_1 =$ _(3)_

   ・ 若 E_2 表示正面出現比反面為多的事件，則 $E_2 =$ _(4)_

   ・ 若 E_3 表示第一次出現與第二次出現相反，且第三次必須為反面之事
   件，則 $E_3 =$ _(5)_

3. 擲一骰子 2 次，其可能結果有 _(1)_ 個，樣本空間為 _(2)_ ，令 $x_1 =$ 第一次
   擲出點數， $x_2 =$ 第二次擲出點數，

   ・ $E_1 = \{(x_1, x_2) \mid x_1 > x_2 + 3\}$ ，則 $E_1 =$ _(3)_

   ・ $E_2 = \{(x_1, x_2) \mid 3 < x_1 + x_2 \leq 5\}$ ，則 $E_2 =$ _(4)_

4. 計算 $P(A) = 0.6$ ， $P(B) = 0.3$ ，若 $P(A \cup B) = 0.8$ ，求 $P(A \cap B)$ 。

5. 若 $P(A) = 0.7$ ， $P(A - B) = 0.3$ ， $P(B - A) = 0.2$ ，求 $P(\overline{A \cap B})$ 與 $P(\overline{A \cup B})$ 。

6. $P(A) \neq 0$ ，則 $A \neq \phi$ 對不對？

7. 若班上要開同學會，為了盡興，同學可就咖啡、奶昔、紅茶三種飲料任
   選，經調查，選咖啡占 30%、奶昔 30%、紅茶 30%，咖啡＋奶昔 15%、
   咖啡＋紅茶 10%，紅茶＋奶昔 15%，全選占 5%

   (1) 只選一種飲料之比率。

   (2) 只選二種飲料之比率。

   (3) 不選之比率。

8. A, B 為定義於 S 之二個事件，某人評估 $P(A) = 0.7$ ， $P(B) = 0.9$ ，
   $P(A \cap B) = 0.5$ ，問是否評估有問題？

152

9. A, B, C 為三個定義於樣本空間 S 之三個事件，若 $P(A \cup B \cup C) = 0.8$，
$P(A \cap B) = 0.3$，$P(A \cap C) = 0.2$，$P(B \cap C) = 0.2$，$P(A) = 0.5$，$P(B) = 0.4$，
$P(C) = 0.3$，求 (1) $P(A \cap B \cap C)$；(2) $P(\overline{A} \cup \overline{B} \cup \overline{C})$。

10. A, B 為定義於樣本空間 S 之二事件，$P(A) = \dfrac{1}{4}$，$P(B) = \dfrac{1}{3}$，$P(A \cup B) = \dfrac{1}{2}$，
求 (1) $P(A \mid B)$；(2) $P(B \mid A)$；(3) $P(\overline{A} \mid \overline{B})$。

11. A, B 為二事件，$P(A) = \dfrac{1}{4}$，$P(A \cap B) = \dfrac{1}{6}$，$P(\overline{A} \cap B) = \dfrac{1}{3}$，問 (1) A, B 是否為
獨立事件？(2) $P(\overline{A} \mid B)$；(3) $P(\overline{B} \mid B)$。

12. 從 5 個白球 8 個黑球之袋中抽出 3 球，依次求
(1) 以抽出不放回方式依序為白、黑、白之機率。
(2) 以抽出放回方式重做 (1)。
(3) 比較 (1), (2)，抽出放回與抽出不放回方式哪個所得之機率較大。

13. 自 6 個白球 4 個黑球中以抽出不放回方式連續 3 次各抽 1 球，已知 3 球
中恰有 2 白球之機率下，求第 2 次抽出為白球之機率。

14. 二事件 A, B 之機率 $P(A) > 0$，$P(B) > 0$，若 $P(A \mid B) < P(A)$，試證
$P(B \mid A) < P(B)$。

15. （選擇題）
(1) 在串聯系統中，個別零組件之可靠度比系統可靠度來得（大／小），
增加零組件個數時，系統可靠度會（增加／減少）。
(2) 在（串聯／並聯／混合聯）系統，某個零組件失效一定會使系統失
效。

16. 某人參加視力檢查，若他看得清楚圖像是什麼，那他一定答對，如果他
看不清楚，那他會就 5 個可能圖像隨機性地猜一個。若某人答對，那麼
他看清楚的機率為何？（假定某人看清楚圖像之機率為 p）

17. A, B 二人同時射靶一次，其中靶之機率分別為 a, b，$1 > a$，$b > 0$，(1)若
已知靶已被射中，求是 A 射中之機率。(2)若二人射靶是以擲骰子一次出

現之點數而定，擲出 1、5 二點數由 A 射靶，其餘各點數由 B 射靶，若已知靶已被射中，求是 A 射中之機率。（以上均假設 A, B 射中之事件為獨立）

18. 有 3 個袋子，A, B, C 分別裝有 2 個白球 3 個黑球；4 白球 1 黑球；5 白球，隨機抽取一袋，然後抽出一球，結果是白球，問這個白球抽自 A 袋之機率？（假設每袋被抽到之機率相同）

19. 試求 c 值，以使下列函數 $f(x)$ 為一機率函數。

(1) $f(x) = \begin{cases} c\left(\dfrac{2}{3}\right)^x & , \quad x = 1, 2, 3, \cdots \\ 0 & , \end{cases}$

(2)

x	1	2	3	4
$P(X = x)$	$\dfrac{1}{3}$	$\dfrac{1}{5}$	c	$\dfrac{1}{4}$

20. 若 r.v. X 之 pmf 為

$f(x) = \begin{cases} \dfrac{1}{n} & , \quad x = 1, 2, \cdots, n \\ 0 & , \end{cases}$ ，求 $E(X)$ 與 $V(X)$。

21. 若 r.v. X 之 pdf 為 $f(x) = \begin{cases} cx^2 & , \quad 1 > x > 0 \\ 0 & , \quad \text{其他} \end{cases}$ ，求 (1) c ；(2) $P\left(|X| < \dfrac{1}{3}\right)$。

22. 已知 $f(x) = \begin{cases} e^{-x} & , x \geq 0 \\ 0 & , \text{其他} \end{cases}$ 為一 pdf ，求 $P(X < 3 \mid X > 1)$。

23. 證明：$E(X - b)^2$，僅當 $b = \mu$ 時有極小值。

24. 設某車場每小時有 240 輛車入內停車，求二分鐘內至少有 2 輛車進入之機率。

25. 若 r.v. X 表示 n 次 Bernoulli 試行中成功之次數，成功機率為 p，若 $P(X \geq 1) \geq 0.8$，求最少要試行多少次？

26. 用超幾何分配、二項分配分別求出下列問題發生之機率：從 3,000 個紅球、5,000 個白球中任取 3 球，結果是 2 紅球 1 白球。

27. 擲一骰子 10 次，已知至少出現一次么點下，么點至少出現 2 次以上之機率。

28. 設有標明 1~10 個號碼之號球，現以抽出不放回方式任取 5 球，求以下事件之機率：

(1) 2 個奇號球 3 個偶號球。

(2) 5 球中出現最大之號球為 7。

(3) 5 球中 7 為第二大號球。（提示：如何將 10 個號碼球分割是關鍵）

MEMO ———————————————————————————

04

CHAPTER

線性規劃

線性規劃之意義及一些應用例

學習目標

1. 了解 LP 模式之目標函數，限制條件之係數代表意義。
2. LP 模式應用例。

 線性規劃

線性規劃（linear programming；簡稱 LP）是在一連串線性限制條件下求取線性目標函數值之極大或極小化。

LP 模式自 1914 年由美國 G. B. Dantzig(1974~2005)在 1947 年建立出 LP 理論的**單體法**(simplex method)後，陸續有許多人從事這方面之研究，近三十年來由於電腦套裝軟體之進步有助於處理超大型 LP 問題，因此，LP 早已步出學術殿堂而進入企業決策工具之列了，在生產、財務、行銷、供應鏈管理裡都可看到它的身影。

引 例

在介紹前線性規劃，我們先看一個簡單的例子以了解 LP 之樣貌。

例 1

老王要開個小型之牛肉店，店裡只賣牛肉麵、牛肉湯餃二種。他對來店顧客都是逐一烹調，他煮一碗牛肉麵要花 10 分鐘，一碗湯餃為 8 分鐘，每天只供應中、晚二餐，全部可用時間為 300 分鐘，每天不論牛肉麵或牛肉湯餃最多不超過 120 碗。估計，一碗牛肉麵可賺 30 元，湯餃為一碗可賺 20 元，那麼老王一天要賣多少碗牛肉麵，多少碗牛肉湯餃，才可得到最大的利潤？

解

　　設 x_1 表牛肉麵之碗數，x_2 為牛肉湯餃之碗數，則問題是相當於在烹煮時間與總碗數二個限制下，求 x_1, x_2 以使得利潤 $30x_1 + 20x_2$ 極大：

$$
\begin{array}{llll}
\text{Max} & 30x_1 & +20x_2 & \leftarrow 目標函數 \\
\text{s.t.} & 10x_1 & +8x_2 & \leq 300 \\
& x_1 & +x_2 & \leq 120 \\
& x_1, & x_2 \geq 0 &
\end{array}
\quad\text{限制條件}
$$

　　上述之 x_1, x_2 稱為決策變數。s.t.是 subject to 之縮寫，意思是受限於。

　　由上例，我們可得 LP 模式之一般式：

$$
\begin{array}{ll}
\text{Max（或 Min）} & z = c_1x_1 + c_2x_2 + \cdots + c_n x_n \\
\text{s.t.} & a_{11}x_1 + a_{12}x_2 + \cdots + a_{1n} x_n \leqq \geq b_1 \\
& a_{21}x_1 + a_{22}x_2 + \cdots + a_{2n} x_n \leqq \geq b_2 \\
& \qquad\qquad\qquad \vdots \\
& a_{m1}x_1 + a_{m2}x_2 + \cdots + a_{mn} x_n \leqq \geq b_m \\
& x_1, x_2, \cdots, x_n \geq 0
\end{array}
$$

　　但上述 LP 模式不便於代數運算，因此我們用點代數上之小技巧即可把上述限制條件均變為等式，變成等式後即為 LP 之**標準式**(canonical form)，這些常用之代數小技巧有：

1. 極大化問題，只需將目標函數乘上 -1 即為極小化問題，反之亦然。

　　例如：Max　$z = x_1 + 2x_2$，乘上 -1 就變成

　　　　　Min　$z = -x_1 - 2x_2$

2. LP 問題之第 i 組限制式

   (1) $a_{i1}x_1 + a_{i2}x_2 + \cdots + a_{in}x_n \leq b_i$

   　　若加上一個非負的 x_{n+1} 使得 $a_{i1}x_1 + a_{i2}x_2 + \cdots + a_{in}x_n + x_{n+1} = b_i$，則我們稱 x_{n+1} 為**鬆弛變數**(slack variable)。

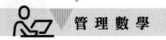

(2) $a_{i1}x_1 + a_{i2}x_2 + \cdots + a_{in}x_n \geq b_i$

若減去一個非負的 x_{n+1} 使得 $a_{i1}x_1 + a_{i2}x_2 + \cdots + a_{in}x_n - x_{n+1} = b_i$，在此 x_{n+1} 稱為**剩餘變數**(surplus variable)。

注意：**增加之鬆弛變數或剩餘變數，它們在目標函數中對應之係數均為 0**。

(3) 若決策變數 x_i 沒有非負之限制時，可令 $x_i = x_i^+ - x_i^-, x_i^+, x_i^- \geq 0$，以使 LP 模式中所有決策變數均滿足非負之要求。

例 2

將下列 LP 模式化成極大化標準式：

$$\text{Max} \quad z = 2x_1 + 3x_2 + x_3$$
$$x_1 - 2x_2 + x_3 \geq 2$$
$$2x_1 + 3x_2 \leq 3$$
$$x_2 + x_3 = 4$$
$$x_1, x_2, x_3 \geq 0$$

解

$$\text{Max} \quad z = 2x_1 + 3x_2 + x_3 + 0x_4 + 0x_5$$
$$\text{s.t.} \quad x_1 - 2x_2 + x_3 - x_4 = 2$$
$$2x_1 + 3x_2 + x_5 = 3$$
$$x_2 + x_3 = 4$$
$$x_1, x_2, x_3, x_4, x_5 \geq 0$$

例 2 之 x_4 為剩餘變數，x_5 為鬆弛變數。

例 3

將下列 LP 模式轉換成極大化標準式：

Min $\quad z = 2x_1 + 3x_2 + x_3$

s.t. $\quad\quad x_1 - 2x_2 + x_3 \quad\quad \leq 2$

$\quad\quad\quad\quad -x_2 + x_3 \quad\quad \geq -3$

$\quad x_1, x_2 \geq 0, x_3$ 無正負限制

解

Max $\quad z = -2x_1 - 3x_2 - x_3^+ + x_3^- + 0x_4 + 0x_5$

$\quad\quad x_1 - 2x_2 + x_3^+ - x_3^- \quad + x_4 \quad\quad\quad = 2$

$\quad\quad\quad\quad x_2 - x_3^+ + x_3^- \quad\quad\quad + x_5 \quad = 3$

$\quad x_1, x_2, x_3^+, x_3^-, x_4, x_5 \geq 0$

隨堂演練 A

將下列 LP 模式化成極大化標準式：

Max $\quad z = x_1 + 2x_2$

s.t. $\quad\quad x_1 \ + x_2 \quad\quad \geq 3$

$\quad\quad\quad x_1 \ - 2x_2 \quad\quad \geq -3$

$x_1 \geq 0$，x_2 無正負限制

Ans：Max $\quad z = x_1 + 2x_2^+ - 2x_2^+ + 0x_3 + 0x_4$

$\quad\quad x_1 \ + x_2^+ \ - x_2^- \ \ - x_3 \quad\quad\quad = 3$

$\quad\quad -x_1 + 2x_2^+ - 2x_2^- \quad\quad + x_4 \quad = 3$

$\quad\quad x_1, x_2^+, x_2^-, x_3, x_4 \geq 0$

LP 模式中參數 c_i, a_{ij} 與 b_i 在管理上的意義

考慮下列 LP 模式：

$$
\begin{array}{llllll}
\text{Max} & z = c_1 x_1 & + c_2 x_2 & + \cdots + & c_n x_n & \\
& a_{11} x_1 & + a_{12} x_2 & + \cdots + & a_{1n} x_n & \le b_1 \\
& a_{21} x_1 & + a_{22} x_2 & + \cdots + & a_{2n} x_n & \le b_2 \\
& & & \vdots & & \\
& a_{m1} x_1 & + a_{m2} x_2 & + \cdots + & a_{mn} x_n & \le b_m \\
& x_1, x_2, \cdots, x_n \ge 0 & & & &
\end{array}
$$

1. $z = c_1 x_1 + c_2 x_2 + \cdots + c_n x_n$ 為目標函數；其中 x_j，$j = 1, 2, \cdots, n$ 為決策變數，它代表第 j 個變數的投入量。c_j 為 x_j 之係數，它代表 x_j 投入之**邊際貢獻**(marginal contribution)：在極大化問題，它代表邊際利潤，在極小化問題，它代表機會成本。

2. a_{ij} 為第 j 個投入需第 i 種資源之數量。

3. b_i 為**右手邊**(right hand side; RHS)，它表示第 i 種資源能取得或被使用之數量。

LP 模式之假設

任何量化模式都有其假設，LP 模式的假設為：

1. **比例性(proportionality)**：每一個決策變數 x_i 對目標函數，限制條件式的貢獻和變數之值成比例。

2. **可加性(additivity)**：LP 模式決策變數間之衡量單位都必須相同如此才能加減，亦即目標函數或同一限制條件式之單位必須相同，如此才能進行計算。

3. **可分性(divisibility)**：決策變數值可為非整數。

4. **確定性(certainty)**：所有係數不論 b_i, c_j 或 a_{ij} 均為常數。

LP 模式之建立

LP 模式建立的步驟大致有：

1. 定義決策變數。

2. 由問題之敘述決定是極大問題抑是極小問題，寫出 LP 問題之目標函數與限制條件。

3. 因增加限制條件會增加計算複雜度，以致增加運算之時間。若增加決策變數或增加限制條件都能符合問題建模需求時，寧可選擇增加決策變數。

4. 檢查各決策變數是否滿足非負之限制。

以下我們將舉例說明 LP 如何應用在管理活動中。

例 4　（摻混問題）

一家化肥公司擬用 A, B, C 三種原料摻混成高磷，中磷與低磷三類化學肥料：

(1) 生產 50Kg 包裝之高磷肥料需原料 A 30Kg，原料 B 15Kg 與原料 C 5Kg。

(2) 生產 50Kg 包裝之中磷肥料需原料 A 20Kg，原料 B 25Kg 與原料 C 5Kg。

(3) 生產 50Kg 包裝之低磷肥料需原料 A 10Kg，原料 B 15Kg 與原料 C 25Kg。

現公司有 20000 Kg 原料 A，15000 Kg 原料 B 與 10000 Kg 原料 C，行銷部門估算高磷肥料之利潤為每包 400 元，中磷為 300 元，低磷為 250 元，問該公司應如何生產才能使利潤最大？

解 析

① 由問題之最後一句⋯使利潤最大→極化大問題。

② 選定適當之決策變數：令 x_1 為高磷肥料包數，x_2 為中磷肥料包數，x_3 為低磷肥料包數。

解

$$\text{Max} \quad z = 400x_1 + 300x_2 + 250x_3$$

$$\text{s.t.} \quad \begin{array}{llll} 30x_1 & +20x_2 & +10x_3 & \leq 20000 \quad （原料 A 之限制條件） \\ 15x_1 & +25x_2 & +15x_3 & \leq 15000 \quad （原料 B 之限制條件） \\ 5x_1 & +5x_2 & +25x_3 & \leq 10000 \quad （原料 C 之限制條件） \end{array}$$

$$x_1, x_2, x_3 \geq 0$$

① 例 5

A, B, C 三種產品在產製時都要經過 I, II, III 之 3 個工序，在工序 I，加工一單位 A, B, C 分別需時為 4, 3, 2 小時，在工序 II，加工一單位 A, B, C 需用之工時數分別為 5, 7, 6 小時，在工序 III，加工一單位 A, B, C 需用之工時數分別為 2, 3, 1 小時。若工序 I, II, III 可用之總工時數不得超過 700, 750 與 600 小時。假定產品 A, B, C 之單位利潤分別為 3, 4, 2 元。試建立一個 LP 模式。

解

題目給的敘述乍看下有點令人眼花撩亂，因此，把它列表如下：

		產品			可使用時間（小時）
		A	**B**	**C**	
工序（小時）	I	4	3	2	≤ 700
	II	5	7	6	≤ 750
	III	2	3	1	≤ 600
利潤（元）		3	4	2	

由表易讀出此 LP 模式：

$$\text{Max} \quad z = 3x_A + 4x_B + 2x_C$$

$$\text{s.t.} \quad 4x_A + 3x_B + 2x_C \leq 700 \quad （工序 I 之工時限制）$$

$$5x_A + 7x_B + 6x_C \leq 750 \qquad （工序 \text{ II} 之工時限制）$$

$$2x_A + 3x_B + x_C \leq 600 \qquad （工序 \text{ III} 之工時限制）$$

$$x_A, x_B, x_C \geq 0$$

例 6

若一工廠購進 60 公尺長之鋼捲一批，現要將它切割成 10, 20, 25, 30 公尺四個規格之鋼捲。四個規格之需求量如下：

規格（公尺）	需求量（捲）
10	600
20	450
25	400
30	300

問每個鋼捲應如何切割才能使切割後之剩料為最少？

解 析

① 本例以切割的方式做為決策變數。

② 剩餘料 ≥10 者還可再做切割。

③ 因要求切割後之剩料為最少，所以是極小化問題。

切割法〔規格〕	x_1	x_2	x_3	x_4	x_5	x_6	x_7	x_8	x_9	x_{10}
10	6	4	3	3	2	1	1	1	0	0
20	0	1	0	0	2	0	1	1	3	0
25	0	0	1	0	0	2	0	1	0	1
30	0	0	0	1	0	0	1	0	0	1
剩料	0	0	5	0	0	0	0	5	0	5

解

由上表，我們令 x_i 為第 i 種切割法，則 LP 模式：

Min $z = x_1 + x_2 + x_3 + x_4 + x_5 + x_6 + x_7 + x_8 + x_9 + x_{10}$

s.t.
$$6x_1 + 4x_2 + 3x_3 + 3x_4 + 2x_5 + x_6 + x_7 + x_8 \geq 600$$
$$x_2 + 2x_5 + x_7 + x_8 + 3x_9 \geq 450$$
$$x_3 + 2x_6 + x_8 + x_{10} \geq 400$$
$$x_4 + x_7 + x_{10} \geq 300$$
$$x_1, x_2, \cdots, x_9, x_{10} \geq 0$$

隨堂演練 B

某企業用二條生產線生產一般用口罩與醫療用口罩，相關的資訊如下：

生產線 A：生產一般用口罩 1 個單位需 3 個工時，生產醫療用口罩 1 單位需 5 個工時

生產線 B：生產一般用口罩 1 個單位需 4 個工時，生產醫藥用口罩一 個單位需 3 個工時

若生產線 A 可用之工時數為 80 個工時，生產線 B 為 75 個工時。

假定一般用口罩一單位之利潤為 5,000 元，醫療用口罩一單位之利潤為 7,500 元，試寫出有關 LP 模式。

Ans：
$$\text{Max } 5000x_1 + 7500x_2$$
s.t.
$$3x_1 + 5x_2 \leq 80$$
$$4x_1 + 3x_2 \leq 75$$
$$x_1, x_2 \geq 0$$

（ x_1：一般口罩，x_2：醫療口罩）

4.2 線性規劃之圖解法

學習目標

1. 能繪出二決策變數之 LP 問題的圖形。
2. 對凸集合(convex set)與凸優化(convex optimization)有一基本概念。
3. 利用圖形之端點求出極值。

 LP 之可行解區域之繪製

定 義

LP 問題中滿足所有限制條件與非負限制的點所成之集合為**可行解區域**(feasible region)，可行解區域之任一點均是 LP 問題之**可行解**(feasible solution)

本節我們討論如何繪製只含二個決策變數之 LP 可行解區域，即

$$\text{Max（或 Min）} \quad z = c_1 x_1 + c_2 x_2$$

$$\text{s.t.} \quad a_{11} x_1 + a_{12} x_2 \leq = \geq b_1$$

$$a_{21} x_1 + a_{22} x_2 \leq = \geq b_2$$

$$\vdots$$

$$a_{m1} x_1 + a_{m2} x_2 \leq = \geq b_m$$

$$x_1, x_2 \geq 0$$

$\alpha x + \beta y \leq b$ 與 $\alpha x + \beta y \geq b$ 之圖形與 $\alpha x + \beta y = b$ 之圖形有關，因此我們先複習 $\alpha x + \beta y = b$ 之圖形。

$\alpha \neq 0$ 且 $\beta \neq 0$ 時，$\alpha x + \beta y = b$ 之圖形是過 $\left(\dfrac{b}{\alpha}, 0 \right)$ 與 $\left(0, \dfrac{b}{\beta} \right)$ 之直線，若 $\alpha = 0$，$\beta \neq 0$ 時則是 $y = \dfrac{b}{\beta}$ 之平行 x 軸的水平直線，若 $\alpha \neq 0$，$\beta = 0$ 時 $x = \dfrac{b}{\alpha}$ 與 y 軸平行。

隨堂演練 A

試繪 $2x+3y=6$，$x=3$，$y=2$ 三直線於同一座標圖。

Ans：

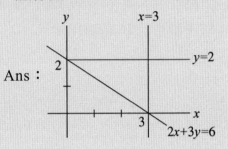

現在我們應用上述基本知識，將二變數 LP 模式繪出；首先我們把模式切割討論

1. 限制條件：不論 $\alpha x+\beta y \geq b$ 還是 $\alpha x+\beta y \leq b$，我們先繪出 $\alpha x+\beta y=b$，然後**用(0,0)代入測試**，便可輕易決定出所要的範圍，例如：$3x+4y \leq 6$

   先繪 $3x+4y=6$，此直線與 x,y 軸之交點為 $(2,0),\left(0,\dfrac{3}{2}\right)$，又 (0,0) 滿足 $3x+4y \leq 6$，因此 $3x+4y \leq 6$，$x,y \geq 0$ 之區域為包含原點的那個區域（即圖 a 陰影部分）。

   若要繪 $3x+4y \geq 6$，$x \geq 0$，$y \geq 0$，因(0,0)不滿足 $3x+4y \geq 6$，所以所求區域不含(0,0)（如圖 b 陰影的部分）。

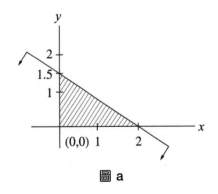

圖 a

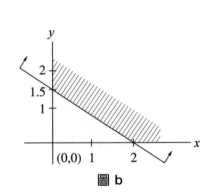

圖 b

2. 目標函數

目標函數之 $z = c_1 x + c_2 y$，不同的 x, y 值會有不同 z，因此目標函數是斜率為 $-\dfrac{c_1}{c_2}$，$c_2 \neq 0$ 之直線所形成之直線族。繪 $z = c_1 x + c_2 y$ 之最簡便的方法是取 $z = c_1 c_2$，那麼這條直線過 $(c_2, 0)$，$(0, c_1)$，而直線族之每一條線均與這條直線平行。

① 例 1

試繪

Max $z = 3x_1 + 5x_2$

s.t. $x_1 + 2x_2 \leq 3$

$3x_1 - 2x_2 \leq 1$

$x_1 + x_2 \geq 1$

$x_1, x_2 \geq 0$

並指出所有直線交點。

解

(1) ① $(0,0)$ 滿足 $x_1 + 2x_2 \leq 3$ $\therefore x_1 + 2x_2 \leq 3$ 之區域就是含原點之那個區域

② $(0,0)$ 滿足 $3x_1 - 2x_2 \leq 1$ $\therefore 3x_1 - 2x_2 \leq 1$ 就是含原點之那個區域

③ $(0,0)$ 不滿足 $x_1 + x_2 \geq 1$ $\therefore x_1 + x_2 \geq 1$ 之區域就是不含原點之那個區域

取上述 3 個區域之交集即為可行解區域。

(2) 解 $\begin{cases} x_1 + 2x_2 = 3 \\ 3x_1 - 2x_2 = 1 \end{cases}$，$\begin{cases} 3x_1 - 2x_2 = 1 \\ x_1 + x_2 = 1 \end{cases}$，$x_1 + 2x_2 = 3$ 與 x_2 軸之交點以及 $x_1 + x_2 = 1$ 與 x_2 軸之交點。可得 4 個端點 $\left(\dfrac{3}{5}, \dfrac{2}{5} \right)$，$(1, 1)$，$\left(0, \dfrac{3}{2} \right)$，$(0, 1)$

(3) 目標函數 $z = 3x_1 + 5x_2$，取 $z = 3 \times 5 = 15$，得 $3x_1 + 5x_2 = 15$，此條直線過 $(5,0)$, $(0,3)$，如圖中虛線

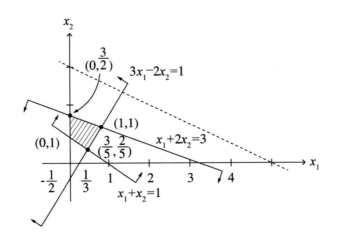

例 2

試繪 Max $\quad z = 2x + 3y$

s.t. $\qquad x + y \quad \le 1$

$\qquad\qquad x \qquad \ge 2$

$\qquad x \ge 0, \quad y \ge 0$

解

因不存在 (x, y) 同時滿足上述二個不等式，因此可行解區域為 ϕ

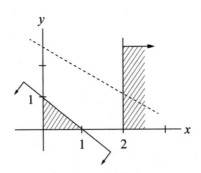

隨堂演練 B

試繪

Max $z = 2x + 3y$

s.t. $x + 3y \geq 4$

            $2x + y \geq 2$

        $x \geq 0, y \geq 0$

並指出端點座標。

Ans：

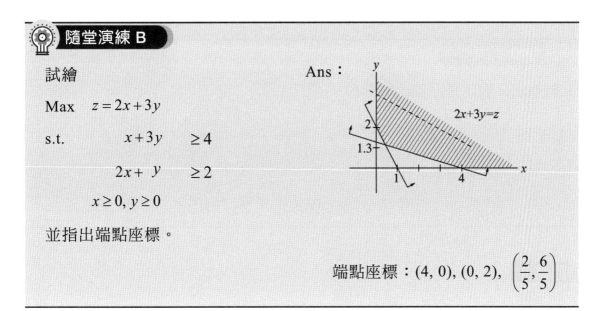

$2x + 3y = z$

端點座標：$(4, 0)$, $(0, 2)$, $\left(\dfrac{2}{5}, \dfrac{6}{5} \right)$

凸集合與凸優論

由以上的例子可看出，可行解區域若不為 ϕ，則區域任意二點的連線似乎都在此區域內，這種集合稱為**凸集合**(convex set)，我們現在對凸集合定義如下：

定 義

集合 S 中任意二點 x, y，當 $1 > \alpha > 0$ 時，若點 $\alpha x + (1 - \alpha) y \in S$，則稱 S 為凸集合

由定義，我們也可說：設 S 為一點集合，若 S 中任意二點，其連線均恆在 S 內則稱 S 為凸集合。

例 3

下列何者為凸集合？

(1) 正方形區域（含邊）是個凸集合。

(2) 右圖不是凸集合，因 A, B 連線上之點不恆在此圖形中。

(3) 圓的周線不是凸集合，但圓區域（**圓盤** disk）是凸集合。

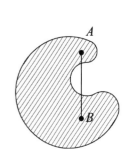

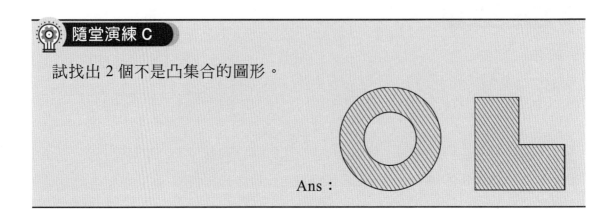

隨堂演練 C

試找出 2 個不是凸集合的圖形。

Ans：

命題 A

若 S, T 為二凸集合，則 $S \cap T$ 為凸集合

證 明

$x, y \in S \bigcap T$，$x, y \in S$ 且 $x, y \in T$，因 S, T 均為凸集合，$\therefore \alpha x + (1-\alpha)y \in S$ 且 $\alpha x + (1-\alpha)y \in T \Rightarrow \alpha x + (1-\alpha)y \in S \bigcap T$ 從而 $S \bigcap T$ 為凸集合。

但二個凸集合之聯集未必是凸集合（見練習題第 5 題）。

端 點

LP 問題中**端點**(extreme point)極為重要，它的定義是：

定 義

若不存在 x_1，$x_2 \in S$，使得 $x = \lambda x_1 + (1-\lambda)x_2$，$1 > \lambda > 0$，則稱 $x \in S$ 是一個端點，端點亦稱頂點(vertex)、角點(corner point)

上述定義比較不易理解，我們可直觀地說：LP 之可行解區域邊界之任異二直線之交點便是端點。

命題 B

LP 模式之可行解區域為一凸集合

命題 C

若 f 是定義於凸集合 K 之凸函數，則 f 之任一局部最適解必為全域之最佳解，且 **LP** 之最佳解必出現在端點或邊上

由命題 C，我們便有了用圖解二決策變數 LP 模式最適解之步驟：

(1) 繪出可行解區域

(2) 求出可行解區域端點之座標

(3) 將端點座標代入目標函數，$\begin{cases} \text{其最大者即為最大值} \\ \text{其最小者即為最小值} \end{cases}$

例 4

求 Max $\quad z = 2x_1 + 3x_2$

s.t. $\qquad x_1 - x_2 \quad\ \le 1$

$\qquad\qquad\qquad x_2 \quad \le 1$

$\qquad x_1, x_2 \ge 0$

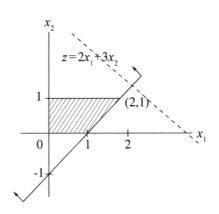

解

由 $\begin{cases} x_1 - x_2 = 1 \\ x_2 = 1 \end{cases}$ 得 $(x_1, x_2) = (2, 1)$

其餘 3 個端點為 $(0,1), (0,0), (1,0)$

端點	(0, 0)	(0, 1)	(1, 0)	(2, 1)
z 值	0	3	2	7

∴ 最大值為 7

若上題為之目標函數改為 Min $\quad z = 2x_1 + 3x_2$ 則最小值為 0。

例 4 圖中之虛線為 $z = 2x_1 + 3x_2$ 之等值線，將這條直線向下平移，最先碰觸到可行解區域之端點為 $(2, 1)$。

例 5

Max $z = 3x + 2y$

s.t. $\quad x + 2y \geq 4$

$\quad\quad 2x + y \geq 2$

$\quad x \geq 0, \ y \geq 0$

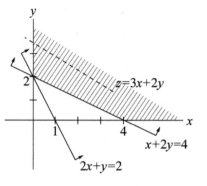

LP 之可行解區域為無界，$z = 3x + 2y$ 之等值線越向右上方平移時，目標函數越大，故為無界解。

例 6

求 Max $z = x_1 + 2x_2$

s.t. $\quad 3x_1 + 6x_2 \leq 5$

$\quad\quad x_1 \leq 1$

$\quad x_1 \geq 0, x_2 \geq 0$

解

此 LP 之可行解區域有 4 個端點 $(0, 0)$，$(1, 0)$，$\left(0, \dfrac{5}{6}\right)$ 與 $\left(1, \dfrac{1}{3}\right)$，代入 $z = f(x_1, x_2) = x_1 + 2x_2$：

端點	$(0, 0)$	$(1, 0)$	$(0, \dfrac{5}{6})$	$(1, \dfrac{1}{3})$
z 值	0	1	$\dfrac{5}{3}$	$\dfrac{5}{3}$

因為目標函數 $z = f(x,y) = x_1 + 2x_2$ 與限制條件中之 $3x_1 + 6x_2 = 5$ 的斜率相同，所以粗線上之所有的點均為極大值，亦即此 LP 問題有多個最佳解(multiple optimal solution)，事實上無限多個最佳解，它們的極大值都是 $\dfrac{5}{3}$。

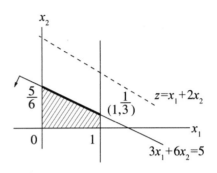

綜合上述，一個 LP 問題它的解可能有下列四種情形：

(1) 恰有一組最佳解

(2) **多個最佳解**：有無限多個具有相同的目標函數值之最佳解

(3) **無可行解**(no feasible solution)

(4) **無界解**(unbounded solution)

隨堂演練 D

承例 6，驗證 $\left(\dfrac{1}{2}, \dfrac{7}{12}\right)$ 亦為 $3x_1 + 6x_2 = 5$ 上一個點，且 $f\left(\dfrac{1}{2}, \dfrac{7}{12}\right) = \dfrac{5}{3}$。

4.3 線性規劃的解

學習目標

了解 LP 問題之基變數、非基本解、基本可行解等之意義。

基(bases)在 LP 理論與運算上均很重要,因此,我們將花些篇幅說明它。

LP 之基:

若 LP 標準式的限制條件為 $A_{m \times n} X_{n \times 1} = b_{m \times 1}$, $m \leq n$ 且 $rank(A) = m$, $B = [A_1 \ A_2 \cdots A_m]$, $A_1, A_2, \cdots A_m$ 為 A 之行向量,若 B 為一非奇異陣,則稱 B 為 LP 之一個基。

因此,LP 標準式的限制條件為 $m \times n$ 階 $(n \geq m)$ 之係數矩陣時應有 $\binom{n}{m} = \dfrac{n!}{m!(n-m)!}$ 個基。選入構成基的 m 個行向量稱為**基向量**(basic vector),其餘 $n-m$ 個未被選入之向量則為**非基向量**(non-basic vector),非基向量構成之矩陣則稱**非基**(non-basic),以 N 表示。如此係數矩陣 A,可劃分基(B)與非基(N)二個部分:

$$A = \begin{bmatrix} B \mid N \end{bmatrix}$$

LP 的基本解

設 LP 之標準式的限制條件之係數矩陣 A 為 $m \times n$ 階，且 $rank(A) = m$，若我們從這個 $m \times n$ 階矩陣中任取 m 個行向量形成一個基，不失一般性下，假設我們取 $A_1, A_2, \cdots, A_m$ 為一個基。那麼，$(x_1, x_2, \cdots, x_m)$ 為**基變數**(basic variable)，$(x_{m+1}, x_{m+2}, \cdots, x_n)$ 便 為 **非 基 變 數** (non-basic variable)，**令 非 基 變 數 $x_{m+1} = x_{m+2} = \cdots = x_n = 0$**，則限制條件變為：

$$\begin{cases} a_{11}x_1 + a_{12}x_2 + \cdots + a_{1n}x_m = b_1 \\ a_{21}x_1 + a_{22}x_2 + \cdots + a_{2n}x_m = b_2 \\ \qquad\qquad\qquad \vdots \\ a_{m1}x_1 + a_{m2}x_2 + \cdots + a_{mn}x_m = b_m \end{cases}$$

如此便可唯一地解出 $(x_1, x_2, \cdots, x_m)^T$，則向量 $x = [x_1, x_2 \cdots, x_m, 0, 0, \cdots, 0]$ 為一個解，這個解便稱為**基本解**(basic solution)，但 $[x_1, x_2, \cdots, x_m, 0, \cdots, 0]^T$ 之每個 x_i 不見得都為非負，我們對其中**只要有負分量之向量全剔除掉後其餘之解稱為基本可行解**（basic feasible solution；簡稱 BFS）這些基本可行解中能使目標函數極大（Max 問題），或使目標函數極小（Min 問題）的就稱為**最適解** (optimal solution)。

例 1

考慮下列 LP 問題：

Max　　$z = 3x_1 + 2x_2$

s.t.　　　　$x_1 + 2x_2$　　　≤ 4

　　　　　　$x_1 + x_2$　　　　≤ 3

　　　　　　$x_1, x_2 \geq 0$

我們加上 x_3，x_4 二個非負變數，則 LP 標準型為：

Max　　$z = 3x_1 + 2x_2 + 0x_3 + 0x_4$

s.t.　　　　$x_1 + 2x_2 + x_3 \qquad = 4$

　　　　　　$x_1 + x_2 \qquad + x_4 = 3$

　　　　$x_1,\ x_2,\ x_3,\ x_4 \geq 0$

此 LP 問題限制條件之係數矩陣

$$A = \begin{bmatrix} 1 & 2 & 1 & 0 \\ 1 & 1 & 0 & 1 \end{bmatrix} = (A_1, A_2, A_3, A_4)\ ;\ A_i 是\ A\ 之第\ i\ 個行，i = 1, 2, 3, 4，可有$$

下列 $\dbinom{4}{2} = \dfrac{4!}{2!2!} = 6$ 個基：

基(B)	基向量	非基(N)	非基向量	基本解	解之性質	z 值
$B_1 = \begin{bmatrix} 1 & 2 \\ 1 & 1 \end{bmatrix}$	(A_1, A_2)	$N_1 = \begin{bmatrix} 1 & 0 \\ 0 & 1 \end{bmatrix}$	(A_3, A_4)	$X_B = \begin{bmatrix} 2, 1, 0, 0 \end{bmatrix}^T$	基本可行解	8
$B_2 = \begin{bmatrix} 1 & 1 \\ 1 & 0 \end{bmatrix}$	(A_1, A_3)	$N_2 = \begin{bmatrix} 2 & 0 \\ 1 & 1 \end{bmatrix}$	(A_2, A_4)	$X_B = \begin{bmatrix} 3, 0, 1, 0 \end{bmatrix}^T$	基本可行解	9*
$B_3 = \begin{bmatrix} 1 & 0 \\ 1 & 1 \end{bmatrix}$	(A_1, A_4)	$N_3 = \begin{bmatrix} 2 & 1 \\ 1 & 0 \end{bmatrix}$	(A_2, A_3)	$X_B = \begin{bmatrix} 4, 0, 0, -1 \end{bmatrix}^T$	非基本可行解	–
$B_4 = \begin{bmatrix} 2 & 1 \\ 1 & 0 \end{bmatrix}$	(A_2, A_3)	$N_4 = \begin{bmatrix} 1 & 0 \\ 1 & 1 \end{bmatrix}$	(A_1, A_4)	$X_B = \begin{bmatrix} 0, 3, -2, 0 \end{bmatrix}^T$	非基本可行解	–
$B_5 = \begin{bmatrix} 2 & 0 \\ 1 & 1 \end{bmatrix}$	(A_2, A_4)	$N_5 = \begin{bmatrix} 1 & 1 \\ 1 & 0 \end{bmatrix}$	(A_1, A_3)	$X_B = \begin{bmatrix} 0, 2, 0, 1 \end{bmatrix}^T$	基本可行解	4
$B_6 = \begin{bmatrix} 1 & 0 \\ 0 & 1 \end{bmatrix}$	(A_3, A_4)	$N_6 = \begin{bmatrix} 1 & 2 \\ 1 & 1 \end{bmatrix}$	(A_1, A_2)	$X_B = \begin{bmatrix} 0, 0, 4, 3 \end{bmatrix}^T$	基本可行解	0

根據上表，$X_B = (3, 0, 1, 0)^T$ 之 $z = f(x)$ 為最大，所以本題之最大值為 9（另可以 $z^* = 9$ 表示）

我們以 B_2 為例說明計算過程：

B_2 是以行向量 A_1, A_3 為基向量，因此 $B_2 = (A_1, A_3) = \begin{bmatrix} 1 & 1 \\ 1 & 0 \end{bmatrix}$，$A_2, A_4$ 則是非基，即 $N = (A_2, A_4)$。

為求基本解，我們要解 $B_2 x = b$，$b = \begin{bmatrix} 4 \\ 3 \end{bmatrix}$：

$$\begin{cases} x_1 + x_3 = 4 \\ x_1 + 0x_3 = 3 \end{cases} \qquad \therefore x_1 = 3, x_3 = 1$$

從而基本解為 $(3, 0, 1, 0)$，因為 $x_1, x_2, x_3, x_4 \geq 0$，故 $x = [3, 0, 1, 0]^T$ 為基本可行解，如此它便有資格代入目標函數：$z = 3x_1 + 2x_2 + 0x_3 + 0x_4 \big|_{(x_1=3, x_2=0, x_3=1, x_4=0)} = 9$，與其他的基本可行解做一比較，可知 $x = [3, 0, 1, 0]^T$（另可以 $x^* = [3, 0, 1, 0]^T$ 表示）為最適解。

隨堂演練 A

說明例 1 之 $B_1 = \begin{bmatrix} 1 & 2 \\ 1 & 1 \end{bmatrix}$ 之基本解為 $[2, 1, 0, 0]^T$，且 $z = 8$。

上述的 LP 求解方式顯然是沒有效率的，因此，我們在下節介紹 LP 最早期之演算法——單體法。

4.4　單體法

學習目標

1. 對單體法應用之術語如出變數、入變數、主軸行、樞元有基本之認識。
2. 單體法之解法與步驟。

　　單體法(simplex method)是找出一組**可行解**(feasible solution)並利用判斷準則，判斷找出的這組解是否為最優，如果不是就再找另一個端點取代現在的端點，以使目標函數 z 之值增加（如果是 Max z 問題），或減少（如果是 Min z 問題），直到找到**最適解**(optimal solution)為止。

　　改善 LP 解的方法是不斷地將基變數變為非基變數，同時將非基變數變成基變數。被換出的基變數稱為**出變數**(leaving variable)，被換入的基變數稱為**入變數**(entering variable)。因此單體法在運算時會反覆判斷現行基中哪個決策變數是出變數，同時有哪個決策變數是入變數，直到達成最適化為止。

 LP 極大化模式之單體法迭算步驟

1. 單體法第一步：將 LP 模式表成 LP 標準形式

$$
\begin{aligned}
\text{Max} \quad & z = c_1 x_1 + c_2 x_2 + \cdots + c_n x_n \\
\text{s.t.} \quad & a_{11} x_1 + a_{12} x_2 + \cdots + a_{1n} x_n \le b_1 \\
& a_{21} x_1 + a_{22} x_2 + \cdots + a_{2n} x_n \le b_2 \\
& \quad \vdots \qquad\quad \vdots \qquad\quad \vdots \qquad\quad \vdots \qquad\quad \vdots \\
& a_{m1} x_1 + a_{m2} x_2 + \cdots + a_{mn} x_n \le b_m
\end{aligned}
$$

為了簡單起見，假定 LP 模式如下：

Max $z = c_1 x_1 + c_2 x_2 + c_3 x_3$

s.t. $a_{11} x_1 + a_{12} x_2 + a_{13} x_3 \quad \leq b_1$

$a_{21} x_1 + a_{22} x_2 + a_{23} x_3 \quad \leq b_2$

$a_{31} x_1 + a_{32} x_2 + a_{33} x_3 \quad \leq b_3$

$x_1, x_2, x_3 \geq 0$

它的標準式

Max $z = c_1 x_1 + c_2 x_2 + c_3 x_3 + 0 x_4 + 0 x_5 + 0 x_6$

s.t. $a_{11} x_1 + a_{12} x_2 + a_{13} x_3 + x_4 \qquad = b_1$

$a_{21} x_1 + a_{22} x_2 + a_{23} x_3 \quad + x_5 \qquad = b_2$

$a_{31} x_1 + a_{32} x_2 + a_{33} x_3 \qquad + x_6 = b_3$

$x_1, x_2, \cdots, x_6 \geq 0$

單體法在手算時，大多是用表格，不同書的表格形式可能不同，在此，我們將介紹管理數學常用之一種表格。

c_j	BV	c_1 x_1	c_2 x_2	c_3 x_3	0 x_4	0 x_5	0 x_6	b
0	x_4	a_{11}	a_{12}	a_{13}	1	0	0	b_1
0	x_5	a_{21}	a_{22}	a_{23}	0	1	0	b_2
0	x_6	a_{31}	a_{32}	a_{33}	0	0	1	b_3
	f_j	0	0	0	0	0	0	0
	$c_j - f_j$	c_1	c_2	c_3	0	0	0	

上表為起始表：

(1) c_j 為目標函數基變數係數，x_4, x_5, x_6 在目標函數係數均為 0

(2) BV 為目前之基變數，在起始表中為 x_4, x_5, x_6

(3) $f_j = \sum_{i=1}^{m} C_{B_i} a_{ij}$，其中 C_{B_i} 為第 i 列基變數在目標函數的係數，a_{ij} 為目前單體

表中第 j 行的係數。因此，$f_1 = \begin{bmatrix} 0 & 0 & 0 \end{bmatrix} \begin{bmatrix} a_{11} \\ a_{21} \\ a_{31} \end{bmatrix} = 0$, $f_2 = \begin{bmatrix} 0 & 0 & 0 \end{bmatrix} \begin{bmatrix} a_{12} \\ a_{22} \\ a_{32} \end{bmatrix} = 0$，

以下類推。f_j 列最右側之值為目前的目標函數值，其計算方式為

$$\sum_{i=1}^{m} C_{B_i} b_i = \begin{bmatrix} 0 & 0 & 0 \end{bmatrix} \begin{bmatrix} b_1 \\ b_2 \\ b_3 \end{bmatrix} = 0$$

(4) 最後一列 $c_j - f_j$ 用以判斷目前所得解是否為最適解

2. 單體法第二步：判斷誰是入變數？

在目標列中 $c_j - f_j$ 為正值中找出最大的行做為主軸行。若存在二個有相同之最大正數，我們可任選一個。然後用第 i 行之不為 **0** 之元素分別除以 b_i，取其中最小正數者為樞元(pivot)，應用基本列運算使樞元為 **1**，樞元所在行之其他元素均為 0。（這和高斯約丹消去法求簡化列梯形式不是很像嗎？）

3. 單體法第三步：反覆地進行第二步，直到目標列 $(c_j - f_j)$ 各元素均 ≤ **0**。

（極小化 LP 問題留在大 M 法）

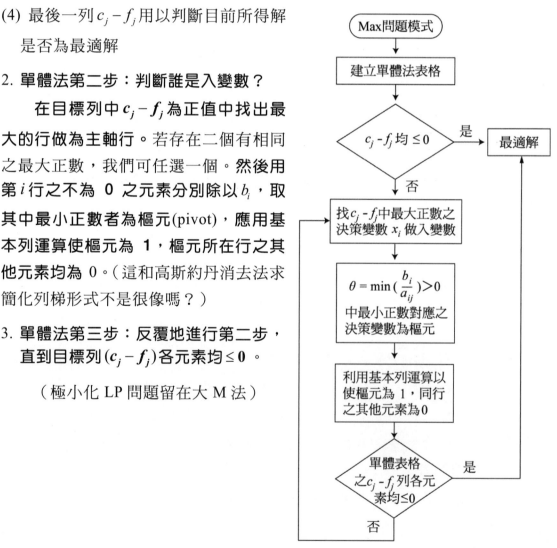

例 1

用單體法解

Max $\quad z = 6x_1 + 4x_2$

s.t. $\qquad 5x_1 + 2x_2 \qquad \le 13$

$\qquad 2x_1 + 3x_2 \qquad \le 14$

$\qquad x_1, x_2 \ge 0$

解

step 0-1 將原題化成標準式

Max $\quad z = 6x_1 + 4x_2 + 0x_3 + 0x_4$

s.t. $\quad 5x_1 + 2x_2 + x_3 \qquad = 13$

$\qquad 2x_1 + 3x_2 \qquad + x_4 = 14$

$\qquad x_1, x_2, x_3, x_4 \ge 0$

step 0-2 將 LP 標準式表格化

		6	4	0	0	
c_j	BV	x_1	x_2	x_3	x_4	b
0	x_3	5	2	1	0	13
0	x_4	2	3	0	1	14
	f_j	0	0	0	0	0
	$c_j - f_j$	6	4	0	0	

上表中 $f_j = \sum_{i=1}^{m} C_{B_i} a_{ij}$，其中 C_{B_i} 為第 i 列基變數在目標函數的係數，a_{ij} 為目前單體表中第 j 行的係數。因此，$f_1 = \begin{bmatrix} 0 & 0 \end{bmatrix} \begin{bmatrix} 5 \\ 2 \end{bmatrix} = 0, f_2 = \begin{bmatrix} 0 & 0 \end{bmatrix} \begin{bmatrix} 2 \\ 3 \end{bmatrix} = 0$，以下類推。目前的目標函數值，其計算方式為 $\sum_{i=1}^{m} C_{B_i} b_i = \begin{bmatrix} 0 & 0 \end{bmatrix} \begin{bmatrix} 13 \\ 14 \end{bmatrix} = 0$

step1-1 決定入基變數及樞元

c_j	BV	6	4	0	0	
		x_1	x_2	x_3	x_4	b
0	x_3	⑤	2	1	0	13
0	x_4	2	3	0	1	14
	f_j	0	0	0	0	0
	$c_j - f_j$	6	4	0	0	
		↑				

$\min\left\{\dfrac{13}{5}, \dfrac{14}{2}\right\} = \dfrac{13}{5}$

$\therefore$ 選 a_{11} 為樞元

（↑所指之行即為主軸行，決定入基變數，其實就是決定主軸行）

step1-2 基本列運算

c_j	BV	6	4	0	0	
		x_1	x_2	x_3	x_4	b
6	x_1	①	$\dfrac{2}{5}$	$\dfrac{1}{5}$	0	$\dfrac{13}{5}$
0	x_4	0	$\dfrac{11}{5}$	$-\dfrac{2}{5}$	1	$\dfrac{44}{5}$
	f_j	6	$\dfrac{12}{5}$	$\dfrac{6}{5}$	0	$\dfrac{78}{5}$
	$c_j - f_j$	0	$\dfrac{8}{5}$	$-\dfrac{6}{5}$	0	

step2-1 決定入基變數及樞元

c_j	BV	$\begin{matrix}6\\x_1\end{matrix}$	$\begin{matrix}4\\x_2\end{matrix}$	$\begin{matrix}0\\x_3\end{matrix}$	$\begin{matrix}0\\x_4\end{matrix}$	b
6	x_1	1	$\dfrac{2}{5}$	$\dfrac{1}{5}$	0	$\dfrac{13}{5}$
0	x_4	0	$\dfrac{11}{5}$	$-\dfrac{2}{5}$	1	$\dfrac{44}{5}$
	f_j	6	$\dfrac{12}{5}$	$\dfrac{6}{5}$	0	$\dfrac{78}{5}$
	$c_j - f_j$	0	$\dfrac{8}{5}$	$-\dfrac{6}{5}$	0	

$\min\left\{\dfrac{13/5}{2/5}, \dfrac{44/5}{11/5}\right\} = \dfrac{44/5}{11/5}$

$\therefore$ 選 a_{22} 為樞元

↑

step2-2 基本列運算

c_j	BV	$\begin{matrix}6\\x_1\end{matrix}$	$\begin{matrix}4\\x_2\end{matrix}$	$\begin{matrix}0\\x_3\end{matrix}$	$\begin{matrix}0\\x_4\end{matrix}$	b
6	x_1	1	0	$\dfrac{3}{11}$	$-\dfrac{2}{11}$	1
4	x_2	0	①	$-\dfrac{2}{11}$	$\dfrac{5}{11}$	4
	f_j	6	4	$\dfrac{10}{11}$	$\dfrac{8}{11}$	22
	$c_j - f_j$	0	0	$-\dfrac{10}{11}$	$-\dfrac{8}{11}$	

因 $c_j - f_j$ 列各元素值均 ≤ 0，所以 $x_1^* = 1, x_2^* = 4, z^* = 22$

例 2

用單體法解

Max $z = 10x_1 + 18x_2$

s.t.
$$5x_1 + 2x_2 \le 170$$
$$2x_1 + 3x_2 \le 100$$
$$x_1 + 5x_2 \le 150$$
$$x_1, x_2 \ge 0$$

解

step 0-1 先將原題化成標準式

Max $z = 10x_1 + 18x_2 + 0x_3 + 0x_4 + 0x_5$

s.t.
$$5x_1 + 2x_2 + x_3 = 170$$
$$2x_1 + 3x_2 + x_4 = 100$$
$$x_1 + 5x_2 + x_5 = 150$$
$$x_1, x_2, x_3, x_4, x_5 \ge 0$$

step 0-2 將 LP 標準式表格化

		10	18	0	0	0	
c_j	BV	x_1	x_2	x_3	x_4	x_5	b
0	x_3	5	2	1	0	0	170
0	x_4	2	3	0	1	0	100
0	x_5	1	5	0	0	1	150
	f_j	0	0	0	0	0	0
	$c_j - f_j$	10	18	0	0	0	

step1-1 決定入基變數及樞元

c_j	BV	10 x_1	18 x_2	0 x_3	0 x_4	0 x_5	b
0	x_3	5	2	1	0	0	170
0	x_4	2	3	0	1	0	100
0	x_5	1	⑤	0	0	1	150
	f_j	0	0	0	0	0	0
	$c_j - f_j$	10	18	0	0	0	

$$\min\left\{\frac{170}{2}, \frac{100}{3}, \frac{150}{5}\right\} = \frac{150}{5}$$

$$\therefore 選 a_{32} 為樞元$$

↑

step1-2 基本列運算

c_j	BV	10 x_1	18 x_2	0 x_3	0 x_4	0 x_5	b
0	x_3	$\frac{23}{5}$	0	1	0	$-\frac{2}{5}$	110
0	x_4	$\frac{7}{5}$	0	0	1	$-\frac{3}{5}$	10
18	x_2	$\frac{1}{5}$	1	0	0	$\frac{1}{5}$	30
	f_j	$\frac{18}{5}$	18	0	0	$\frac{18}{5}$	540
	$c_j - f_j$	$\frac{32}{5}$	0	0	0	$-\frac{18}{5}$	

step2-1 決定入基變數及樞元

c_j	BV	10 x_1	18 x_2	0 x_3	0 x_4	0 x_5	b
0	x_3	$\dfrac{23}{5}$	0	1	0	$-\dfrac{2}{5}$	110
0	x_4	$\boxed{\dfrac{7}{5}}$	0	0	1	$-\dfrac{3}{5}$	10
18	x_2	$\dfrac{1}{5}$	1	0	0	$\dfrac{1}{5}$	30
	f_j	$\dfrac{18}{5}$	18	0	0	$\dfrac{18}{5}$	540
	$c_j - f_j$	$\dfrac{32}{5}$	0	0	0	$-\dfrac{18}{5}$	

$$\min\left\{\frac{110}{23/5}, \frac{10}{7/5}, \frac{30}{1/5}\right\} = \frac{10}{7/5}$$

$\therefore$ 選 a_{21} 為樞元

step2-2 基本列運算

c_j	BV	10 x_1	18 x_2	0 x_3	0 x_4	0 x_5	b
0	x_3	0	0	1	$-\dfrac{23}{7}$	$\dfrac{11}{7}$	$\dfrac{540}{7}$
10	x_1	1	0	0	$\dfrac{5}{7}$	$-\dfrac{3}{7}$	$\dfrac{50}{7}$
18	x_2	0	1	0	$-\dfrac{1}{7}$	$\dfrac{2}{7}$	$\dfrac{200}{7}$
	f_j	10	18	0	$\dfrac{32}{7}$	$\dfrac{6}{7}$	$\dfrac{4100}{7}$
	$c_j - f_j$	0	0	0	$\dfrac{-32}{7}$	$-\dfrac{6}{7}$	

因 $c_j - f_j$ 列各元素值均 ≤ 0，所以 $x_1^* = 10, x_2^* = 18, z^* = \dfrac{4100}{7}$

4.5 大 M 法*

學習目標

當 LP 問題含有 "=" 時，我們必須加一個人工變數(artificial variable)以得到起始解，為強迫使人工變數等於 0，其在目標函數中係數必須指派其成本為無限大，故採用一很大的正數 M 以利求解，這種解法稱為大 M 法(big M method)。

在說明大 M 法前我們先看一個引例：

$$\text{Min} \quad z = 2x_1 + 3x_2 - x_3$$

$$\text{s.t.} \quad \begin{aligned} x_1 + 2x_2 + x_3 & \geq 1 \\ 2x_1 - x_2 + 2x_3 & = 4 \\ x_1 - 3x_2 + x_3 & \leq 8 \\ x_1, x_2, x_3 & \geq 0 \end{aligned}$$

若我們按前節的作法：

$$x_1 + 2x_2 + x_3 - x_4 = 1$$

若取 $x_1 = x_2 = x_3 = 0$ 則 $x_4 = -1$ ，這不合乎 $x_1, x_2, x_3, x_4 \geq 0$ 之要求，為此，我們需加一個非負的人工變數 s_1，使得

$$x_1 + 2x_2 + x_3 - x_4 + s_1 = 1$$

其次限制式 $2x_1 - x_2 + 2x_3 = 4$ 代 $x_1 = x_2 = x_3 = 0$ 也有 $0 = 4$ 之矛盾情形，補救之道加一個非負之人工變數 s_2 使得

$$2x_1 + x_2 + 2x_3 + s_4 = 4$$

至於第 3 個限制式，我們可用前面的方法取一個 $x_5 \geq 0$ 使得 $x_1 - 3x_2 + x_3 + x_5 = 8$

*：本節時間不足可略之不授。

綜合上述，大 M 法之規則是

1. 限制條件部分：若 LP 問題之限制式中

   (1) 帶有 "≤" 者，只需加一個非負的鬆弛變數。

   (2) 含 "≥" 者需減去一非負的剩餘變數再加上一人工變數。

   (3) 若帶 "="，則必須加一個人工變數。

2. 目標函數之鬆弛變數及剩餘變數的係數為 0，而人工變數的係數若是極大化，則係數設為 $-M$；若是極小化，則係數為 M。M 為一個很大的正數。

例 1

應用大 M 法解

Min $\quad z = 4x_1 + x_2$

s.t. $\qquad 3x_1 + x_2 \qquad = 3$

$\qquad\qquad 4x_1 + 3x_2 \qquad \geq 6$

$\qquad\qquad x_1 + 2x_2 \qquad \leq 4$

$\qquad\qquad x_1, x_2 \geq 0$

求極大化與極小化之差別	
極大化	極小化
(1) $c_j - f_j$ 該列中最大之正數所在行為主軸行	(1) $c_j - f_j$ 該列中最小之負數所在行為主軸行
(2) 目標列均 ≤ 0 為止	(2) 目標列均 ≥ 0 為止

解

step 0-1　先將原題化成標準式

Min $\quad z = 4x_1 + x_2 + Mx_3 + 0x_4 + Mx_5 + 0x_6$

s.t. $\qquad 3x_1 + x_2 + x_3 \qquad\qquad\qquad = 3$

$\qquad\qquad 4x_1 + 3x_2 \qquad - x_4 + x_5 \qquad = 6$

$\qquad\qquad x_1 + 2x_2 \qquad\qquad\qquad + x_6 = 4$

$\qquad\qquad x_1, x_2, \cdots, x_6 \geq 0$

step 0-2 將 LP 標準式表格化

c_j	BV	4 x_1	1 x_2	M x_3	0 x_4	M x_5	0 x_6	b
M	x_3	3	1	1	0	0	0	3
M	x_5	4	3	0	-1	1	0	6
0	x_6	1	2	0	0	0	1	4
	f_j	$7M$	$4M$	M	$-M$	M	0	$9M$
	$c_j - f_j$	$4-7M$	$1-4M$	0	M	0	0	

step 1-1 決定入基變數及樞元

c_j	BV	4 x_1	1 x_2	M x_3	0 x_4	M x_5	0 x_6	b
M	x_3	③	1	1	0	0	0	3
M	x_5	4	3	0	-1	1	0	6
0	x_6	1	2	0	0	0	1	4
	f_j	$7M$	$4M$	M	$-M$	M	0	$9M$
	$c_j - f_j$	$4-7M$	$1-4M$	0	M	0	0	

$$\min\left\{\frac{3}{3}, \frac{6}{4}, \frac{4}{1}\right\} = \frac{3}{3}$$

$\therefore$ 取 a_{11} 為樞元

↑

step1-2 基本列運算

c_j	BV	4 x_1	1 x_2	M x_3	0 x_4	M x_5	0 x_6	b
4	x_1	①	$\frac{1}{3}$	$\frac{1}{3}$	0	0	0	1
M	x_5	0	$\frac{5}{3}$	$-\frac{4}{3}$	-1	1	0	2
0	x_6	0	$\frac{5}{3}$	$-\frac{1}{3}$	0	0	1	3
	f_j	4	$\frac{4+5M}{3}$	$\frac{4-4M}{3}$	$-M$	M		$4+2M$

$$c_j - f_j \quad \bigg| \quad 0 \qquad \frac{-1-5M}{3} \qquad \frac{-4+7M}{3} \qquad M \qquad 0 \qquad 0 \qquad \bigg|$$

step 2-1　決定入基變數及樞元

c_j	BV	4 x_1	1 x_2	M x_3	0 x_4	M x_5	0 x_6	b
4	x_1	1	$\dfrac{1}{3}$	$\dfrac{1}{3}$	0	0	0	1
M	x_5	0	$\dfrac{5}{3}$	$-\dfrac{4}{3}$	-1	1	0	2
0	x_6	0	$\dfrac{5}{3}$	$-\dfrac{1}{3}$	0	0	1	3
	f_j	4	$\dfrac{4+5M}{3}$	$\dfrac{4-4M}{3}$	$-M$	M	0	$4+2M$
	$c_j - f_j$	0	$\dfrac{-1-5M}{3}$	$\dfrac{-4+7M}{3}$	M	0	0	

$$\min\left\{\frac{1}{1/3}, \frac{2}{5/3}, \frac{3}{5/3}\right\}$$
$$= \frac{2}{5/3}$$
$$\therefore 取\, a_{22}\, 為樞元$$

↑

step 2-2　基本列運算

c_j	BV	4 x_1	1 x_2	M x_3	0 x_4	M x_5	0 x_6	b
4	x_1	1	0	$\dfrac{3}{5}$	$\dfrac{1}{5}$	$-\dfrac{1}{5}$	0	$\dfrac{3}{5}$
1	x_2	0	1	$-\dfrac{4}{5}$	$-\dfrac{3}{5}$	$\dfrac{3}{5}$	0	$\dfrac{6}{5}$
0	x_6	0	0	1	1	-1	1	1
	f_j	4	1	$\dfrac{8}{5}$	$\dfrac{1}{5}$	$-\dfrac{1}{5}$	0	$\dfrac{18}{5}$
	$c_j - f_j$	0	0	$M-\dfrac{8}{5}$	$-\dfrac{1}{5}$	$M+\dfrac{1}{5}$	0	

因為並非所有 $c_j - f_j$ 列之元素值均 ≥ 0，所以重複步驟 2

step 2-1 決定入基變數及樞元

c_j	BV	4 x_1	1 x_2	M x_3	0 x_4	M x_5	0 x_6	b
4	x_1	1	0	$\dfrac{3}{5}$	$\dfrac{1}{5}$	$-\dfrac{1}{5}$	0	$\dfrac{3}{5}$
1	x_2	0	1	$-\dfrac{4}{5}$	$-\dfrac{3}{5}$	$\dfrac{3}{5}$	0	$\dfrac{6}{5}$
0	x_6	0	0	1	①	-1	1	1
	f_j	4	1	$\dfrac{8}{5}$	$\dfrac{1}{5}$	$-\dfrac{1}{5}$	0	$\dfrac{18}{5}$
	$c_j - f_j$	0	0	$M-\dfrac{8}{5}$	$-\dfrac{1}{5}$	$M+\dfrac{1}{5}$	0	

$$\min\left\{\frac{3/5}{1/5}, -, \frac{1}{1}\right\} = \frac{1}{1}$$

$\therefore$ 取 a_{34} 為樞元

step 2-2 基本列運算

c_j	BV	4 x_1	1 x_2	M x_3	0 x_4	M x_5	0 x_6	b
4	x_1	1	0	$\dfrac{2}{5}$	0	0	$-\dfrac{1}{5}$	$\dfrac{2}{5}$
1	x_2	0	1	$-\dfrac{1}{5}$	0	0	$\dfrac{3}{5}$	$\dfrac{9}{5}$
0	x_4	0	0	1	1	-1	1	1
	f_j	4	1	$\dfrac{7}{5}$	0	0	$-\dfrac{1}{5}$	$\dfrac{17}{5}$
	$c_j - f_j$	0	0	$M-\dfrac{7}{5}$	0	M	$\dfrac{1}{5}$	

因為所有 $c_j - f_j$ 列之元素值均 ≥ 0，所以 $x_1^* = \dfrac{2}{5}, x_2^* = \dfrac{9}{5}$ 時有最小值 $\dfrac{17}{5}$（即 $z^* = \dfrac{17}{5}$）

4.6　敏感度分析

學習目標

1. 目標函數係數變動對最適解的影響。
2. 限制式右邊常數的改變對目標函數值的影響。

　　敏感度分析(sensitivity analysis)旨在探討最適解對於目標函數係數（如利潤、成本等）與右邊常數（通常為資源）等資料變動的敏感度。敏感度分析可在 LP 模式變動時，在不用重新求解的情況下，讓管理者掌握最適解可能的變動情形，本節將介紹如何應用單體表進行敏感度分析，內容著重在目標函數係數值變動對於最適解的影響以及限制式右邊常數改變對於目標函數值的影響。

例 1

如下之 LP 模式

Max　　$z = x_1 + 3x_2$

s.t.　　　　$x_1 + x_2 \le 5$

　　　　　　$2x_1 + 5x_2 \le 10$

　　　　　　$x_1, x_2 \ge 0$

其標準式為

Max　　$z = x_1 + 3x_2 + 0x_3 + 0x_4$

s.t.　　　　$x_1 + x_2 + x_3 = 5$

　　　　　　$2x_1 + 5x_2 + x_4 = 10$

　　　　　　$x_1, x_2, x_3, x_4 \ge 0$

以單體法求解，最終單體表如下：

c_j	BV	1 x_1	3 x_2	0 x_3	0 x_4	b
0	x_3	$\dfrac{3}{5}$	0	1	$-\dfrac{1}{5}$	3
3	x_2	$\dfrac{2}{5}$	1	0	$\dfrac{1}{5}$	2
	f_j	$\dfrac{6}{5}$	3	0	$\dfrac{3}{5}$	6
	$c_j - f_j$	$-\dfrac{1}{5}$	0	0	$-\dfrac{3}{5}$	

最適解為 $x_1^* = 0, x_2^* = 2, z^* = 6$

(1) 針對目標函數係數進行敏感度分析。

(2) 針對限制式右邊常數進行敏感度分析。

 解

(1) 針對目標函數係數進行敏感度分析

　　針對目標函數係數進行敏感度分析時，需考慮在最終單體表中是否為基變數，如果是非基變數，計算過程較容易；若為基變數，則計算過程會較複雜。分述如下：

① 非基變數

　　茲以 x_1 說明之，若 c_1 變動時，將會如何影響最適解，因 x_1 為非基變數，故在最終單體表中將目標函數 x_1 係數值由 1 替換為 c_1，再重新計算此單體表，結果如下：

c_j	BV	c_1	3	0	0	
		x_1	x_2	x_3	x_4	b
0	x_3	$\dfrac{3}{5}$	0	1	$-\dfrac{1}{5}$	3
3	x_2	$\dfrac{2}{5}$	1	0	$\dfrac{1}{5}$	2
	f_j	$\dfrac{6}{5}$	3	0	$\dfrac{3}{5}$	6
	$c_j - f_j$	$c_1 - \dfrac{6}{5}$	0	0	$-\dfrac{3}{5}$	

若所有 $c_j - f_j \le 0$，則最適解就不會有所變動。因此，如果 $c_1 - \dfrac{6}{5} \le 0$，則最適解不會有所改變，所以當 $c_1 \le \dfrac{6}{5}$ 時，原最適解仍為最適解，即 $x_1^* = 0, x_2^* = 2$，而 $z^* = 6$

② 基變數

茲以 x_2 說明之，若 c_2 變動時，將會如何影響最適解，因 x_2 為基變數，故在最終單體表中將目標函數 x_2 係數值由 3 替換為 c_2，同時 c_j 行對應的係數亦替換為 c_2，再重新計算此單體表，結果如下：

c_j	BV	1	c_2	0	0	
		x_1	x_2	x_3	x_4	b
0	x_3	$\dfrac{3}{5}$	0	1	$-\dfrac{1}{5}$	3
c_2	x_2	$\dfrac{2}{5}$	1	0	$\dfrac{1}{5}$	2
	f_j	$\dfrac{2}{5}c_2$	c_2	0	$\dfrac{1}{5}c_2$	$2c_2$
	$c_j - f_j$	$1 - \dfrac{2}{5}c_2$	0	0	$-\dfrac{1}{5}c_2$	

若所有 $c_j - f_j \leq 0$，則最適解就不會有所變動。因此，如果

$$\begin{cases} 1 - \dfrac{2}{5}c_2 \leq 0 \\ -\dfrac{1}{5}c_2 \leq 0 \end{cases}$$，則最適解不會有所改變，所以當 $c_2 \geq \dfrac{5}{2}$ 時，原最適解

仍為最適解，但 $z^* = 2c_2$

(2) 針對限制式右邊常數進行敏感度分析

限制式右邊常數的改變，通常意味著問題中可用資源的變動，而因為右邊常數值的改變，導致目標函數值的變動部分稱為對偶價格(dual price)、影子價格(shadow price)。對偶價格的定義為當限制式右邊常數值增加一單位，目標函數值的增加率。對偶價格可直接從單體表中得到，如果限制式為 $\leq$，對偶價格為該條限制式鬆弛變數對應的 f_j；若限制式為 $\geq$，對偶價格為此條限制式剩餘變數對應的 f_j 取絕對值。由最終單體表中得知對偶價格分別為 $0, \dfrac{3}{5}$，即當 b_1 增加一單位時，目標函數值增加量為 $1 \times 0 = 0$，表示最大值仍不變；當 b_2 增加一單位時，目標函數值增加量為 $1 \times \dfrac{3}{5} = \dfrac{3}{5}$，表示最大值將變為 $6 + \dfrac{3}{5} = 6\dfrac{3}{5}$。

欲找出限制式右邊值可變動的範圍，應滿足新的右邊常數值為非負，新的右邊值與目標函數值計算方式：

$$\text{新的右邊值} = [\text{鬆弛變數對應的行向量}][\text{變動後的右邊常數}]^T$$
$$\text{新的目標函數值} = [\text{對偶價格}][\text{變動後的右邊常數}]^T$$

① 資源 $1(b_1)$ 的範圍

$$\text{新的右邊值} = \begin{bmatrix} 1 & -\dfrac{1}{5} \\ 0 & \dfrac{1}{5} \end{bmatrix} \begin{bmatrix} 5 + \Delta b_1 \\ 10 \end{bmatrix} = \begin{bmatrix} 3 + \Delta b_1 \\ 2 \end{bmatrix}$$

$$\Rightarrow \Delta b_1 \geq -3$$
$$\Rightarrow b_1 \geq 2$$

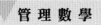

$$新的目標函數值 = \begin{bmatrix} 0 & \dfrac{3}{5} \end{bmatrix} \begin{bmatrix} 5 + \Delta b_1 \\ 10 \end{bmatrix} = 6$$

因此，只要資源 1 的變動量(Δb_1)大於等於-3，即資源 1 的值在 5+(-3)=2 以上，則每變動 1 單位對目標函數值增加量為 1×0=0，而最大值仍不變。

② 資源 2(b_2)的範圍

$$新的右邊值 = \begin{bmatrix} 1 & -\dfrac{1}{5} \\ 0 & \dfrac{1}{5} \end{bmatrix} \begin{bmatrix} 5 \\ 10 + \Delta b_2 \end{bmatrix} = \begin{bmatrix} 3 - \dfrac{1}{5}\Delta b_2 \\ 2 + \dfrac{1}{5}\Delta b_2 \end{bmatrix}$$

$$\Rightarrow \begin{cases} \Delta b_2 \le 15 \\ \Delta b_2 \ge -10 \end{cases}$$

$$\Rightarrow 0 \le b_2 \le 25$$

$$新的目標函數值 = \begin{bmatrix} 0 & \dfrac{3}{5} \end{bmatrix} \begin{bmatrix} 5 \\ 10 + \Delta b_1 \end{bmatrix} = 6 + \dfrac{3}{5}\Delta b_2$$

因此，只要資源 2 的變動量(Δb_2)介於-10 與 15 之間，則每變動 1 單位對目標函數值增加量為 $1 \times \dfrac{3}{5} = \dfrac{3}{5}$。

（讀者如欲更進一步了解其原理，可參閱作業研究方面相關書籍）

4.7 軟體求解示例

學習目標

1. 以軟體(Excel、LINDO)求解線性規劃問題之最適解。
2. 以軟體(Excel、LINDO)進行線性規劃敏感度分析並解讀執行結果報表。

　　管理者在制定決策時，常面臨複雜且龐大的問題，例如：求多個產品（至少 10 個以上）的產量組合使得總利潤為最大，且各產品所需生產資源與流程均有相當多個時，若以手動計算方式進行求解，將非常繁瑣且不易。面對瞬息萬變日趨複雜的競爭環境，如能以軟體求解，當可收運籌帷幄，決勝於千里之外的功效。本節以 Microsoft Excel 與 LINDO 進行 LP 模式求解與敏感度分析，並說明如何解讀執行結果。

例 1

以軟體求解如下之 LP 模式

Min $\quad z = x_1 + 3x_2$

s.t. $\quad x_1 + x_2 \leq 5$

$\qquad 2x_1 + 5x_2 \leq 10$

$\qquad x_1, x_2 \geq 0$

(1) Excel 求解

① 啟動 Excel 後，在工作表中輸入相關資訊並規劃解答儲存區域（如圖 4-1 所示）。

	A	B	C	D	E	F
1		x1	x2			
2	決策變數			目標函數值		
3	目標函數係數	1	3			
4						
5				限制式左邊		右邊常數
6	限制式1	1	1		<=	5
7	限制式2	2	5		<=	10

圖 4-1　Excel 線性規劃模式輸入

② 啟動分析工具：點選<u>檔案</u>，選擇最下方<u>選項</u>，在出現視窗中，左側點
選<u>增益集</u>後，在右側點選<u>規劃求解增益集</u>，最後點選下方的<u>執行</u>按
鈕，啟動增益集（如圖 4-2）。

圖 4-2　啟動規劃求解增益集

③ 在出現的可用增益集中，勾選規劃求解增益集（如圖 4-3）。

④ 建立目標函數計算公式與限制式左邊計算公式。

(a) 點選 D3 儲存格，於功能列點選公式，再點選數學與三角函數，往下捲動選擇 SUMPRODUCT 函數。選擇 SUMPRODUCT 函數後，會出現一輸入視窗，分別輸入決策變數與目標函數係數所在儲存格範圍（如圖 4-4），點選確定按鈕。

圖 4-3　啟動規劃求解

圖 4-4　目標函數計算公式

(b) 點選 D6 儲存格,於功能列點選公式,再點選數學與三角函數,往下捲動選擇 SUMPRODUCT 函數。選擇 SUMPRODUCT 函數後,會出現一輸入視窗,輸入決策變數所在儲存格範圍,可按 F4,將儲存格位址轉為絕對位址,便於公式複製。輸入限制式 1 係數所在儲存格範圍(如圖 4-5),點選確定按鈕。

圖 4-5 限制式(1)計算公式

(c) 滑鼠游標移至 D6 右下角,滑鼠游標呈現 **＋** 時,按住滑鼠左鍵向下拖曳至 D7 儲存格(最後一個限制式),放開滑鼠,完成輸入(如圖 4-6 所示)。

	A	B	C	D	E	F
1		x1	x2			
2	決策變數			目標函數值		
3	目標函數係數	1	3	0		
4						
5				限制式左邊		右邊常數
6	限制式1	1	1	0	<=	5
7	限制式2	2	5	0	<=	10

圖 4-6 目標函數與限制式輸入

(d) Ctrl+~鍵可交替顯示計算結果與計算公式（圖 4-7）。

	A	B	C	D	E	F
1		x1	x2			
2	決策變數			目標函數值		
3	目標函數係數	1	3	=SUMPRODUCT(B2:C2,B3:C3)		
4						
5				限制式左邊		右邊常數
6	限制式1	1	1	=SUMPRODUCT($B$2:$C$2,B6:C6)	<=	5
7	限制式2	2	5	=SUMPRODUCT($B$2:$C$2,B7:C7)	<=	10

圖 4-7　目標函數與限制式計算公式

⑤ 於功能列點選資料，再於右側點選規劃求解。於規劃求解參數視窗中，輸入相關參數所在儲存格（如圖 4-8），各參數說明如下：

(a) 設定目標式：此參數為目標函數值之計算，本例點選 D3 儲存格，Excel 會自行轉為絕對位址。

(b) 設定目標：有最大值(Max)、最小值(Min)、值（特定目標值）三個選項，本例為極大化問題，故點選最大值。

(c) 設定限制式：點選新增，出現如下之視窗。

於儲存格參照點選限制式(1)左邊計算公式，中間選項依據限制式內容選擇<=、=、>=等條件，在限制式點選該限制式右邊常數所在儲存格。

如要繼續輸入限制式，則點選新增；若為最後一條限制式，則點選確定，完成限制式輸入（圖 4-8）。

圖 4-8　限制式輸入

(d) 將未設限的變數設為非負數：此選項即為 LP 的非負條件，故此核取方塊需打✓。

(e) 選取求解方法：選擇單純 LP（圖 4-9）。

圖 4-9　非負條件與求解方法設定

(f) 點選求解按鈕，執行模式求解。求解完成後，會出現規劃求解結果視窗，可從報表頁籤點選「分析結果報表」與「敏感度報表」，再點選確定按鈕以產生報表（如圖 4-10）。Excel 會產生「運算結果報表 1」與「敏感度報表 1」兩張工作表。

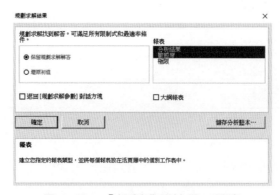

圖 4-10　「規劃求解結果」視窗

(g) 點選「運算結果報表 1」工作表，可得如圖 4-11 的結果，由報表中可得知目標函數最大值為 $6(z^* = 6)$，最適解 $(x_1^*, x_2^*) = (0, 2)$。此時，限制式 1 等號並未成立（狀態為未繫結），且此資源仍有 3 單位可運用（寬限時間為 3）；限制式 2 等號成立（狀態為繫結），因此該資源已無額外單位可運用（寬限時間為 0）。

▲ A	B	C	D	E	F	G
14	目標儲存格 (最大值)					
15	儲存格	名稱	初值	終值		
16	$D$3	目標函數係數 目標函數值	0	6		
17						
18						
19	變數儲存格					
20	儲存格	名稱	初值	終值	整數	
21	$B$2	決策變數 x1	0	0	連續	
22	$C$2	決策變數 x2	0	2	連續	
23						
24						
25	限制式					
26	儲存格	名稱	儲存格值	公式	狀態	寬限時間
27	$D$6	限制式1 限制式左邊	2	$D$6<=$F$6	未繫結	3
28	$D$7	限制式2 限制式左邊	10	$D$7<=$F$7	繫結	0

圖 4-11 Excel 規劃求解結果

(h) 點選「敏感度報表 1」工作表，可得如圖 4-12 的結果，報表中主要顯示目標函數係數(c_j)與右邊常數(b_i)的敏感度分析結果。底下分別說明：

A. 目標函數係數(c_j)

「允許的增量」與「允許的減量」分別表示最適解不變下，各係數可增減的上限與下限，因此

c_1 的範圍：$1 - \infty \le c_1 \le 1 + 0.2 \Rightarrow c_1 \le 1.2$（與 5.6 例 1 結果一致）

c_2 的範圍：$3 - 0.5 \le c_2 \le 3 + \infty \Rightarrow c_2 \ge 2.5$（與 5.6 例 1 結果一致）

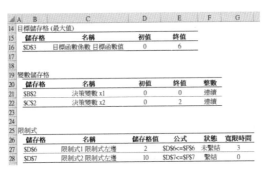

▲ A	B	C	D	E	F	G	H
5							
6	變數儲存格						
7			終值	遞減成本	目標式係數	允許的增量	允許的減量
8	儲存格	名稱					
9	$B$2	決策變數 x1	0	-0.2	1	0.2	1E+30
10	$C$2	決策變數 x2	2	0	3	1E+30	0.5
11							
12	限制式						
13			終值	影子價格	限制式右手邊	允許的增量	允許的減量
14	儲存格	名稱					
15	$D$6	限制式1 限制式左邊	2	0	5	1E+30	3
16	$D$7	限制式2 限制式左邊	10	0.6	10	15	10

圖 4-12 Excel 規劃求解敏感度分析結果

B. 右邊常數(b_i)

由表中得知影子價格分別為 0 與 0.6，「允許的增量」與「允許的減量」分別表示最適解基變數不變下，資源可增減的上限與下限，因此

b_1的範圍：$5-3 \le b_1 \le 5+\infty \Rightarrow b_1 \ge 2$（與 5.6 例 1 結果一致）

b_2的範圍：$10-10 \le b_2 \le 10+15 \Rightarrow b_2 \le 25$（與 5.6 例 1 結果一致）

(2) LINDO 求解

LINDO(Linear, Interactive, and Discrete Optimizer)為相當著名且容易學習和使用的求解線性規劃套裝軟體，可從 www.lindo.com 下載試用版（本書以 Classic LINDO 為說明依據），試用版可求解決策變數 300 個以內、限制式 150 條以內的 LP 模式，相關使用語法讀者可自行從網站上下載使用參考手冊。底下說明以 LINDO 求解例 1 的步驟：

啟動 LINDO 後，輸入如下的模式。

!例 1 LINDO 模式

!x1, x2：決策變數

max z) x1+3x2

subject to

資源 1) x1+x2<=5

資源 2) 2x1+5x2<=10

end

① 「!」開頭表示該行為註解，指令於求解時不會被執行。

② 目標函數的輸入：極大化以 max（或 MAX）表示，極小化則以 min（或 MIN）表示。「)」前的內容為說明用，可不輸入，目標函數內容則直接輸入即可，如本例輸入 x1+3x2。

③ subject to 表示底下是限制式，也可以簡化僅輸入 st。

④ 限制式的結尾以 end（或 END）表示。

⑤ 執行求解，有三方式可執行：

(a) 於功能列點選 Solve，再於下拉選單中點選 Solve。

(b) Ctrl+S 快速鍵。

(c) 以滑鼠點案此 ◎ 按鈕。

⑥ 求解完成後，LINDO 會自動跳出一視窗詢問是否執行敏感度分析，點選是(Y)按鈕後，可得到敏感度分析報表（圖 4-13），其最適解與敏感度分析同 Excel 求解的(g)與(h)，此處不再贅述。

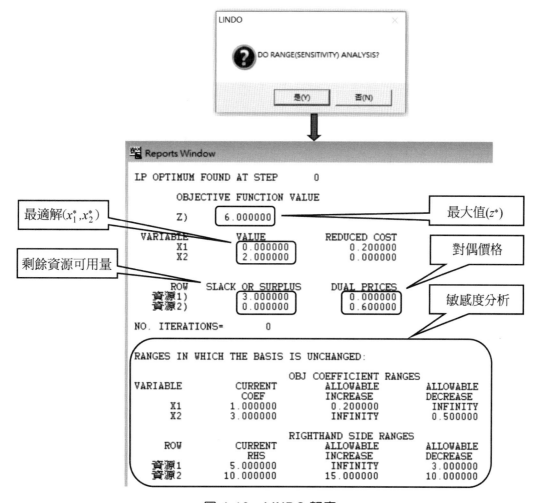

圖 4-13　LINDO 報表

例 2

考慮某五星級飯店房務部人力需求問題。根據以往資料顯示,該部門每天員工的人力需求如下所示。假設房務部員工並不需要特殊的專業技能,所以每天上班員工數只要滿足該日所需的人力需求即可。另須符合該飯店及勞基法的規定,每位員工每週連續上班五天,然後連休兩日。請問該飯店房務部需決定至少僱用多少位員工,才能滿足每天的人力需求?試建構此問題之LP模式並以軟體求解之。

星期	一	二	三	四	五	六	日
人力需求	28	20	22	26	32	40	36

解

(1) 設 x_i 為自星期 i(星期日為 i=7)開始上班的員工數,則一週各日人力配置如下所示:

星期	一	二	三	四	五	六	日
x_1	✓	✓	✓	✓	✓		
x_2		✓	✓	✓	✓	✓	
x_3			✓	✓	✓	✓	✓
x_4	✓			✓	✓	✓	✓
x_5	✓	✓			✓	✓	✓
x_6	✓	✓	✓			✓	✓
x_7	✓	✓	✓	✓			✓

此問題的 LP 模式可為

$$\min z = x_1 + x_2 + x_3 + x_4 + x_5 + x_6 + x_7$$

subject to

$$x_1 + x_4 + x_5 + x_6 + x_7 \geq 28$$
$$x_1 + x_2 + x_5 + x_6 + x_7 \geq 20$$

$$x_1 + x_2 + x_3 + x_6 + x_7 \geq 22$$

$$x_1 + x_2 + x_3 + x_4 + x_7 \geq 26$$

$$x_1 + x_2 + x_3 + x_4 + x_5 \geq 32$$

$$x_2 + x_3 + x_4 + x_5 + x_6 \geq 40$$

$$x_3 + x_4 + x_5 + x_6 + x_7 \geq 36$$

$$x_i \geq 0, i = 1, 2, \cdots, 7$$

(2) Excel 求解

① 啟動 Excel 後，在工作表中輸入相關資訊並規劃解答儲存區域（如圖 4-14 所示）。

	A	B	C	D	E	F	G	H	I	J	K
1	決策變數	x1	x2	x3	x4	x5	x6	x7			
2	星期	一	二	三	四	五	六	日	總人數		
3	人數										
4	目標函數係數	1	1	1	1	1	1	1			人力需求
5	一	1	0	0	1	1	1	1		>=	28
6	二	1	1	0	0	1	1	1		>=	20
7	三	1	1	1	0	0	1	1		>=	22
8	四	1	1	1	1	0	0	1		>=	26
9	五	1	1	1	1	1	0	0		>=	32
10	六	0	1	1	1	1	1	0		>=	40
11	日	0	0	1	1	1	1	1		>=	36

圖 4-14　Excel 人力配置線性規劃模式輸入

② 目標函數與計算公式（圖 4-15）。

	A	B	C	D	E	F	G	H	I	J	K
1	決策變數	x1	x2	x3	x4	x5	x6	x7			
2	星期	一	二	三	四	五	六	日	總人數		
3	人數								=SUMPRODUCT(B3:H3,B4:H4)		
4	目標函數係數	1	1	1	1	1	1	1			人力需求
5	一	1	0	0	1	1	1	1	=SUMPRODUCT($B$3:$H$3,B5:H5)	>=	28
6	二	1	1	0	0	1	1	1	=SUMPRODUCT($B$3:$H$3,B6:H6)	>=	20
7	三	1	1	1	0	0	1	1	=SUMPRODUCT($B$3:$H$3,B7:H7)	>=	22
8	四	1	1	1	1	0	0	1	=SUMPRODUCT($B$3:$H$3,B8:H8)	>=	26
9	五	1	1	1	1	1	0	0	=SUMPRODUCT($B$3:$H$3,B9:H9)	>=	32
10	六	0	1	1	1	1	1	0	=SUMPRODUCT($B$3:$H$3,B10:H10)	>=	40
11	日	0	0	1	1	1	1	1	=SUMPRODUCT($B$3:$H$3,B11:H11)	>=	36

圖 4-15　目標函數與限制式計算公式

③ 於功能列點選資料，再於右側點選規劃求解。於規劃求解參數視窗中，輸入相關參數所在儲存格，輸入完成之內容如圖 4-16。本例因人數須為整數，故多一限制式。

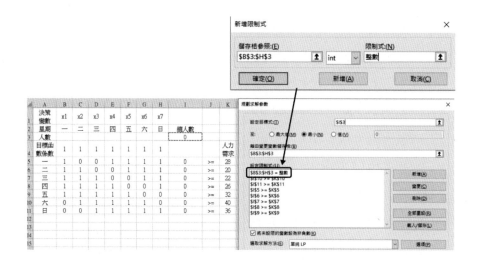

圖 4-16　Excel 規劃求解參數輸入

④ 點選求解按鈕，執行模式求解。求解完成後，會出現規劃求解結
　　果視窗，從報表頁籤點選「分析結果報表」，再點選確定按鈕以產
　　生報表（如圖 4-17）。由圖 4-17 得知，以星期一不聘人為最少，
　　星期四雇用 12 人最多，最少總雇用人數為 41 人。

目標儲存格 (最小)

儲存格	名稱	初值	終值
$I$3	人數 總人數	0	41

變數儲存格

儲存格	名稱	初值	終值	整數
$B$3	人數 一	0	0	整數
$C$3	人數 二	0	4	整數
$D$3	人數 三	0	9	整數
$E$3	人數 四	0	12	整數
$F$3	人數 五	0	7	整數
$G$3	人數 六	0	8	整數
$H$3	人數 日	0	1	整數

限制式

儲存格	名稱	儲存格值	公式	狀態	寬限時間
$I$10	六 總人數	40	$I$10>=$K$10	繫結	0
$I$11	日 總人數	37	$I$11>=$K$11	未繫結	1
$I$5	一 總人數	28	$I$5>=$K$5	繫結	0
$I$6	二 總人數	20	$I$6>=$K$6	繫結	0
$I$7	三 總人數	22	$I$7>=$K$7	繫結	0
$I$8	四 總人數	26	$I$8>=$K$8	繫結	0
$I$9	五 總人數	32	$I$9>=$K$9	繫結	0
$B$3:$H$3=整數					

圖 4-17　Excel 各日人力配置解

(3) LINDO 求解

① 啟動 LINDO 後，輸入如下的模式。

!例 2 LINDO 模式

!以最少人數達成每天員工人數需求

!x1：星期一開始上班員工數

!x2：星期二開始上班員工數

!x3：星期三開始上班員工數

!x4：星期四開始上班員工數

!x5：星期五開始上班員工數

!x6：星期六開始上班員工數

!x7：星期日開始上班員工數

min 人數) x1+x2+x3+x4+x5+x6+x7

st

    星期一) x1+x4+x5+x6+x7 >= 28

    星期二) x1+x2+x5+x6+x7 >= 20

    星期三) x1+x2+x3+x6+x7 >= 22

    星期四) x1+x2+x3+x4+x7 >= 26

    星期五) x1+x2+x3+x4+x5 >= 32

    星期六) x2+x3+x4+x5+x6 >= 40

    星期日) x3+x4+x5+x6+x7 >= 36

end

gin 7

      本例因人數須為整數，故於最後一列加入 gin 7，代表 7 個變數均為一般整數。

② 執行求解，求解完成後，可得如下報表（圖 4-18）。由圖 4-18 得知，以星期日不聘人為最少，星期四雇用 12 人最多，最少總雇用人數為 41 人。Excel 與 LINDO 解得最少總人數均為 41 人，而各日雇用人數不盡相同，表示此題有多重最適解。

```
            OBJECTIVE FUNCTION VALUE

    人數)        41.00000

    VARIABLE          VALUE          REDUCED COST
        X1          1.000000          1.000000
        X2          4.000000          1.000000
        X3          9.000000          1.000000
        X4         12.000000          1.000000
        X5          6.000000          1.000000
        X6          9.000000          1.000000
        X7          0.000000          1.000000


        ROW    SLACK OR SURPLUS     DUAL PRICES
    星期一)        0.000000          0.000000
    星期二)        0.000000          0.000000
    星期三)        1.000000          0.000000
    星期四)        0.000000          0.000000
    星期五)        0.000000          0.000000
    星期六)        0.000000          0.000000
    星期日)        0.000000          0.000000

    NO. ITERATIONS=        13
    BRANCHES=     1 DETERM.=   1.000E      0
```

圖 4-18　LINDO 各日人力配置解

練習題 4

1. 將下列 LP 問題化成極大化標準式：

(1) Max $z = 2x_1 + 3x_2$

s.t. $x_1 + x_2 \leq 5$

$2x_1 + x_2 \leq 8$

$x_1 \geq 0, x_2 \geq 0$

(2) Min $z = 2x_1 + 3x_2$

s.t. $3x_1 + x_2 \leq 5$

$2x_1 + x_2 \leq 8$

$3x_1 - x_2 \geq -2$

$x_1 \geq 0 , x_2 \geq 0$

2. 養雞場為提升雞肉品質，擬向飼料廠提出專案配方需求，每 10 公斤之飼料包裝中需至少含維他命 A 2 單位，蛋白質 4 單位但醣不多於 5 單位。飼料廠配方是由玉米、大豆、燕麥摻混，飼料廠之玉米、燕麥、大豆是由供應商以袋裝供應，其中玉米、大豆都是用 30Kg 袋裝，而燕麥是用 40Kg 袋裝，經分析其成分如下：

成份（單位 Kg／袋）

配料	維生素 A	蛋白質	醣	成本／袋
玉米	10	3	4	125
燕麥	8	2	3	75
大豆	7	5	3	100

試設計一個 LP 模式以顯示如何調配才能使成本最小？提示：目標函數以$/Kg 為計算單位。

3. 將下列 LP 繪圖並求出最大值：

(1) Max $z = 3x_1 + 5x_2$

s.t. $x_1 + 2x_2 \leq 4$

$3x_1 - x_2 \geq 3$

$x_1, x_2 \geq 0$

(2) Max $z = 2x_1 + 3x_2$

s.t. $x_1 + x_2 \leq 1$

$2x_1 - x_2 \leq 1$

$x_1, x_2 \geq 0$

4. 若 Max $z = c_1 x_1 + c_2 x_2$

   s.t. $a_{11} x_1 + a_{12} x_2 \leq b_1$

   $a_{21} x_1 + a_{22} x_2 \leq b_2$

   $x_1, x_2 \geq 0$

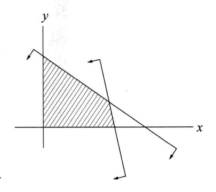

   之可行解區域如右：

   (1) 試加一條限制式使問題無解。

   (2) 試加一條限制式使新的問題之最大值小於
   原先問題之最大值。

5. S, T 為二凸集合，問 $S \cup T$ 是否為凸集合？

6. 一個 LP 問題

   Max $z = 2x_1 + 3x_2$

   s.t. $x_1 + 2x_2 \leq 6$

   $3x_1 + 4x_2 \leq 12$

   $x_1, x_2 \geq 0$

   (1) 試寫出所有基，非基，基向量，非基向量，基本解以及解之性質及最
   大值。（如 5.3 節例 1 之表格）

   (2) 試用圖解法解(1)，你能由此觀察出什麼嗎？

7. 下列敘述何真？

   若 LP 標準式限制條件之係數矩陣為 $m \times n$ 階 $m < n$；

   (1) LP 之基均存在一個反矩陣

   (2) 可能存在一個基本解 x_B 之非零元素個數 $> n - m$

   (3) 基可行解之個數 $\leq$ 基本解之個數

8. 請以單體法，解

Max　$z = 3x_1 + 2x_2$

s.t.　$x_1 + 2x_2 \leq 4$

　　　$x_1 \leq 2$

　　　$x_1, \quad x_2 \geq 0$

9. 請以單體法，解

Max　$z = 6x_1 + 4x_2$

s.t.　$2x_1 + x_2 \leq 2$

　　　$x_1 + 3x_2 \leq 3$

　　　$x_1, \quad x_2 \geq 0$

10. 請以單體法，解

Max　$z = 4x_1 + 3x_2 + 6x_3$

s.t.　$3x_1 + x_2 + 3x_3 \leq 30$

　　　$2x_1 + 2x_2 + 3x_3 \leq 40$

　　　$x_1, x_2, x_3 \geq 0$

MEMO

05 CHAPTER

決策理論

5.1 決策理論之要素

學習目標

1. 決策理論之要素。
2. 了解決策理論有二個矩陣：(1)償付矩陣，(2)懊悔矩陣，以及如何由償付矩陣轉化成懊悔矩陣。

 前 言

　　決策(decision making)是**方案**(alternative)選擇的過程，因此，決策是管理者作業過程中大都要面臨的活動，因此管理學者對**決策理論**(decision theory)之研究一向熱衷，有從管理行為、管理程序等不同面向做為切入點，本章所討論之決策理論為**統計決策理論**(statistical decision theory)之一部分，它是研究決策者在未來不同之環境條件、不同的方案、不同的**償付**(payoff)下，如何依據決策者所訂立之**準則**(criteria)來選擇最佳方案的一門學問。

　　我們先舉一個引例，說明決策理論之內涵。假設某公司針對未來一年之景氣，擬訂**產能計畫**(capacity plan)，並估算出不同的景氣下，不同的**產能規模**(capacity size)所產生之**報酬**(reward)水準，為簡明計，我們把這些資訊濃縮在下表：

單位：億元

	蕭條	持平	繁榮
增加產能	−5	−1	7
維持產能	−2	1	2
降低產能	2	−1	−4

　　因此一個決策問題包括以下幾個要素：

1. **自然狀態**(state of nature)：自然狀態是指決策者所不能改變的未來環境條件。例如市場景氣等。自然狀態有時簡稱**狀態**(state)。

2. **方案**：每一決策問題至少應包括二個或二個以上之可行方案。原則上這些方案必須滿足互斥性及周延性。

3. **償付**：每一個方案在每一自然狀態下均有一個償付 O_{ij}。 O_{ij} 是第 j 個自然狀態 S_j 下執行第 i 個方案 A_i 之結果(outcome)。

以上三種資訊均可涵蓋在**償付矩陣**(pay-off matrix)中。

方案＼自然狀態	S_1	S_2	S_3	……	S_n
A_1	O_{11}	O_{12}	O_{13}	……	O_{1n}
A_2	O_{21}	O_{22}	O_{23}	……	O_{2n}
⋮	⋮	⋮	⋮	⋮	⋮
A_m	O_{m1}	O_{m2}	O_{m3}	……	O_{mn}

懊悔矩陣(regret matrix)是另外一種常用之決策矩陣。懊悔矩陣之元素 R_{ij} 是由償付矩陣之自然狀態 S_j 之最佳方案之償付減去該自然狀態下決策者採方案 A_i 之償付， R_{ij} 稱為第 j 個自然狀態下決策者採方案 A_i 之懊悔值(regret value)。 R_{ij} 可解釋成在自然狀態 S_j 下，決策者因採取方案 A_i 而未採取最佳方案所造成之機會損失(opportunity loss)，其數學式為：

$$R_{ij} = \left| O^*(S_j) - O_{ij} \right|$$

$O^*(S_j)$：在自然狀態 S_j 下，最佳方案之償付

O_{ij}：在自然狀態 S_j 下，方案 A_i 之償付

例 1

給定下列之償付矩陣，求對應之懊悔矩陣 R，又 R_{23} 表示什麼意思？

狀態 方案	S_1	S_2	S_3	S_4
A_1	6	2	−3	1
A_2	−1	3	2	5
A_3	4	5	4	2

解

(1) 以狀態 S_1 而言，在 S_1 下之三個方案對應之償付分別為 6, −1, 4，因此 A_1 為最佳方案。

$\therefore R_{11} = O_{11} - O_{11} = 6 - 6 = 0$

$R_{21} = O_{11} - O_{21} = 6 - (-1) = 7$

$R_{31} = O_{11} - O_{31} = 6 - 4 = 2$

同法可得 $R_{12} = 3$，$R_{22} = 2$，$R_{32} = 0, \cdots$

從而可建立懊悔矩陣 R 如下：

狀態 方案	S_1	S_2	S_3	S_4
A_1	0	3	7	4
A_2	7	2	2	0
A_3	2	0	0	3

(2) R_{23} 表示在自然狀態 S_3 下因採用方案 A_2 而未採最佳方案 A_3（S_3 下之最佳方案為 A_3）所造成之機會損失。

🔅 **隨堂演練 A**

根據下列償付矩陣求對應之懊悔矩陣並說明 R_{23} 之意義

狀態 方案	S_1	S_2	S_3
A_1	2	7	1
A_2	3	0	−3
A_3	6	3	2

Ans：

(1)

狀態 方案	S_1	S_2	S_3
A_1	4	0	1
A_2	3	7	5
A_3	0	4	0

(2) R_{23} 表示在自然狀態 S_3 下因採用方案 A_2 而未採最佳方案 A_3（S_3 下之最佳方案為 A_3）所造成之機會損失。

5.2 不同狀態下之決策模式

學習目標

1. 決策分類。
2. 確定性下決策。
3. 風險下決策及敏感度分析。

決策因決策者對狀態認知不同而可分

1. **確定性**(certainty)：決策者對面對之**狀態完全了解**。

2. **不確定性**(uncertainty)：決策者對面對之**狀態發生之機率為未知**。

3. **風險**(risk)：決策者對面對之**狀態發生之機率為已知**。

現在我們要看決策者面對上述三種情況要如何進行決策：

壹、確定性下決策(decision under certainty)

確定性之情況下，因決策者確知那個狀態一定會發生，比方說 S_j，那麼決策者自然會採取狀態 S_j 下有最大償付之方案。

例 1

（承上節例 1）若決策者確知 S_2 一定發生，那他會採何方案？

解

方案 ＼ 狀態	S_1	S_2	S_3	S_4
A_1	6	2	−3	1
A_2	−1	3	2	5
A_3	4	5	4	2

因 S_2 之方案 A_3 有最大之償付，故採方案 A_3。

若償付矩陣之元素表成本，且若決策者確知 S_j 一定發生，則 S_j 各方案中之最小者即成本最小者即為決策者該採的決策。

隨堂演練 A

根據下列償付矩陣

狀態 方案	S_1	S_2	S_3
A_1	2	7	1
A_2	3	0	–3
A_3	6	3	2

若決策者確定 S_3 一定發生，那他會採用何方案？償付值若干？

Ans：A_3；2

貳、不確定性下決策(decision under uncertainty)

在不確定性下，決策者對狀態發生之機率完全未知，因此這時決策端視決策者面對風險的態度，例如：**樂觀**(optimistic)、**悲觀**(pessimistic)。在不確定下決策常用之準則有：

一、小中取大準則(maximin criterion)

決策者在償付矩陣中就每方案中找出一個最小償付（即先求列最小值），然後再從這些最小償付中找出一個最大的，其對應之方案即為最佳方案，小中取大準則只能使決策者有「至少」的報償，而無法使他有更多報償，因此採此準則之決策者，在心態上是悲觀的、保守的與避免冒險的。小中取大準則亦稱為**華德決策準則**(Wald decision criterion)。

例 2

（承例 1）決策者對各狀態發生之機率渾然未知，若採保守的小中取大準則，那他應採何決策？

解

狀態 方案	S_1	S_2	S_3	S_4	列最小值
A_1	6	2	−3	1	−3
A_2	−1	3	2	5	−1←最大值
A_3	4	5	4	−2	−2

∴決策者依小中取大準則應採方案 A_2。

隨堂演練 B

根據下列償付矩陣，若決策者採以小中取大準則進行決策，問他應採之方案？

狀態 方案	S_1	S_2	S_3
A_1	2	7	1
A_2	3	0	−3
A_3	6	3	2

Ans：A_3

二、大中取大準則(maximax criterion)

決策者在償付矩陣中就每一方案選出各該方案之最大償付（即各列最大值），最大償付之中找出最大者，對應之方案即為所求。採大中取大準則之決策者在心態上是屬於樂觀的或富於冒險的。大中取大準則亦稱為 Savage 決策準則。

例 3

（承例 1）決策者依大中取大準則應採用哪個方案？

解

狀態 方案	S_1	S_2	S_3	S_4	列最大值
A_1	6	2	−3	1	6←最大值
A_2	−1	3	2	5	5
A_3	4	5	4	2	5

∴決策者依大中取大準則應採方案 A_1。

隨堂演練 C

根據下列償付矩陣以大中取大準則，求決策者應採之方案？

狀態 方案	S_1	S_2	S_3
A_1	2	7	1
A_2	3	0	−3
A_3	6	3	2

Ans：A_1

三、拉氏準則(Laplace criterion)

採拉氏準則(Laplace criterion)之決策者係假設每一狀態發生之可能性都是相同，即發生機率均是 $\frac{1}{n}$（假設有 n 個狀態），因此有**最大平均償付之方案**即為他所選的方案，故這種決策準則又稱為**同等可能準則**(equally likely criterion)。

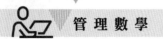

例 4

（承例 1）若決策者採拉氏準則，那他會採哪個方案？

狀態 方案	S_1	S_2	S_3	S_4	列平均值
A_1	6	2	−3	1	$\frac{1}{4}(6+2-3+1)=\frac{6}{4}$
A_2	−1	3	2	5	$\frac{1}{4}(-1+3+2+5)=\frac{9}{4}$
A_3	4	5	4	−2	$\frac{1}{4}(4+5+4-2)=\frac{11}{4}$

∴依拉氏準則，決策者會採方案 A_3。

隨堂演練 D

根據下列償付矩陣，若採拉氏準則，決者應採何方案？

狀態 方案	S_1	S_2	S_3
A_1	2	7	1
A_2	3	0	−3
A_3	6	3	2

Ans：A_3

四、赫氏準則(Hurwicz criterion)

赫氏(L. Hurwicz)認為大多數決策者所持之決策心態是介於極端悲觀與極端樂觀之間，因此他提出了**樂觀指數**(index of optimism) $\alpha, 1 \geq \alpha \geq 0$，Hurwicz 準則之決策者先主觀認定一個 α 值，然後根據下列公式算出每一方案之 H 值：

$$H_i = \alpha（方案 A_i 之最大償付）+(1-\alpha)（方案 A_i 之最小償付）$$

比較各之方案之 H 值，**H 值最大之方案即為所求**。

根據 H 值之定義，**若決策者取 $\alpha=0$ 則表示決策者心態上是趨向於悲觀；在 $\alpha=1$ 時則是趨向樂觀**。大多數人介於樂觀與悲觀之間，故此準則也稱為**真實準則**(criterion of realism)。

例 5

（承例 1）決策者因決策時傾向樂觀，因此他取採取赫氏準則 $\alpha=0.7$，在此準則下他會採哪個方案？

解

方案	S_1	S_2	S_3	S_4	H 值
A_1	**6**	2	**−3**	1	$0.7 \times 6 + 0.3 \times (-3) = 3.3$
A_2	**−1**	3	2	**5**	$0.7 \times 5 + 0.3 \times (-1) = 3.2$
A_3	4	**5**	4	**−2**	$0.7 \times 5 + 0.3 \times (-2) = 2.9$

最大、最小值用粗體字表示

因方案 A_1 有最大 H 值，故決策者應採方案 A_1。

隨堂演練 E

根據下列償付矩陣，若決策者採 $\alpha=0.6$ 之赫氏準則，求決策者應採何方案？

方案＼狀態	S_1	S_2	S_3
A_1	2	7	1
A_2	3	0	−3
A_3	6	3	2

Ans：A_1

五、大中取小準則(minimax criterion)

決策者依懊悔矩陣求出每一方案之最大懊悔值,在這些最大懊悔值之最小者對應方案即為所求。

大中取小準則是用懊矩陣,此和前面幾個準則採用償付矩陣是最大的區別。

 例 6

(承例 1)若決策者採大中取小準則,那麼他將選擇哪一個方案?

解

我們在上節例 1 已求得懊悔矩陣

方案＼狀態	S_1	S_2	S_3	S_4	列最大懊悔值
A_1	0	3	7	4	7
A_2	7	2	2	0	7
A_3	2	0	0	3	3←最小值

∴決策者採大中取小準則,他會選擇方案 A_3。

隨堂演練 F

根據下列償付矩陣,若決策者採大中取小準則,他會採用哪一個方案?

方案＼狀態	S_1	S_2	S_3
A_1	2	7	1
A_2	3	0	−3
A_3	6	3	2

Ans:A_1 或 A_3

參、風險狀況下之決策

風險狀況是指決策者知道所有狀態發生之機率，在此狀況下，決策者最常用之決策法則是**貨幣期望值準則**（expected monetary value criterion；簡稱 EMV 準則）。計算各方案之貨幣期望值 EMV，取 EMV 最大之方案。在懊悔矩陣中，則取**期望機會損失**（expected opportunity loss；簡稱 EOL 準則）最小之方案。

例 7

（承例 1）假定 $P(S_1) = 0.2$， $P(S_2) = 0.3$， $P(S_3) = 0.4$， $P(S_4) = 0.1$，以 EMV 或 EOL 準則，決策者應採何方案？

(1) EMV 準則

方案 \ 機率 狀態	S_1	S_2	S_3	S_4
	0.2	0.3	0.4	0.1
A_1	6	2	−3	1
A_2	−1	3	2	5
A_3	4	5	4	−2

$EMV(A_1) = 6 \times 0.2 + 2 \times 0.3 + (-3) \times 0.4 + 1 \times 0.1 = 0.7$

$EMV(A_2) = -1 \times 0.2 + 3 \times 0.3 + 2 \times 0.4 + 5 \times 0.1 = 2$

$EMV(A_3) = 4 \times 0.2 + 5 \times 0.3 + 4 \times 0.4 + (-2) \times 0.1 = 3.7$

∴依 EMV 準則，決策者會採方案 A_3。

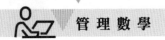

(2) EOL 準則

將償付矩陣轉換成懊悔矩陣

機率　狀態 方案	S_1	S_2	S_3	S_4
	0.2	0.3	0.4	0.1
A_1	0	3	7	4
A_2	7	2	2	0
A_3	2	0	0	7

$$EOL(A_1) = 0 \times 0.2 + 3 \times 0.3 + 7 \times 0.4 + 4 \times 0.1 = 4.1$$

$$EOL(A_2) = 7 \times 0.2 + 2 \times 0.3 + 2 \times 0.4 + 0 \times 0.1 = 2.8$$

$$EOL(A_3) = 2 \times 0.2 + 0 \times 0.3 + 0 \times 0.4 + 7 \times 0.1 = 1.1$$

∴依 EOL 準則，決策者會採方案 A_3。

不論採 EMV 準則或 EOL 準則所得之結果都是一樣的，這在一般情況下都成立。

隨堂演練 G

根據下列償付矩陣，計算(1)EMV(2)EOL 準則下決策者會採何方案？假設 $P(S_1) = 0.2$，$P(S_2) = 0.5$，$P(S_2) = 0.3$。

方案　狀態	S_1	S_2	S_3
A_1	2	7	1
A_2	3	0	−3
A_3	6	3	2

Ans：A_1

茲將不確定決策與風險下決策對應之決策準則及採用之矩陣類型整理如下：

決策	準則	償付矩陣／懊悔矩陣
不確定決策 （狀態機率未知）	小中取大準則 大中取大準則 拉氏準則 赫氏準則 大中取小準則	償付矩陣 償付矩陣 償付矩陣 償付矩陣 懊悔矩陣
風險下決策 （狀態機率已知）	EMV 準則 EOL 準則	償付矩陣 懊悔矩陣

敏感度分析

剛才討論的是如何應用 EMV 法則找到一個最佳方案，現在要進一步研究狀態發生機率變動範圍多大下最佳方案仍是最佳。這就是狀態發生機率之敏感度分析。

我們將以一個簡單的例子說明如何對狀態發生機率進行敏感度分析。

例 8

公司計畫推出一款全新之潮女裝，透過市場調查確認這款女裝應有一定的銷售量，銷售利潤端視短期內有無仿製者，但仿製者出現之機率未知，因此，公司有二個方案，一是生產一是放棄，生產上市可能有利潤，也可能虧損，而放棄當然便無盈虧，其償付矩陣為如下表：

狀態 機率 方案	S_1（短期內有仿製者） p	S_2（短期內無仿製者） $1-p$
A_1（生產）	-15	50
A_2（放棄）	0	0

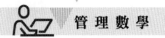

短期內仿製者之可能性在何範圍，公司才可付諸生產？

解

應用 EMV 法則，只要 p 滿足下列條件即可生產：

$EMV(A_1) = -15p + 50(1-p) \geq 0$

得 $p \leq \dfrac{50}{65} = \dfrac{10}{13} \doteq 0.77$

所以短期內無仿製者出現機率 p 小於 0.77 即可生產。

例 9

給定一個償付矩陣如下：

方案 ＼ 狀態	S_1	S_2
A_1	50	-5
A_2	20	5

(1) 若 $P(S_1) = 0.3, P(S_2) = 0.7$，在 EMV 準則下驗證 A_1 為最佳方案。

(2) 問 p 在哪個範圍內，方案 A_1 仍是最佳方案？

解

(1) $EMV(A_1) = 50 \times 0.3 + (-5) \times 0.7 = 11.5$

   $EMV(A_2) = 20 \times 0.3 + 5 \times 0.7 = 9.5$

   $\therefore$ 在 EMV 準則下 A_1 為最佳方案。

(2) 設 S_1 發生之機率為 p，S_2 發生之機率 $1-p$，方案 A_1 仍為最佳之條件為

   $EMV(A_1) > EMV(A_2)$，即 $50p + (-5)(1-p) > 20p + 5(1-p)$ 解之 $p > \dfrac{1}{4}$。

隨堂演練 H

根據下列償付矩陣，

方案	S_1	S_2
A_1	10	5
A_2	5	5

若 $P(S_1) = 0.2$，$P(S_2) = 0.8$

(1) 依 EMV 準則應選何方案？（你可以不用計算即可判出結果了）

(2) p 在何範圍內，A_1 為最佳方案？

Ans：(1) A_1；(2) $1 \geq p \geq 0$

決策樹

除償付矩陣與懊悔矩陣外，決策者還可以用**決策樹**(decision tree)來做決策分析。決策樹可表示自然狀態、方案與償付之關係，它在 **N 階決策問題**(N-stage decision problem)中特別有用。決策樹是由**分枝**(branch)與**節點**(node)所組成，節點又分為 1.**決策節點**（decision node，以□表之），**決策節點引出之分枝為可能方案**及 2.**機會節點**（opportunity node，以○表之），**機會節點引出之分枝為自然狀態**，我們可在**機會節點之分枝上標註其發生之機率**。**每一分枝之最右端為償付**。決策樹之分析均由樹形之左端決策節點向右端逐一展開。當一切計算分析完成，習慣上在捨棄方案的分枝上劃 "//"。

本書所討論的僅限於單一階段之決策樹分析。

例10

某公司欲推出新產品上市，企劃部門綜合市場與公司生產狀況得到以下之資訊：

狀態 方案	市場蕭條 S_1 $P(S_1) = 0.2$	市場持平 S_2 $P(S_2) = 0.5$	市場繁榮 S_3 $P(S_3) = 0.3$
A_1（投資$200 萬）	100 萬	200 萬	360 萬
A_2（投資$400 萬）	280 萬	400 萬	560 萬
A_3（不投資）	–30 萬	120 萬	180 萬

(1)本投資案應採何方案？(2)試建構決策樹，並求解。

解

(1)① 採方案 A_1，則期望利潤 $E(A_1)$ 為：

$E(A_1) = (100萬 \times 0.2 + 200萬 \times 0.5 + 360萬 \times 0.3) - 200萬 = 28萬$

② 採方案 A_2，則期望利潤 $E(A_2)$ 為：

$E(A_2) = (280萬 \times 0.2 + 400萬 \times 0.5 + 560萬 \times 0.3) - 400萬 = 24萬$

③ 採方案 A_3，則期望利潤 $E(A_3)$ 為：

$E(A_3) = (-30萬 \times 0.2 + 120萬 \times 0.5 + 180萬 \times 0.3) - 0萬 = 108萬$

故採 A_3

(2) 本例之決策樹如圖 5-1：

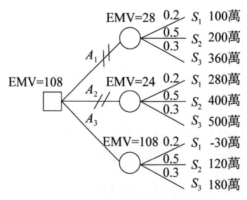

圖 5-1　投資方案決策樹

5.3 貝氏決策準則

學習目標

1. 了解如何透過條件機率以進行貝氏分析。
2. 了解 EVPI 之意義與計算。

    貝氏決策(Bayesian decision-making)基本上是貝氏命題之應用，因此，在理論方面並無特殊新奇處。貝氏決策分析架構上是應用決策者之經驗先對每一個狀態配置機率，稱為事前機率，這種機率多少是出自決策者之主觀判斷，故稱為**主觀機率**(subjective probability)。在實驗、調查前，決策者應用這種主觀機率計算各方案的 EMV 以進行決策。決策者亦會應用調查、實驗後的資訊去修正事前機率而得到事後機率。決策者根據事後機率重新計算 EMV 以決定新的最佳方案。

事前機率、事後機率

    先對兩個名詞—事前機率與事後機率說明一下

1. 事前機率也稱**先驗機率**(prior probability)，$P(S)$，它是決策者在實驗、調查前對狀態 S 所做之主觀機率。

2. 事後機率也稱**後驗機率**(posterior probability)，$P(S|I)$，它是決策者根據實驗、調查等方式取得之資(I)訊後重新評估狀態 S 之條件機率。

    實驗、調查都要耗用成本，其所獲得之資訊是否所值，那是 EVPI (expected value of perfect information)、EVSI (expected value of sample information)要研究的，容後再說。

貝氏分析

令 $P(S_i)$ 為狀態 S_i 發生之機率， $P(I_j|S_i)$ 為給定狀態 S_i 發生下得資訊 I_j 之條件機率，由貝氏命題

$$P(S_i|I_j) = \frac{P(I_j|S_i)P(S_i)}{\sum_i P(I_j|S_i)P(S_i)}$$

然後以 $P(S_i|I_j)$ 重新計算各方案之 EMV。

例 1

某一小型石油公司進行未來一年之產銷計畫，為簡單起見，假設只有二個狀態： S_1 表明年 GDP 成長率≥1.5%； S_2 表明年 GDP 成長率<1.5%，估計 $P(S_1) = 0.2$ ， $P(S_2) = 0.8$ ，並作出以下之償付矩陣：

（單位：億美元）

方案	S_1	S_2
A_1 ：產能在 50%~70%	10	8
A_2 ：產能在 70%~75%	15	2

企劃部門為求穩健起見，又請顧問公司提供評估分析，以往顧問公司所做類似分析，結果如下：

	S_1	S_2
I_1（GDP 成長率≥1.5%）	$P(I_1\|S_1) = 0.8$	$P(I_1\|S_2) = 0.1$
I_2（GDP 成長率<1.5%）	$P(I_2\|S_1) = 0.2$	$P(I_2\|S_2) = 0.9$

問顧問公司評估前之方案為何？經顧問公司評估後之方案又為何？

解

(1) 未經顧問公司評估前各方案之 EMV：

$EMV(A_1)=10\times0.2+8\times0.8=8.4$

$EMV(A_2)=15\times0.2+2\times0.8=4.6$

∴ 未經顧問公司評估前，公司會採方案 A_1即產能維持至 50%~70% 間。

(2) $P(S_1|I_1)=\dfrac{P(I_1|S_1)P(S_1)}{P(I_1|S_1)P(S_1)+P(I_1|S_2)P(S_2)}=\dfrac{0.8\times0.2}{0.8\times0.2+0.1\times0.8}=\dfrac{2}{3}$

$P(S_2|I_1)=\dfrac{P(I_1|S_2)P(S_2)}{P(I_1|S_1)P(S_1)+P(I_1|S_2)P(S_2)}=\dfrac{0.1\times0.8}{0.8\times0.2+0.1\times0.8}=\dfrac{1}{3}$

$P(S_1|I_2)=\dfrac{P(I_2|S_1)P(S_1)}{P(I_2|S_1)P(S_1)+P(I_2|S_2)P(S_2)}=\dfrac{0.2\times0.2}{0.2\times0.2+0.9\times0.8}=\dfrac{1}{19}$

$P(S_2|I_2)=\dfrac{P(I_2|S_2)P(S_2)}{P(I_2|S_1)P(S_1)+P(I_2|S_2)P(S_2)}=\dfrac{0.9\times0.8}{0.2\times0.2+\times0.9\times0.8}=\dfrac{18}{19}$

① 若顧問公司之資料顯示明年 GDP 成長率≥1.5%，即 I_1：

$EMV(A_1)=10\times\dfrac{2}{3}+8\times\dfrac{1}{3}=\dfrac{28}{3}$

$EMV(A_2)=15\times\dfrac{2}{3}+2\times\dfrac{1}{3}=\dfrac{32}{3}$

在此情況下，應採取 A_2 方案。

② 若顧問公司之資料顯示明年 GDP 成長率<1.5%，即 I_2：

$EMV(A_1)=10\times\dfrac{1}{19}+8\times\dfrac{18}{19}=\dfrac{154}{19}$

$EMV(A_2)=15\times\dfrac{1}{19}+2\times\dfrac{18}{19}=\dfrac{51}{19}$

在此情況下，應採取 A_1 方案。

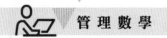

完全資訊期望值

在風險狀況下之決策問題中，我們可由 EMV 準則求出一個最佳方案，如果決策者願意購買資訊以獲知那一個自然狀態一定會發生，那麼他願意為購買此資訊支付金額的上限便稱為**完全資訊期望值**（expected value of perfect information；簡稱 EVPI）。EPVI 之計算方式有下列三種：

1. EPVI 為每個狀態下最大償付與對應之機率乘積之總和與最佳方案之 EMV 之差，亦即

$$\text{EVPI}=\left(\sum_j 第\ j\ 個狀態下之最佳償付\times P(S_j)\right)-最佳方案之\ \text{EMV}$$

例 2

根據以下之償付矩陣求 EVPI：

機率　　狀態 方案	S_1 0.2	S_2 0.3	S_3 0.4	S_4 0.1
A_1	6	2	−3	1
A_2	−1	3	2	5
A_3	4	5	4	−2

解

上節例 7 已解出最佳方案 A_3 及 $\text{EMV}(A_3)=3.7$

$$\text{EVPI}=\sum_j 第\ j\ 個狀態之最佳償付\times P(S_j)-\text{EMV}（最佳方案）$$

$$=6\times0.2+5\times0.3+4\times0.4+5\times0.1-3.7$$

$$=1.1$$

2. $EVPI = \sum_{j=1}^{n} L(A^*, S_j) \times P(S_j)$，$A^*$ 為最佳方案，其中

$P(S_j)$：狀態 S_j 發生之機率。

$L(A^*, S_j)$：狀態 S_j 下最佳方案 A^* 之機會損失

例 3

用 $EVPI = \sum_{i=1}^{n} L(A^*, S_j) P(S_j)$ 之公式重解例 2。

解

懊悔矩陣為

機率 狀態 方案	S_1	S_2	S_3	S_4
	0.2	**0.3**	**0.4**	**0.1**
A_1	0	3	7	4
A_2	7	2	2	0
A_3	2	0	0	7

∵ A_3 為最佳方案

∴ $EVPI = \sum_{j=1}^{3} L(A^*, S_j) P(S_j) = \sum_{j=1}^{3} L(A_3, S_j) P(S_j)$

$= 2 \times 0.2 + 0 \times 0.3 + 0 \times 0.4 + 7 \times 0.1 = 1.1$

3. $EVPI = Min\{EOL(A_1), EOL(A_2), \cdots, EOL(A_n)\} = EOL(A_j)$

由上節例 7 之 A_3 為最佳方案，$EOL(A_3) = 1.1$，故 EVPI=1.1。

我們可用直觀之方式理解第三種方法：決策者在完全情報下知道哪一個狀態會發生，在理智的決策下，機會損失應不會發生，故 EOL 應為 0，因此，決策者在不確定情況下做決策時，應盡可能使 EOL 為最小。

5.4　軟體求解示例

學習目標

1. 以軟體繪製決策樹。
2. 以軟體計算決策樹，並協助制訂決策。

　　本節以 TREEAGE 公司所發展的 TreeAge Pro 軟體為例，說明決策樹的繪製與機率之計算，可從該公司網站(https://www.treeage.com/)下載此軟體的試用版。TreeAge Pro 以增加節點方式逐步由左而右建構決策樹，並將每一種可能的報酬置於決策樹的最右側。決策樹建構完成後，只要按一個按鈕即可得到問題的決策方案，並且會計算每一方案的期望值，對於管理者而言，藉由此工具的協助能快速繪製決策樹並得到每一方案的期望值。底下將舉例簡單說明如何透過軟體的協助以進行決策樹繪製與求解。

例 1

　　承 5.2 節，例 10，試建構決策樹，並求解之。

解

(1) 啟動 TreeAge Pro 後，於主畫面中點選 Decision Tree 功能，進入決策樹建置頁面（圖 5-2）。

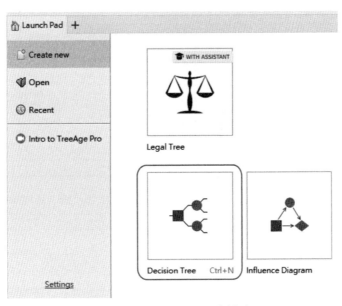

圖 5-2 TreeAge Pro 啟始畫面

(2) 於建置頁面中,輸入根節點名稱,本例輸入「投資方案」。

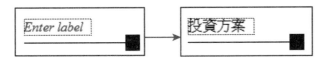

(3) 選擇根節點,再點選增加分枝按鈕,會於根節點後增加兩分枝,因本例有三個方案,故需再點按一次。完成新增分枝後,再於各分枝上方輸入投資方案名稱,過程如圖 5-3 所示。

(4) 在各投資方案之後新增機會節點,從右側節點類型中選擇終止節點(terminal node),並輸入報酬,之後再輸入分枝名稱與機率。依序新增另外兩個終止節點,並輸入對應的報酬、名稱與機率,如圖 5-4。

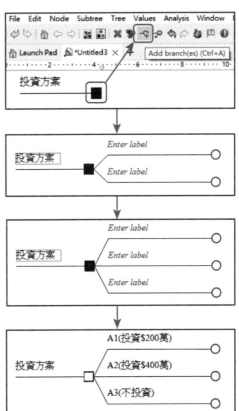

圖 5-3 決策樹根節點與方案之建置

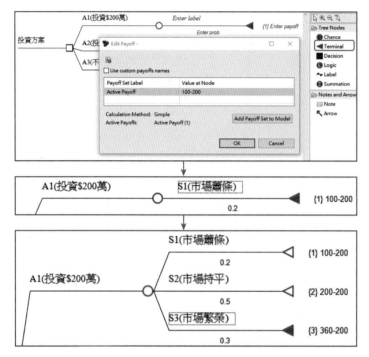

圖 5-4　方案 A₁ 之輸入

(5) 複製方案 A₁ 之後的所有節點，並分別貼於 A₂ 及 A₃ 方案之後，並修改對應的報酬，即完成本例決策樹之建構，如圖 5-5。

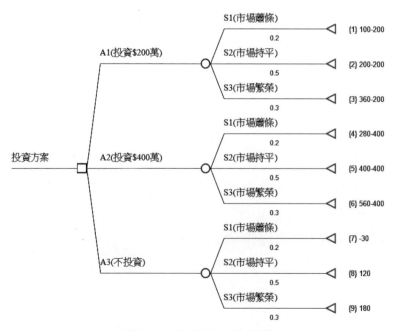

圖 5-5　投資方案決策樹

(6) 點選功能列上的分析功能，於下拉式選單中選擇 Roll Back 進行決策樹之計算，計算完成後，可得如圖 5-6 的決策樹。由圖 5-6 中可得知 A_1, A_2, A_3 之 EMV 分別為 28, 24, 108，故最終決策為選擇 A_3。

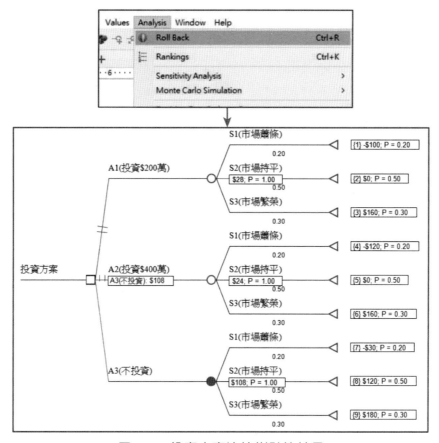

圖 5-6　投資方案決策樹計算結果

🔒 **例 2**

　　若一決策者每月投資 NT\$5,000 元於歐洲小型企業基金，累積至今已有 NT\$200,000 的現值。今該決策者面臨一有三個方案可以選擇之決策，這三個方案分別是(1)贖回基金獲得現值；(2)贖回基金並轉為購買國內基金，報酬受到「國內景氣好壞」的影響；(3)繼續投資歐洲小型基金，報酬不但受到「臺幣對歐元匯率」，也受到「歐洲景氣好壞」的影響。

該決策者估計國內景氣上升之機率為 0.7，景氣下降之機率為 0.3。因此，方案(2)若遇國內景氣上升則其報酬將為 NT$240,000（折現後）；若遇國內景氣下降則其報酬將為 NT$180,000（折現後）。另外，該決策者估計臺幣對歐元升值之機率為 0.1，臺幣對歐元貶值之機率為 0.9。決策者估計歐洲景氣上升之機率為 0.45，景氣下降之機率為 0.55。所以，方案(3)若遇臺幣對歐元升值且歐洲景氣上升則其報酬將為 NT$287,500（折現後）；若遇臺幣對歐元升值但歐洲景氣下降則其報酬將為 NT$212,500（折現後）；若遇臺幣對歐元貶值但歐洲景氣上升則其報酬將為 NT$204,500（折現後）；若遇臺幣對歐元貶值且歐洲景氣下降則其報酬將為 NT$148,750（折現後）。請繪製此問題的決策樹，並協助其作決策。

解

(1) 經由 TreeAge Pro 軟體工具之使用，此問題之決策樹如圖 5-7 所示。

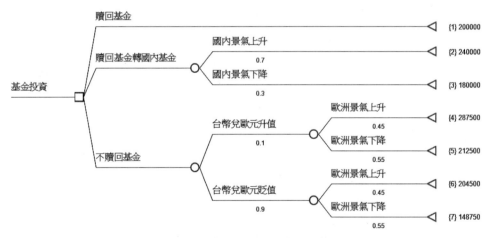

圖 5-7　基金投資選擇決策樹

(2) 在 Analysis 功能下拉式選單中選擇 Roll Back，計算完成後之決策樹如圖 5-8 所示。由圖 5-8 中可得三個方案的期望報酬分別為(1)$200,000 元、(2)$222,000 元、(3)$181,079 元，故在追求最大期望報酬下，決策者最佳選擇方案應為「贖回基金轉國內基金」。

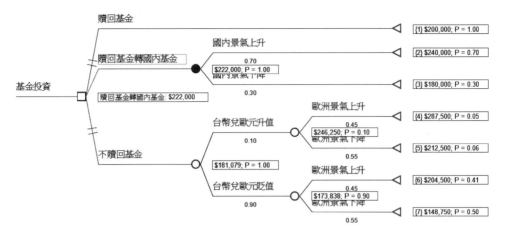

圖 5-8　基金決策選擇結果

練習題 5

1. 給定一個償付矩陣資訊如下：

方案 ＼ 狀態	S_1	S_2	S_3
A_1	10	15	16
A_2	20	18	24

假如 S_1 表示未來景氣蕭條，S_2 為景氣持平，S_3 代表景氣繁榮，請回答下列問題。

(1) 試由上述資訊判讀

　　① 狀態 S_1 下若決策者採 A_2，則他可獲得報酬為何？

　　② 決策時顧問公司確認未來市場景氣暢旺，如果你是決策者，你會採何方案？

(2) 請將上述償付資訊轉化為懊悔矩陣 R。

(3) R_{21} 代表之意義。

(4) 根據懊悔矩陣，若未來景氣暢旺，你會採何方案？

2. 給定下列償付矩陣：

方案 ＼ 狀態	S_1	S_2	S_3	S_4
A_1	10	8	6	4
A_2	12	11	7	3
A_3	11	12	5	−1

(1) 建立懊悔矩陣。

(2) 若已知態 S_3 一定發生，問決策者應採何方案？

(3) 根據①小中取大準則②大中取大準則③拉氏準則④赫氏準則 $\alpha = 0.2$，又在此情況下決策者之心態偏悲觀還是樂觀，⑤大中取小準則下，決策者分別應採何方案？

(4) ①若已知 $P(S_1) = 0.2$，$P(S_2) = 0.2$，$P(S_3) = 0.5$，$P(S_4) = $?②並以此求以 EMV、EOL 準則決策者應何方案？

3. 給定償付矩陣如下：

方案	S_1	S_2
A_1	10	18
A_2	15	17
A_3	20	5

(1) 根據①小中取大準則②大中取大準則③拉氏準則④赫氏準則 $\alpha = 0.9$，又在此情況下決策者之心態偏悲觀還是樂觀，⑤大中取小準則下，決策者分別應採何方案？

(2) $P(S_1) = 0.6$，$P(S_2) = 0.4$ 求①以 EMV 準則應採何方案？②以 EOL 準則應採何方案？

4. 給定償付矩陣如下:

方案	S_1	S_2
A_1	10	17
A_2	15	5

(1) 若 $P(S_1) = 0.6$，$P(S_2) = 0.4$，以 EMV 準則應採何方案？又以 EOL 準則應採何方案？

(2) 令 $P(S_1) = p$，問 p 在哪個範圍下(1)之最佳方案不變？又 P 在哪個範圍下會使(1)之最佳方案改變？

5. 設決策者在 2 個狀態 s_1，s_2，s_1 為景氣好，s_2 為景氣差下有二個可能方案 A_1，A_2，A_1 為增加生產線，A_2 為不增生產線。若已知 s_1，s_2 發生之機率分別為 0.3 與 0.7。在找顧問公司前之償付矩陣為

	s_1	s_2
A_1	10	4
A_2	5	8

顧問公司之估計

	s_1	s_2
I_1	$P(I_1 \mid S_1) = 0.5$	$P(I_1 \mid S_2) = 0.6$
I_2	$P(I_2 \mid S_1) = 0.5$	$P(I_2 \mid S_2) = 0.4$

問(1)未經顧問公司評估前之方案為何？(2)評估後又為何？

6. 給定下列償付矩陣試求 EVPI：

機率 狀態 方案	S_1	S_2	S_3
	0.2	0.5	0.3
A_1	40	45	5
A_2	70	30	−13
A_3	53	45	−5

7. 假定某公司想推出 A, B 二新產品中之一個上市，初步評估之資訊如下：
為簡單起見狀態分 S_1：商機好，S_2：商機壞，$P(S_1) = 0.8$，$P(S_2) = 0.2$

	s_1	s_2
A_1	20	6
A_2	30	5

公司找了某個顧問公司，其過去為公司市調之經驗是

	s_1	s_2
I_1（商機好）	$P(I_1 \mid S_1) = 0.8$	$P(I_1 \mid S_2) = 0.2$
I_2（商機壞）	$P(I_2 \mid S_1) = 0.2$	$P(I_2 \mid S_2) = 0.8$

問(1)未找顧問公司前之最佳方案為何？(2)評估後之方案又為何？

06

CHAPTER

馬可夫鏈

6.1 馬可夫鏈的基本概念

學習目標

1. 馬可夫鏈之定義。
2. 機率矩陣、機率向量。

前　言

馬可夫鏈(Markov chain)是數學家馬可夫(A. A. Markov，1856~1922)在 1906 年提出的，它是**隨機模式**(stochastic modeling)中極為重要的一支。馬可夫鏈它在管理上的應用包括：品牌忠誠度分析、**市場占有率**(market share)預測與分析等。

本書之討論上只限離散時間之**有限狀態馬可夫鏈**(finite-state Markov chain)，在不致混淆下逕稱為馬可夫鏈。讀者若有興趣可以此為基礎繼續研究。

一些名詞

隨機過程

馬可夫鏈是**隨機過程**(stochastic process)之一個分支，因此，在談馬可夫鏈之前，我們不妨了解什麼是隨機過程。簡單地說，隨機過程 $\{X(t), t \in T\}$ 是隨機變數之集合，對每一個 $t \in T$，$X(t)$ 是一個隨機變數，t 通常代表時間，因此，有人稱隨機過程為**動態機率學**(dynamic probability)。

狀態空間

馬可夫鏈的所有可能狀態 S_i 所成的集合 $E = \{S_1, S_2 \cdots S_n\}$，稱為馬可夫鏈的**狀態空間**(state space)。例如：

1. 若對景氣預測有興趣，我們可將未來景氣狀態分為蕭條、持平、成長三種，因此可定義狀態空間 $E = \{S_1, S_2, S_3\}$，其中 S_1 表蕭條，S_2 表持平，S_3 表成長。

2. 假設某地區有 4 個品牌之休旅車，A, B, C, D，為了研究這些車主之品牌忠誠度，我們可定義狀態空間 $E = \{A, B, C, D\}$。

馬可夫鏈之定義

馬可夫鏈從一個狀態到另一個狀態稱為**轉移**(transient)，假若一馬可夫鏈之狀態空間為 $E = \{S_1, S_2, \cdots, S_n\}$，那麼**它只能在 S_1, S_2, $\cdots$, S_n 這 n 個狀態間轉移**。每次轉移稱為一個**步**(step)，綜合前述，我們可以將馬可夫鏈與一步及 n 步之轉移機率定義如下：

定義

$\{x_n; n = 0, 1, 2, \cdots\}$ 為一離散之隨機過程，狀態空間為 $\{X_n; n = 0, 1, 2, \cdots\}$。

若 $P(X_{n+1} = j \mid X_0 = i_0, X_1 = i_1, \cdots, X_{n-1} = i_{n-1}, X_n = i) = P(X_{n+1} = j \mid X_n = i)$ 對所有之 $i_0, i_1, i_2, \cdots, i_{n-1}, i, j$ 及 $n \geq 0$ 均成立，$P(X_{n+1} = j \mid X_n = i)$ 稱為**一步轉移機率**(one-step transition probability)以 P_{ij} 表之，一步轉移機率常逕稱為轉移機率。$P_{ij}^{(k)}$ 定義為由狀態 i 經由 k 步後轉為狀態 j 的機率，稱為 k 步轉移機率(k-step transition probability)。

由上述定義，我們宜注意：

轉移機率 P_{ij} 為一個條件機率，即 $P_{ij} = P(X_n = j \mid X_{n-1} = i)$，它表示：在狀態 $X_{n-1} = i$ 下，那麼下一步轉移到 $X_n = j$ 之條件機率，**而 $X_n = j$ 只與 $X_{n-1} = i$ 有關而與 X_{n-2}, X_{n-3} … 無關**。例 1 即在說明這個事實。

例 1

某汽車公司想知道 2021 年該公司汽車有高市場占有率之機率,若該公司只需了解是高市占率、中市占率,還是低市占率即可。

$$P(X_{2021}=\text{高市占率} \mid X_{2020}=\text{中市占率}, X_{2019}=\text{中市占率}, X_{2018}=\text{低市占率})$$

$$=P(X_{2021}=\text{高市占率} \mid X_{2020}=\text{中市占率})$$

換言之,我們在用馬可夫鏈預測或分析時,只對前期之狀態有興趣,以例 1 而言,2019, 2018 年之市占率是高還是低我們並不感興趣,因此也就不考慮這二年的市占率了。

轉移矩陣、機率向量

狀態間之轉移情形可用**轉移矩陣**(tansition matrix)表示,轉移矩陣也稱為**機率矩陣**(probability matrix)。

定 義

若一向量$[p_1 \ p_2 \ \cdots \ p_n]$滿足 $p_1, p_2, \cdots, p_n \geq 0$ 且 $p_1 + p_2 + \cdots + p_n = 1$,則稱此向量為**機率向量**(probability vector)。

例 2

$P_1 = \begin{bmatrix} \dfrac{1}{3} & 0 & \dfrac{2}{3} \end{bmatrix}$, $P_2 = \begin{bmatrix} -\dfrac{1}{4} & \dfrac{2}{4} & \dfrac{3}{4} \end{bmatrix}$, $P_3 = \begin{bmatrix} \dfrac{1}{2} & \dfrac{1}{3} & \dfrac{1}{4} \end{bmatrix}$,何者為機率向量?

解

僅 P_1 為機率向量,P_2 有負的分量,P_3 之分量和 $\dfrac{1}{2} + \dfrac{1}{3} + \dfrac{1}{4} \neq 1$,故 P_2, P_3 均不為機率向量。

定 義

n 階方陣 P

$$P = \begin{bmatrix} p_{11} & p_{12} & \cdots & p_{1n} \\ p_{21} & p_{22} & \cdots & p_{2n} \\ \vdots & \vdots & \vdots & \vdots \\ p_{n1} & p_{n2} & \cdots & p_{nn} \end{bmatrix}$$

若 P 滿足 (1) $1 \geq p_{ij} \geq 0$，$i, j = 1, 2, \cdots, n$，(2) $\sum\limits_{j=1}^{n} p_{ij} = 1$（即列和為 1），$i = 1, 2, \cdots, n$ 則稱 P 為一機率矩陣。[*]

🔓 例 3

指出下列方陣何者滿足機率矩陣之條件？

$$(1)\ P_1 = \begin{bmatrix} \dfrac{1}{2} & \dfrac{1}{4} & \dfrac{1}{4} \\ 0 & 0 & 1 \\ 1 & -1 & 1 \end{bmatrix} \qquad (2)\ P_2 = \begin{bmatrix} \dfrac{1}{2} & \dfrac{1}{3} & \dfrac{1}{4} \\ 0 & 0 & 1 \\ \dfrac{1}{2} & \dfrac{1}{2} & 0 \end{bmatrix}$$

解

二者均非機率矩陣，因為：

(1) P_1 之 $a_{32} < 0$

(2) P_2 之第一列和 $a_{11} + a_{12} + a_{13} = \dfrac{1}{2} + \dfrac{1}{3} + \dfrac{1}{4} = \dfrac{13}{12} \neq 1$

註：本書依慣例採列和為 1 之定義，但有些書是以行和為 1 來定義的。

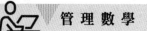

隨堂演練 A

判斷下列方陣哪些不是機率矩陣？

$(1) \begin{bmatrix} \dfrac{1}{2} & \dfrac{1}{2} \\ 1 & 0 \end{bmatrix}$ $(2) \begin{bmatrix} -\dfrac{1}{2} & \dfrac{3}{2} \\ 1 & 0 \end{bmatrix}$ $(3) \begin{bmatrix} \dfrac{1}{2} & \dfrac{3}{2} \\ 0 & 1 \end{bmatrix}$

Ans：(2), (3)

機率向量與機率矩陣有以下命題：

命題 A

P 為一機率矩陣，u 為機率向量，則 uP 為一機率向量

證 明

設 $u = [u_1 \ u_2 \ \cdots \ u_n]$ 為機率向量

則 $P = \begin{bmatrix} p_{11} & p_{12} & \cdots & p_{1n} \\ p_{21} & p_{22} & \cdots & p_{2n} \\ \vdots & \vdots & \vdots & \vdots \\ p_{n1} & p_{n2} & \cdots & p_{nn} \end{bmatrix}$ 為 n 階機率矩陣，令 $uP = [v_1 \ v_2 \ \cdots \ v_n]$

(1) $1 \geq v_i \geq 0$ 之證明

在不失一般性，我們先看 v_1：

$\because 0 \leq p_{11} \leq 1 \quad \therefore 0 \leq u_1 p_{11} \leq u_1$

$v_1 = u_1 p_{11} + u_2 p_{21} + \cdots + u_n p_{n1} \leq u_1 + u_2 + \cdots + u_n = 1$

又 $\quad u_1, u_2, \cdots, u_n \geq 0, \quad p_{11}, p_{21}, \cdots, p_{n1} \geq 0$

$\therefore v_1 = u_1 p_{11} + u_2 p_{21} + \cdots + u_n p_{n1} \geq 0$

綜上 $0 \leq v_1 \leq 1$

同法可證 $\quad 0 \leq v_2, v_3, \cdots, v_n \leq 1$

(2) $\sum_{i=1}^{n} v_i = 1$ 之證明

$$\begin{cases} v_i = u_1 p_{11} + u_2 p_{21} + \cdots + u_n p_{n1} & (1) \\ v_2 = u_1 p_{12} + u_2 p_{22} + \cdots + u_n p_{n2} & (2) \\ \vdots \\ v_n = u_1 p_{1n} + u_2 p_{2n} + \cdots + u_n p_{nn} & (n) \end{cases}$$

$(1)+(2)+\cdots+(n)$ 得

$v_1 + v_2 + \cdots v_n = u_1(p_{11}+p_{12}+\cdots+p_{1n}) + u_2(p_{21}+p_{22}+\cdots+p_{2n}) + \cdots +$

$u_n(p_{n1}+p_{n2}+\cdots+p_{nn})$

$= u_1 + u_2 + \cdots + u_n = 1$

$\therefore uP$ 為機率向量。

命題 B

若 P 為一機率矩陣，則 P^2 亦為一機率矩陣

證 明

設 $P = \begin{bmatrix} p_{11} & p_{12} & \cdots & p_{1n} \\ p_{21} & p_{22} & \cdots & p_{2n} \\ \vdots & \vdots & \vdots & \vdots \\ p_{n1} & p_{n2} & \cdots & p_{nn} \end{bmatrix}$

則 $P^2 = \begin{bmatrix} p_{11} & p_{12} & \cdots & p_{1n} \\ p_{21} & p_{22} & \cdots & p_{2n} \\ \vdots & \vdots & \vdots & \vdots \\ p_{n1} & p_{n2} & \cdots & p_{nn} \end{bmatrix}\begin{bmatrix} p_{11} & p_{12} & \cdots & p_{1n} \\ p_{21} & p_{22} & \cdots & p_{2n} \\ \vdots & \vdots & \vdots & \vdots \\ p_{n1} & p_{n2} & \cdots & p_{nn} \end{bmatrix}$

在不失一般性下，我們先證明 P^2 第一列為一機率向量：

令 p_{1j}^2 為 P^2 之第一列第 j 行之元素，則

$$\begin{cases} p_{11}^2 = p_{11}p_{11} + p_{12}p_{21} + \cdots\cdots + p_{1n}p_{n1} \\ p_{12}^2 = p_{11}p_{12} + p_{12}p_{22} + \cdots\cdots + p_{1n}p_{n2} \\ \qquad\qquad\qquad\vdots \\ p_{1n}^2 = p_{11}p_{1n} + p_{12}p_{2n} + \cdots\cdots + p_{1n}p_{nn} \end{cases}$$

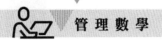

$\because P_{ij}^2 \geq 0$，現只需證 $p_{11}^2 + p_{12}^2 + \cdots + p_{1n}^2 = 1$ 即可證出 P^2 之第一列為機率向量：

$$\sum_{j=1}^{n} p_{1j}^2 = p_{11}(p_{11} + p_{12} + \cdots + p_{1n}) + p_{12}(p_{21} + p_{22} + \cdots + p_{2n}) + \cdots$$
$$+ p_{1n}(p_{n1} + p_{n2} + \cdots + p_{nn})$$
$$= p_{11} + p_{12} + \cdots + p_{1n} = 1$$

$\therefore P^2$ 之第一列為機率向量，同法可證 P^2 之二、三…n 列均為機率向量

$\therefore P^2$ 為一機率矩陣

推論 B1

若 P 為一機率矩陣則 P^n 亦為機率矩陣，n 為任意正整數。

應用數學歸納法，仿命題 B 之證明即得。因過程較繁瑣，故證明從略。

例 4

設 $P = \begin{bmatrix} \dfrac{1}{3} & \dfrac{2}{3} \\ \dfrac{3}{4} & \dfrac{1}{4} \end{bmatrix}$，$u = \begin{bmatrix} \dfrac{2}{5} & \dfrac{3}{5} \end{bmatrix}$

(1) 求 uP，又它是否為一機率向量？

(2) 求 P^2 並驗證 P^2 為一機率矩陣。

(3) P^{123} 是否為機率矩陣？uP^{123} 是否為機率向量？

解

(1) $uP = \begin{bmatrix} \dfrac{2}{5} & \dfrac{3}{5} \end{bmatrix} \begin{bmatrix} \dfrac{1}{3} & \dfrac{2}{3} \\ \dfrac{3}{4} & \dfrac{1}{4} \end{bmatrix} = \begin{bmatrix} \dfrac{2}{5} \times \dfrac{1}{3} + \dfrac{3}{5} \times \dfrac{3}{4} & \dfrac{2}{5} \times \dfrac{2}{3} + \dfrac{3}{5} \times \dfrac{1}{4} \end{bmatrix}$

$$= \begin{bmatrix} \dfrac{35}{60} & \dfrac{25}{60} \end{bmatrix} \text{或} \begin{bmatrix} \dfrac{7}{12} & \dfrac{5}{12} \end{bmatrix}, \because 1 \geq \dfrac{7}{12} \geq 0, \ 1 \geq \dfrac{5}{12} \geq 0, \text{又} \dfrac{7}{12} + \dfrac{5}{12} = 1, \text{故 } uP \text{為機}$$

率向量。

(2) $P^2 = \begin{bmatrix} \dfrac{1}{3} & \dfrac{2}{3} \\ \dfrac{3}{4} & \dfrac{1}{4} \end{bmatrix} \begin{bmatrix} \dfrac{1}{3} & \dfrac{2}{3} \\ \dfrac{3}{4} & \dfrac{1}{4} \end{bmatrix} = \begin{bmatrix} \dfrac{1}{3} \times \dfrac{1}{3} + \dfrac{2}{3} \times \dfrac{3}{4} & \dfrac{1}{3} \times \dfrac{2}{3} + \dfrac{2}{3} \times \dfrac{1}{4} \\ \dfrac{3}{4} \times \dfrac{1}{3} + \dfrac{1}{4} \times \dfrac{3}{4} & \dfrac{3}{4} \times \dfrac{2}{3} + \dfrac{1}{4} \times \dfrac{1}{4} \end{bmatrix}$

$$= \begin{bmatrix} \dfrac{11}{18} & \dfrac{7}{18} \\ \dfrac{7}{16} & \dfrac{9}{16} \end{bmatrix}, \text{顯然 } P^2 \text{之各元素均有} 1 \geq p_{ij} \geq 0, \text{每列和均為 } 1, \text{故 } P^2 \text{為機率}$$

矩陣。

(3) 由推論 B1，P^{123} 為機率矩陣；又由命題 A，uP^{123} 為機率向量。

隨堂演練 B

$P = \begin{bmatrix} 1 & 0 \\ \dfrac{1}{2} & \dfrac{1}{2} \end{bmatrix}, u = \begin{bmatrix} \dfrac{1}{3} & \dfrac{2}{3} \end{bmatrix}$，求 uP 與 P^2。

$$\text{Ans}: \begin{bmatrix} \dfrac{2}{3} & \dfrac{1}{3} \end{bmatrix}; \begin{bmatrix} 1 & 0 \\ \dfrac{3}{4} & \dfrac{1}{4} \end{bmatrix}$$

轉移機率

馬可夫鏈之狀態間之轉移情形主要是用機率矩陣表示，**轉移圖**(transient diagram)是一個可供視覺化的輔助工具。

1. 轉移矩陣：

$$P = From \begin{array}{c} \\ S_1 \\ S_2 \\ \vdots \\ S_n \end{array} \begin{array}{c} \overset{To}{\begin{array}{cccc} S_1 & S_2 & \cdots & S_n \end{array}} \\ \begin{bmatrix} p_{11} & p_{12} & \cdots & p_{1n} \\ p_{21} & p_{22} & \cdots & p_{2n} \\ \vdots & \vdots & \vdots & \vdots \\ p_{n1} & p_{n2} & \cdots & p_{nn} \end{bmatrix} \end{array}$$

p_{21} 是從狀態 S_2 到狀態 S_1 之轉移機率。

若轉移矩陣不會隨時間或**階段**(stage)轉移而改變，則稱此馬可夫鏈為**穩定**(stationary)，本書之轉移矩陣皆屬**穩定之馬可夫鏈**(stationary Markov chain)。這是本書研讀一個極重要的假設。

2. 轉移圖：轉移圖有二個要素，一是**節點**(node)，一是**路徑**(path)，右圖是一個典型的轉移圖。

圖上之節點標記著狀態。箭線表路徑，它傳遞二個資訊：①從那個狀態轉移到另一個狀態？②狀態間移動之轉移機率。由轉移矩陣之定義，可知：**任一狀態出發之所有路徑之轉移機率總和必為 1**。

🔓 **例 5**

設馬可夫鏈只有 3 個狀態 $A, B, C,$ 它們間之轉移關係如下：

試由此轉移圖求出對應之轉移矩陣。

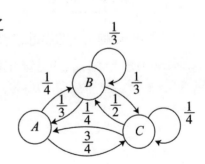

解

$$\begin{array}{c c c c} & A & B & C \\ A & \begin{bmatrix} 0 & \dfrac{1}{4} & \dfrac{3}{4} \\[2mm] \dfrac{1}{3} & \dfrac{1}{3} & \dfrac{1}{3} \\[2mm] \dfrac{1}{4} & \dfrac{1}{2} & \dfrac{1}{4} \end{bmatrix} \\ B \\ C \end{array}$$

隨堂演練 C

根據下圖求對應之機率矩陣，並說明 p_1, p_2, p_3 之關係。

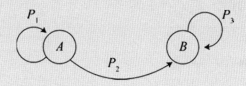

$$\text{Ans}: \begin{array}{c c} & A \quad B \\ A & \begin{bmatrix} p_1 & p_2 \\ 0 & p_3 \end{bmatrix} \end{array} \;;\; 1 \geq p_1 \geq 0, \;\; 1 \geq p_2 \geq 0, \;\; p_1 + p_2 = 1, \;\; p_3 = 1$$

k 步轉移機率

我們之前已對 k 步轉移機率 $p_{ij}^{(k)}$ 有所定義，而由 $p_{ij}^{(k)}$ 構成之方陣

$$P^{(k)} = \begin{bmatrix} p_{11}^{(k)} & p_{12}^{(k)} & \cdots & p_{1n}^{(k)} \\ p_{21}^{(k)} & p_{22}^{(k)} & \cdots & p_{2n}^{(k)} \\ \vdots & \vdots & \vdots & \vdots \\ p_{n1}^{(k)} & p_{n2}^{(k)} & \cdots & p_{nn}^{(k)} \end{bmatrix}$$

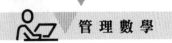

稱為 P 之 k 步轉移矩陣。

$p_{ij}^{(k)}$ 代表由狀態 i 經 k 步轉移到狀態 j 之機率。

例 6

$$P = \begin{array}{c} 1 \\ 2 \end{array}\begin{bmatrix} \dfrac{1}{3} & \dfrac{2}{3} \\ 0 & 1 \end{bmatrix}$$ ，(1) $p_{12}^{(4)}$ 之意思是什麼？(2)求 $p_{12}^{(4)}$。

解

(1) $p_{12}^{(4)}$ 表示由狀態 1 經 4 步到狀態 2 之機率。

(2) 狀態 1 經 4 步後到狀態 2 之走法有：

走法	機率
1 ⟶ 1 ⟶ 1 ⟶ 1 ⟶ 2	$\left(\dfrac{1}{3}\right)^3 \times \left(\dfrac{2}{3}\right) = \dfrac{2}{81}$
1 ⟶ 1 ⟶ 1 ⟶ 2 ⟶ 2	$\left(\dfrac{1}{3}\right)^2 \times \dfrac{2}{3} \times 1 = \dfrac{6}{81}$
1 ⟶ 1 ⟶ 2 ⟶ 2 ⟶ 2	$\left(\dfrac{1}{3}\right) \times \left(\dfrac{2}{3}\right) \times 1 \times 1 = \dfrac{18}{81}$
1 ⟶ 2 ⟶ 2 ⟶ 2 ⟶ 2	$\left(\dfrac{2}{3}\right) \times 1 \times 1 \times 1 = \dfrac{54}{81}$

∴狀態 1 經 4 步轉移後，在狀態 2 之機率為 $\dfrac{2}{81} + \dfrac{6}{81} + \dfrac{18}{81} + \dfrac{54}{81} = \dfrac{80}{81}$

隨堂演練 D

（承例 6）驗證 $P_{11}^{(4)} = \dfrac{1}{81}$，你能從例 6 之結果直接讀出 $P_{11}^{(4)} = \dfrac{1}{81}$ 嗎？

（提示：$p_{11}^{(4)} + p_{12}^{(4)} = 1$）

例 6 是二階機率矩陣，若狀態個數很多或 k 很大時，計算 $P^{(k)}$ 將很麻煩，幸好命題 C 幫我們解決這個困擾。

命題C

若 P 為有限的馬可夫矩陣，則 P 之 k 步轉移矩陣 $P^{(k)} = P^k$

這就是有名的 Chapman-Kolmogorov 方程式

證明

我們以例 6 驗證：

$$P^2 = \begin{bmatrix} \dfrac{1}{3} & \dfrac{2}{3} \\ 0 & 1 \end{bmatrix}\begin{bmatrix} \dfrac{1}{3} & \dfrac{2}{3} \\ 0 & 1 \end{bmatrix} = \begin{bmatrix} \dfrac{1}{9} & \dfrac{8}{9} \\ 0 & 1 \end{bmatrix}$$

$$\therefore P^{(4)} = P^4 = P^2 \cdot P^2 = \begin{bmatrix} \dfrac{1}{9} & \dfrac{8}{9} \\ 0 & 1 \end{bmatrix}\begin{bmatrix} \dfrac{1}{9} & \dfrac{8}{9} \\ 0 & 1 \end{bmatrix} = \begin{bmatrix} \dfrac{1}{81} & \dfrac{80}{81} \\ 0 & 1 \end{bmatrix}$$

若 n 為不定值時， $P^{(n)} = P^n$ 可利用方陣之**對角化**(diagonalization)方式解出。

有了 k 步轉移矩陣後，我們便可求出如果現在在狀態 u_0 ，經 k 步轉移後之狀態分配。

令 u_0 為**起始狀態向量**(initial state vector)，那麼：

$u_1 = u_0 P$

$u_2 = u_1 P = (u_0 P)P = u_0 P^2$

$u_3 = u_2 P = (u_0 P^2)P = u_0 P^3$

$\qquad \vdots$

$u_k = u_{k-1}P = (u_0 P^{k-1})P = u_0 P^k$

因此只要有起始狀態向量 u_0 及轉移矩陣 P ，便可得到 k 步後之狀態分配。

例 7

人口移動模式之研究中，原有 $\frac{1}{4}$ 人口住鄉村，$\frac{3}{4}$ 人口住城市。經都市持續地大規模都更後，發現下列事實：

(1) 鄉下人口有 $\frac{1}{3}$ 仍住鄉村，但有 $\frac{2}{3}$ 人口想移居都市。

(2) 都市人口全都住在都市。

若以此事實，估計 4 年後之鄉村、城市人口比率。

解

依題意

$$u_0 = [鄉村人口比率 \cdot 都市人口比率] = \begin{bmatrix} \frac{1}{4} & \frac{3}{4} \end{bmatrix}$$

$$P = \begin{array}{c} \\ 鄉村 \\ 都市 \end{array} \begin{matrix} 鄉村 & 都市 \\ \begin{bmatrix} \frac{1}{3} & \frac{2}{3} \\ 0 & 1 \end{bmatrix} \end{matrix}$$

$$u_4 = u_0 P^4 = \begin{bmatrix} \frac{1}{4} & \frac{3}{4} \end{bmatrix} \begin{bmatrix} \frac{1}{3} & \frac{2}{3} \\ 0 & 1 \end{bmatrix}^4 = \begin{bmatrix} \frac{1}{4} & \frac{3}{4} \end{bmatrix} \begin{bmatrix} \frac{1}{81} & \frac{80}{81} \\ 0 & 1 \end{bmatrix} = \begin{bmatrix} \frac{1}{324} & \frac{323}{324} \end{bmatrix}$$

因此 4 年後有 $\frac{1}{324}$ 住鄉村，$\frac{323}{324}$ 人住都市。

隨堂演練 E

給定 $u_0 = \begin{bmatrix} \frac{1}{5} & \frac{4}{5} \end{bmatrix}$, $P = \begin{bmatrix} \frac{1}{3} & \frac{2}{3} \\ \frac{2}{3} & \frac{1}{3} \end{bmatrix}$，求 $u_2 = ?$

Ans：$\begin{bmatrix} \frac{7}{15} & \frac{8}{15} \end{bmatrix}$

　　我們在例 7 曾提到 4 年後之鄉村、城市人口比率。這裡的 4 年是所謂的 **轉移週期**(transient period)，它通常視問題之性質或目的而定，可能是日、月、季、年等，也可能是不固定時間的，如果第一次購買到第二次購買之間隔算一個轉移週期，每次購買間隔可能不同，為分析方便常假設轉移期間長度為固定。

6.2 正規馬可夫鏈

學習目標

1. 了解正規馬可夫鏈。
2. 機率固定點求算及其意義。
3. 了解正規馬可夫鏈在管理上之應用。

前 言

　　管理系統之狀態轉移情形是複雜的，因此管理者對實施某種管理作為**最終**(in the long run)之狀態為何？也就是穩定狀態之機率分配是什麼？而正規馬可夫鏈可幫助管理者獲知此類資訊。

正規馬可夫鏈

　　馬克夫鏈在管理研究上，對**正規馬可夫鏈**(regular Markov chain)與**吸收馬可夫鏈**(absorbing Markov chain)特別感興趣。本節先談正規馬可夫鏈。

定 義

　　P 為馬可夫鏈之遷移矩陣，若存在一個正整數 k，使得 P^k 之每一個元素 p_{ij}，均有 $p_{ij} > 0$ 時稱 P 為正規馬可夫矩陣。

　　除了用定義判斷 P 是否為正規馬可夫矩陣外，還有一些方法：

(1) 若 P 之每一個元素 $p_{ij} > 0$，那麼 P 就是正規馬可夫鏈。

(2) 若 P 中存在一個元素 $p_{ij} = 0$，那麼試 $P^2, P^3 \cdots$

　　① 若 P 與 P^2 之 "0" 均出現在相同位置，即可判定 P 不是正規馬可夫鏈。

　　② "1" 出現在主對角上，那 P 必不是正規馬可夫鏈。

例 1

判斷下列何者為正規馬可夫鏈？

(1) $P_1 = \begin{bmatrix} \dfrac{1}{2} & \dfrac{1}{2} \\ \dfrac{1}{4} & \dfrac{3}{4} \end{bmatrix}$　　(2) $P_2 = \begin{bmatrix} 1 & 0 \\ 0 & 1 \end{bmatrix}$　　(3) $P_3 = \begin{bmatrix} 1 & 0 \\ \dfrac{1}{2} & \dfrac{1}{2} \end{bmatrix}$

解

(1) $\because P_1$ 之每個元素均 >0　$\therefore P_1$ 為正規馬可夫鏈

(2) $P_2^2 = \begin{bmatrix} 1 & 0 \\ 0 & 1 \end{bmatrix}\begin{bmatrix} 1 & 0 \\ 0 & 1 \end{bmatrix} = I \cdot I = \begin{bmatrix} 1 & 0 \\ 0 & 1 \end{bmatrix}$

　　 $\therefore P_2$ 不是正規馬可夫鏈；另一個理由 1 出現在主對角線上　$\therefore P_2$ 不是正規馬可夫鏈

(3) $P_3^2 = \begin{bmatrix} 1 & 0 \\ \dfrac{1}{2} & \dfrac{1}{2} \end{bmatrix}\begin{bmatrix} 1 & 0 \\ \dfrac{1}{2} & \dfrac{1}{2} \end{bmatrix} = \begin{bmatrix} 1 & 0 \\ \dfrac{3}{4} & \dfrac{1}{4} \end{bmatrix}$

　　 $\therefore P_3$ 之 1 出現在主對角線上　$\therefore P_3$ 不是正規馬可夫鏈

　　依定義判斷馬可夫鏈是否正規，主要是看是否存在一個 k 使得 P^k 之元素 $P_{ij} > 0$，至於 P^k 之元素是什麼可不是我們感興趣的，因此我們可將 P 中非零元素均以 x 代之，0 仍保留，看它最後結果。

例 2

$$P = \begin{matrix} & \begin{matrix} A & B & C \end{matrix} \\ \begin{matrix} A \\ B \\ C \end{matrix} & \begin{bmatrix} \dfrac{1}{2} & \dfrac{1}{2} & 0 \\ \dfrac{1}{3} & 0 & \dfrac{2}{3} \\ 0 & \dfrac{1}{3} & \dfrac{2}{3} \end{bmatrix} \end{matrix}$$

是否為正規馬可夫鏈？

解

方法一：

$$P^2 = \begin{array}{c} \\ A \\ B \\ \\ C \end{array}\begin{array}{ccc} A & B & C \\ \begin{bmatrix} \dfrac{5}{12} & \dfrac{1}{4} & \dfrac{1}{3} \\[2mm] \dfrac{1}{6} & \dfrac{7}{18} & \dfrac{4}{9} \\[2mm] \dfrac{1}{9} & \dfrac{2}{9} & \dfrac{6}{9} \end{bmatrix} \end{array}$$，P^2 之每一元素均大於 0

∴ P 為正規馬可夫鏈

方法二：將 P 中之非零元素統以 x 代入

$$P = \begin{bmatrix} x & x & 0 \\ x & 0 & x \\ 0 & x & x \end{bmatrix} \text{則} P^2 = \begin{bmatrix} x & x & x \\ x & x & x \\ x & x & x \end{bmatrix}$$

> P 中之所值非零元素，均以 x 表示，因此
> $$\begin{cases} x \cdot x = x \\ x + x = x \end{cases}$$

再舉一個例：

例 3

$$P = \begin{bmatrix} \dfrac{1}{2} & 0 & \dfrac{1}{2} \\[2mm] 0 & \dfrac{1}{2} & \dfrac{1}{2} \\[2mm] \dfrac{1}{2} & \dfrac{1}{2} & 0 \end{bmatrix}$$ 是否為正規馬可夫鏈？

解

P中之非零元素均以x代之，則

$$P = \begin{bmatrix} x & 0 & x \\ 0 & x & x \\ x & x & 0 \end{bmatrix}, \quad P^2 = \begin{bmatrix} x & x & x \\ x & x & x \\ x & x & x \end{bmatrix}$$

∴ P為正規馬可夫鏈

隨堂演練 A

判斷

$$P = \begin{bmatrix} \dfrac{1}{2} & 0 & \dfrac{1}{2} \\ \dfrac{1}{3} & \dfrac{1}{6} & \dfrac{1}{2} \\ 0 & \dfrac{1}{4} & \dfrac{3}{4} \end{bmatrix} \text{是否為正規馬可夫鏈？}$$

Ans：P為正規馬可夫鏈

穩定狀態機率

正規馬可夫矩陣P有一些優美的性質，綜述如下：

命題 A

若遷移矩陣P為正規馬可夫矩陣，則

(1) 存在唯一之機率向量u滿足uP = u，這個u稱為**穩定狀態機率**(steady-state probability)

(2) n很大時，$P^n \to U$，U之每一個列向量都是u

$$\lim_{n \to \infty} P^n = U \text{ 或 } \lim_{n \to \infty} P^{(n)} = U \text{ ，其中 } U = \begin{bmatrix} u \\ u \\ \vdots \\ u \end{bmatrix}$$

(3) u 為任一機率向量，當 n 很大時，$uP^n \to u$ 即 $\lim_{n \to \infty} uP^n = u$ 或 $\lim_{n \to \infty} uP^{(n)} = u$

命題 B

正規馬可夫矩陣 P 之每行和均為 1 時，則 P 之穩定狀態機率分配 u 為
$$u = \begin{bmatrix} \dfrac{1}{n} & \dfrac{1}{n} & \cdots & \dfrac{1}{n} \end{bmatrix}$$

證明

設 $P = \begin{bmatrix} p_{11} & p_{12} & \cdots & p_{1n} \\ p_{21} & p_{22} & \cdots & p_{2n} \\ \vdots & \vdots & \vdots & \vdots \\ p_{n1} & p_{n2} & \cdots & p_{nn} \end{bmatrix}$ 為正規馬可夫鏈

$$uP = \begin{bmatrix} \dfrac{1}{n} & \dfrac{1}{n} & \cdots & \dfrac{1}{n} \end{bmatrix} \begin{bmatrix} p_{11} & p_{12} & \cdots & p_{1n} \\ p_{21} & p_{22} & \cdots & p_{2n} \\ \vdots & \vdots & \vdots & \vdots \\ p_{n1} & p_{n2} & \cdots & p_{nn} \end{bmatrix}$$

$$= \begin{bmatrix} \dfrac{1}{n}(p_{11} + p_{21} + \cdots + p_{n1}) & \dfrac{1}{n}(p_{12} + p_{22} + \cdots + p_{n2}) & \cdots & \dfrac{1}{n}(p_{1n} + p_{2n} + \cdots + p_{nn}) \end{bmatrix}$$

$$= \begin{bmatrix} \dfrac{1}{n} & \dfrac{1}{n} & \cdots & \dfrac{1}{n} \end{bmatrix} = u$$

即 n 階正規馬可夫鏈若各行和均為 1 時，P 之穩定狀態機率分配為
$\begin{bmatrix} \dfrac{1}{n} & \dfrac{1}{n} & \cdots & \dfrac{1}{n} \end{bmatrix}$。

若 4 階正規馬可夫鏈 P 之每行和均為 1，應用命題 B 易知，P 之穩定機率分配為 $\begin{bmatrix} \dfrac{1}{4} & \dfrac{1}{4} & \dfrac{1}{4} & \dfrac{1}{4} \end{bmatrix}$，而

$$\lim_{n\to\infty} P^{(n)} = \begin{bmatrix} \dfrac{1}{4} & \dfrac{1}{4} & \dfrac{1}{4} & \dfrac{1}{4} \\ \dfrac{1}{4} & \dfrac{1}{4} & \dfrac{1}{4} & \dfrac{1}{4} \\ \dfrac{1}{4} & \dfrac{1}{4} & \dfrac{1}{4} & \dfrac{1}{4} \\ \dfrac{1}{4} & \dfrac{1}{4} & \dfrac{1}{4} & \dfrac{1}{4} \end{bmatrix}$$

隨堂演練 B

請視察出

$P = \begin{bmatrix} \dfrac{1}{3} & \dfrac{2}{3} \\ \dfrac{2}{3} & \dfrac{1}{3} \end{bmatrix}$ 為正規馬可夫矩陣並求出穩定機率分配。又 $\lim_{n\to\infty} P^{(n)} = ?$

Ans：$\begin{bmatrix} \dfrac{1}{2} & \dfrac{1}{2} \end{bmatrix}$; $\begin{bmatrix} \dfrac{1}{2} & \dfrac{1}{2} \\ \dfrac{1}{2} & \dfrac{1}{2} \end{bmatrix}$

例 4

設某產品市場上有 A, B, C 三公司競逐，假設它們的品牌就叫 A, B, C。A 公司為重塑其品牌形象，擬進行促銷廣告，經一段時間後，委請管理顧問公司進行調查研究。在廣告前，三個品牌之市場占率，A 約 $\dfrac{1}{4}$，B 約 $\dfrac{1}{3}$，C 約 $\dfrac{5}{12}$，經打促銷廣告一個月後，隨機抽取若干潛在消費者進行問卷調查，得：

$$
\begin{array}{cccc}
 & A & B & C \\
A & \dfrac{7}{10} & \dfrac{2}{10} & \dfrac{1}{10} \\
B & \dfrac{3}{10} & \dfrac{6}{10} & \dfrac{1}{10} \\
C & \dfrac{2}{10} & \dfrac{3}{10} & \dfrac{5}{10}
\end{array}
$$

問(1) A 公司之廣告促銷下，下期 A 之市場占有率是否有擴張效果？

　　(2) 若依此廣告促銷，長期以往，三家市場占有率將穩定趨向何種百分比？

解

(1) $u_0 = \begin{bmatrix} \dfrac{1}{4} & \dfrac{1}{3} & \dfrac{5}{12} \end{bmatrix}$

$$
\therefore u_1 = u_0 P = \begin{bmatrix} \dfrac{1}{4} & \dfrac{1}{3} & \dfrac{5}{12} \end{bmatrix}
\begin{bmatrix}
\dfrac{7}{10} & \dfrac{2}{10} & \dfrac{1}{10} \\
\dfrac{3}{10} & \dfrac{6}{10} & \dfrac{1}{10} \\
\dfrac{2}{10} & \dfrac{3}{10} & \dfrac{5}{10}
\end{bmatrix}
= \begin{bmatrix} \dfrac{43}{120} & \dfrac{45}{120} & \dfrac{32}{120} \end{bmatrix}
$$

經促銷後，A 之第二期市場占有率由 $\dfrac{1}{4}$ 增到 $\dfrac{43}{120}$，確實有擴大市場占有率之效果。

(2) 令 $uP = u$，$u = [x\ y\ z]$，$x + y + z = 1$

$$
[x\ y\ z] \begin{bmatrix}
\dfrac{7}{10} & \dfrac{2}{10} & \dfrac{1}{10} \\
\dfrac{3}{10} & \dfrac{6}{10} & \dfrac{1}{10} \\
\dfrac{2}{10} & \dfrac{3}{10} & \dfrac{5}{10}
\end{bmatrix} = [x\ y\ z]
\qquad \therefore
\begin{cases}
\dfrac{7}{10}x + \dfrac{3}{10}y + \dfrac{2}{10}z = x \\
\dfrac{2}{10}x + \dfrac{6}{10}y + \dfrac{3}{10}z = y \\
\dfrac{1}{10}x + \dfrac{1}{10}y + \dfrac{5}{10}z = z
\end{cases}
$$

移項

$$\begin{cases} -\dfrac{3}{10}x + \dfrac{3}{10}y + \dfrac{2}{10}z = 0 \\[2mm] \dfrac{2}{10}x - \dfrac{4}{10}y + \dfrac{3}{10}z = 0 \\[2mm] \dfrac{1}{10}x + \dfrac{1}{10}y - \dfrac{5}{10}z = 0 \end{cases}$$

$$\therefore \left[\begin{array}{ccc|c} -\dfrac{3}{10} & \dfrac{3}{10} & \dfrac{2}{10} & 0 \\[2mm] \dfrac{2}{10} & -\dfrac{4}{10} & \dfrac{3}{10} & 0 \\[2mm] \dfrac{1}{10} & \dfrac{1}{10} & -\dfrac{5}{10} & 0 \end{array}\right] \to \left[\begin{array}{ccc|c} \dfrac{1}{10} & \dfrac{1}{10} & -\dfrac{5}{10} & 0 \\[2mm] -\dfrac{3}{10} & \dfrac{3}{10} & \dfrac{2}{10} & 0 \\[2mm] \dfrac{2}{10} & -\dfrac{4}{10} & \dfrac{3}{10} & 0 \end{array}\right] \to \left[\begin{array}{ccc|c} 1 & 1 & -5 & 0 \\[2mm] -\dfrac{3}{10} & \dfrac{3}{10} & \dfrac{2}{10} & 0 \\[2mm] \dfrac{2}{10} & -\dfrac{4}{10} & \dfrac{3}{10} & 0 \end{array}\right]$$

$$\to \left[\begin{array}{ccc|c} 1 & 1 & -5 & 0 \\[2mm] 0 & \dfrac{6}{10} & \dfrac{-13}{10} & 0 \\[2mm] 0 & -\dfrac{6}{10} & \dfrac{13}{10} & 0 \end{array}\right] \to \left[\begin{array}{ccc|c} 1 & 1 & -5 & 0 \\[2mm] 0 & 1 & -\dfrac{13}{6} & 0 \\[2mm] 0 & -\dfrac{6}{10} & \dfrac{13}{10} & 0 \end{array}\right] \to \left[\begin{array}{ccc|c} 1 & 0 & \dfrac{-17}{6} & 0 \\[2mm] 0 & 1 & -\dfrac{13}{6} & 0 \\[2mm] 0 & 0 & 0 & 0 \end{array}\right]$$

取 $z = t$，則 $y = \dfrac{13}{6}t, x = \dfrac{17}{6}t$，又 $x + y + z = 1$

$\therefore \dfrac{17}{6}t + \dfrac{13}{6}t + t = 1$ 即 $t = \dfrac{1}{6}$

$\therefore$ 穩定機率分配為 $\left[\dfrac{17}{36}\ \dfrac{13}{36}\ \dfrac{1}{6}\right]$，即依此促銷策略，$A$，$B$，$C$ 三家之

市場占有率將穩定在 47.22%, 36.11% 與 16.67%

例 5

$$P = \begin{bmatrix} 0 & \frac{1}{3} & \frac{1}{2} & \frac{1}{6} \\ \frac{1}{2} & 0 & \frac{1}{6} & \frac{1}{3} \\ \frac{1}{3} & \frac{1}{6} & 0 & \frac{1}{2} \\ \frac{1}{6} & \frac{1}{2} & \frac{1}{3} & 0 \end{bmatrix}$$

(1) P 是否為一正規馬可夫鏈？

(2) 若 $u_0 = [0 \quad 0 \quad 1 \quad 0]$，求 u_1, u_2。

(3) 試求 P 之穩定機率分配，即當 n 很大時 $\lim_{n \to \infty} P^{(n)}$。

解

(1) $P^2 = \begin{bmatrix} 0 & \frac{1}{3} & \frac{1}{2} & \frac{1}{6} \\ \frac{1}{2} & 0 & \frac{1}{6} & \frac{1}{3} \\ \frac{1}{3} & \frac{1}{6} & 0 & \frac{1}{2} \\ \frac{1}{6} & \frac{1}{2} & \frac{1}{3} & 0 \end{bmatrix} \begin{bmatrix} 0 & \frac{1}{3} & \frac{1}{2} & \frac{1}{6} \\ \frac{1}{2} & 0 & \frac{1}{6} & \frac{1}{3} \\ \frac{1}{3} & \frac{1}{6} & 0 & \frac{1}{2} \\ \frac{1}{6} & \frac{1}{2} & \frac{1}{3} & 0 \end{bmatrix}$

$= \begin{bmatrix} \frac{13}{36} & \frac{1}{6} & \frac{1}{9} & \frac{13}{36} \\ \frac{1}{9} & \frac{13}{36} & \frac{13}{36} & \frac{1}{6} \\ \frac{1}{6} & \frac{13}{36} & \frac{13}{36} & \frac{1}{9} \\ \frac{13}{36} & \frac{1}{9} & \frac{1}{6} & \frac{13}{36} \end{bmatrix}$

因 P^2 之各元素均 > 0，由定義，P 為正規馬可夫鏈

(2) $u_1 = u_0 P = \begin{bmatrix} 0 & 0 & 1 & 0 \end{bmatrix} \begin{bmatrix} 0 & \frac{1}{3} & \frac{1}{2} & \frac{1}{6} \\ \frac{1}{2} & 0 & \frac{1}{6} & \frac{1}{3} \\ \frac{1}{3} & \frac{1}{6} & 0 & \frac{1}{2} \\ \frac{1}{6} & \frac{1}{2} & \frac{1}{3} & 0 \end{bmatrix} = \begin{bmatrix} \frac{1}{3} & \frac{1}{6} & 0 & \frac{1}{2} \end{bmatrix}$

$u_2 = u_1 P = \begin{bmatrix} \frac{1}{3} & \frac{1}{6} & 0 & \frac{1}{2} \end{bmatrix} \begin{bmatrix} 0 & \frac{1}{3} & \frac{1}{2} & \frac{1}{6} \\ \frac{1}{2} & 0 & \frac{1}{6} & \frac{1}{3} \\ \frac{1}{3} & \frac{1}{6} & 0 & \frac{1}{2} \\ \frac{1}{6} & \frac{1}{2} & \frac{1}{3} & 0 \end{bmatrix} = \begin{bmatrix} \frac{1}{6} & \frac{13}{36} & \frac{13}{36} & \frac{1}{9} \end{bmatrix}$

或者亦可由 $u_2 = u_0 P^2$ 著手：

$u_2 = \begin{bmatrix} 0 & 0 & 1 & 0 \end{bmatrix} \begin{bmatrix} \frac{13}{36} & \frac{1}{6} & \frac{1}{9} & \frac{13}{36} \\ \frac{1}{9} & \frac{13}{36} & \frac{13}{36} & \frac{1}{6} \\ \frac{1}{6} & \frac{13}{36} & \frac{13}{36} & \frac{1}{9} \\ \frac{13}{36} & \frac{1}{9} & \frac{1}{6} & \frac{13}{36} \end{bmatrix} = \begin{bmatrix} \frac{1}{6} & \frac{13}{36} & \frac{13}{36} & \frac{1}{9} \end{bmatrix}$

(3) 因 P 之每行和均為 1，所以 P 之穩定機率分配為 $\begin{bmatrix} \frac{1}{4} & \frac{1}{4} & \frac{1}{4} & \frac{1}{4} \end{bmatrix}$

$\lim_{n \to \infty} P^{(n)} = \begin{bmatrix} u \\ u \\ u \\ u \end{bmatrix} = \begin{bmatrix} \frac{1}{4} & \frac{1}{4} & \frac{1}{4} & \frac{1}{4} \\ \frac{1}{4} & \frac{1}{4} & \frac{1}{4} & \frac{1}{4} \\ \frac{1}{4} & \frac{1}{4} & \frac{1}{4} & \frac{1}{4} \\ \frac{1}{4} & \frac{1}{4} & \frac{1}{4} & \frac{1}{4} \end{bmatrix}$

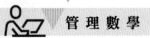

隨堂演練 C

$P = \begin{bmatrix} \dfrac{1}{2} & \dfrac{1}{2} \\ \dfrac{1}{3} & \dfrac{2}{3} \end{bmatrix}$ ，求穩定狀態機率，及 $\lim\limits_{n \to \infty} P^{(n)}$ 。

Ans : $\begin{bmatrix} \dfrac{2}{5} & \dfrac{3}{5} \end{bmatrix}$; $\begin{bmatrix} \dfrac{2}{5} & \dfrac{3}{5} \\ \dfrac{2}{5} & \dfrac{3}{5} \end{bmatrix}$

6.3　吸收馬可夫鏈

學習目標

1. 判斷一馬可夫鏈是否為吸收馬可夫鏈。

2. 將吸收馬可夫鏈化成下列標準形式 $\left[\begin{array}{c|c} I & O \\ \hline R & Q \end{array}\right]$ 並能解答：

　(1) 自一非吸收狀態遷移後，被其中一吸收狀態吸收之機率。

　(2) 在被吸收狀態吸收前，在每個非吸收狀態之平均停留次數各為？

　(3) 自某一非吸收狀態遷移到吸收狀態前之平均遷移次數。

　　在學習**吸收馬可夫鏈**(absorbing Markov chain)前，讀者宜先知道：

　　所謂吸收狀態是指某一狀態 i 轉移到一個狀態 j 後，就停留在狀態 j，不會離開，那我們稱狀態 j 為**吸收狀態**(absorbing state)。若 j 為吸收狀態則 $p_{jk} = \begin{cases} 1, & j = k \\ 0, & j \neq k \end{cases}$，因此，易得下列重要結果：**吸收馬可夫矩陣在主對角線上至少有一個元素為 1**。（該列之其他元素當然為 0）

定　義

　　若 P 為一馬可夫鏈，若 P 滿足下列條件則稱 P 為吸收馬可夫鏈：

　(1) 至少有一個吸收狀態

　(2) 由任一非吸收狀態經若干次轉移後必可到達吸收狀態

　　由定義看來，**有吸收狀態者未必是吸收馬可夫鏈，主對角線沒有"1"者也不會是吸收馬可夫鏈**。判斷是否為吸收馬可夫鏈時，遷移圖往往是個好用的工具。

例 1

判斷下列二個馬可夫矩陣是否為吸收馬可夫鏈？

(1) $P_1 = \begin{bmatrix} 1 & 0 & 0 \\ 0 & 0 & 1 \\ 0 & 1 & 0 \end{bmatrix}$ (2) $P_2 = \begin{bmatrix} \dfrac{1}{2} & \dfrac{1}{2} & 0 \\ \dfrac{1}{3} & \dfrac{1}{3} & \dfrac{1}{3} \\ \dfrac{1}{4} & \dfrac{1}{4} & \dfrac{2}{4} \end{bmatrix}$

解

(1) 三個狀態中，狀態 1 為吸收狀態，狀態 2, 3 為非吸收狀態。其轉移圖如圖 6-1(a)，且狀態 2, 3 如何轉移都不會到狀態 1，故 P_1 不是吸收馬可夫鏈。

(2) 因沒有吸收狀態（主對角沒有出現 "1"），其轉移圖如圖 6-1(b)，所以 P_2 不是吸收馬可夫鏈。

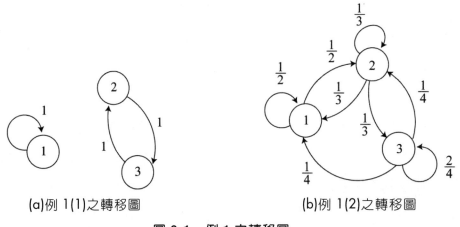

(a)例 1(1)之轉移圖　　　(b)例 1(2)之轉移圖

圖 6-1　例 1 之轉移圖

例 2

判斷下列馬可夫鏈是否為吸收馬可夫鏈？它們是否有吸收狀態？

$$(1)\ P_1 = \begin{bmatrix} 1 & 0 & 0 \\ 0 & 0.9 & 0.1 \\ 0.5 & 0.5 & 0 \end{bmatrix} \qquad (2)\ P_2 = \begin{bmatrix} 1 & 0 & 0 \\ 0 & 0.9 & 0.1 \\ 0.3 & 0.5 & 0.2 \end{bmatrix}$$

解

圖 6-2 為例 2 的轉移圖，說明如下：

(1) 1 為吸收狀態，狀態 2, 3 均可轉移到狀態 1，故為吸收馬可夫鏈。

(2) 1 為吸收狀態，狀態 2, 3 均可遷移到狀態 1，故為吸收馬可夫鏈。

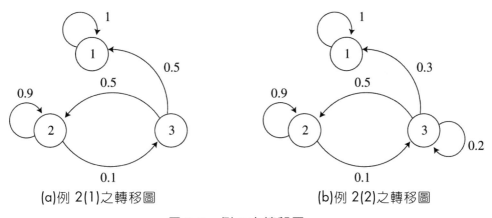

(a)例 2(1)之轉移圖　　　　　(b)例 2(2)之轉移圖

圖 6-2　例 2 之轉移圖

隨堂演練 A

判斷右列馬可夫鏈，有幾個吸收狀態？是否為吸收馬可夫鏈？ $\begin{bmatrix} 1 & 0 & 0 \\ \frac{1}{4} & \frac{3}{4} & 0 \\ 0 & 0 & 1 \end{bmatrix}$

Ans：有 2 個吸收狀態（狀態 1 與 3）；是

吸收馬可夫鏈之標準式

在研究吸收馬可夫鏈時,我們總對下列問題感到興趣:

1. 由非吸收狀態遷移後會被某吸收狀態吸收之機率。

2. 到達吸收狀態前,在每一個非吸收狀態之平均停留次數?

3. 由一非吸收狀態平均移轉幾次才會到達吸收狀態?

為明瞭上述問題,我們可將吸收性馬可夫鏈轉移矩陣化成下列**典式形式** (cannonical form):

假設有 n 個狀態之馬可夫鏈,其中有 s 個為吸收狀態, $n-s$ 個非吸收狀態,我們將之分割四個矩陣為

I　為由 s 個吸收狀態所組成的 $s \times s$ 單位陣。

R　為 $(n-s) \times s$ 階的矩陣,其元素表示由某一非吸收狀態轉移一次到達某一吸收狀態之機率。

O　為 $s \times (n-s)$ 階零矩陣,其元素表示由吸收狀態轉移到非吸收狀態的機率為 0。

Q　為 $(n-s) \times (n-s)$ 階方陣,表示由某一非吸收狀態轉移一步會到達某一非吸收狀態之機率。

下列圖解希望有助於讀者之記憶:

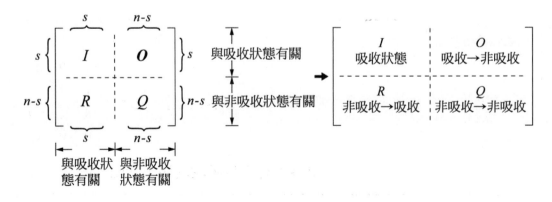

例 3

$$P = \begin{array}{c} \\ s_1 \\ s_2 \\ s_3 \\ s_4 \end{array}\begin{array}{cccc} s_1 & s_2 & s_3 & s_4 \\ \begin{bmatrix} 0.2 & 0.2 & 0.3 & 0.3 \\ 0 & 1 & 0 & 0 \\ 0 & 0 & 1 & 0 \\ 0.2 & 0.5 & 0.1 & 0.2 \end{bmatrix} \end{array}$$，P為吸收馬可夫鏈，試將P化為典式形式。

解

$$\begin{array}{c} \\ s_1 \\ s_2 \\ s_3 \\ s_4 \end{array}\begin{array}{cccc} s_1 & s_2 & s_3 & s_4 \\ \begin{bmatrix} 0.2 & 0.2 & 0.3 & 0.3 \\ 0 & 1 & 0 & 0 \\ 0 & 0 & 1 & 0 \\ 0.2 & 0.5 & 0.1 & 0.2 \end{bmatrix} \end{array} \sim \begin{array}{c} \\ s_2 \\ s_3 \\ s_1 \\ s_4 \end{array}\begin{array}{cccc} s_1 & s_2 & s_3 & s_4 \\ \begin{bmatrix} 0 & 1 & 0 & 0 \\ 0 & 0 & 1 & 0 \\ 0.2 & 0.2 & 0.3 & 0.3 \\ 0.2 & 0.5 & 0.1 & 0.2 \end{bmatrix} \end{array}$$

$$\sim \begin{array}{c} \\ s_2 \\ s_3 \\ s_1 \\ s_4 \end{array}\begin{array}{cccc} s_2 & s_3 & s_1 & s_4 \\ \begin{bmatrix} 1 & 0 & 0 & 0 \\ 0 & 1 & 0 & 0 \\ 0.2 & 0.3 & 0.2 & 0.3 \\ 0.5 & 0.1 & 0.2 & 0.2 \end{bmatrix} \end{array}$$

$$\therefore I = \begin{bmatrix} 1 & 0 \\ 0 & 1 \end{bmatrix},\ \boldsymbol{O} = \begin{bmatrix} 0 & 0 \\ 0 & 0 \end{bmatrix},\ R = \begin{bmatrix} 0.2 & 0.3 \\ 0.5 & 0.1 \end{bmatrix},\ Q = \begin{bmatrix} 0.2 & 0.3 \\ 0.2 & 0.2 \end{bmatrix}$$

例 4

試將吸收馬可夫矩陣P化為典式形式。

$$P = \begin{array}{c} \\ s_1 \\ s_2 \\ s_3 \\ s_4 \\ s_5 \end{array}\begin{array}{ccccc} s_1 & s_2 & s_3 & s_4 & s_5 \\ \begin{bmatrix} 0 & 0.2 & 0 & 0.8 & 0 \\ 0 & 0 & 0.8 & 0.2 & 0 \\ 0 & 0 & 0 & 0.3 & 0.7 \\ 0 & 0 & 0 & 1 & 0 \\ 0 & 0 & 0 & 0 & 1 \end{bmatrix} \end{array}$$

解

$$
\begin{array}{c}
\begin{array}{ccccc} s_1 & s_2 & s_3 & s_4 & s_5 \end{array} \\
P = \begin{array}{c} s_1 \\ s_2 \\ s_3 \\ s_4 \\ s_5 \end{array}
\begin{bmatrix}
0 & 0.2 & 0 & 0.8 & 0 \\
0 & 0 & 0.8 & 0.2 & 0 \\
0 & 0 & 0 & 0.3 & 0.7 \\
0 & 0 & 0 & 1 & 0 \\
0 & 0 & 0 & 0 & 1
\end{bmatrix}
\end{array}
\sim
\begin{array}{c}
\begin{array}{ccccc} s_1 & s_2 & s_3 & s_4 & s_5 \end{array} \\
\begin{array}{c} s_4 \\ s_5 \\ s_1 \\ s_2 \\ s_3 \end{array}
\begin{bmatrix}
0 & 0 & 0 & 1 & 0 \\
0 & 0 & 0 & 0 & 1 \\
0 & 0.2 & 0 & 0.8 & 0 \\
0 & 0 & 0.8 & 0.2 & 0 \\
0 & 0 & 0 & 0.3 & 0.7
\end{bmatrix}
\end{array}
$$

$$
\sim
\begin{array}{c}
\begin{array}{ccccc} s_4 & s_5 & s_1 & s_2 & s_3 \end{array} \\
\begin{array}{c} s_4 \\ s_5 \\ s_1 \\ s_2 \\ s_3 \end{array}
\begin{bmatrix}
1 & 0 & 0 & 0 & 0 \\
0 & 1 & 0 & 0 & 0 \\
0.8 & 0 & 0 & 0.2 & 0 \\
0.2 & 0 & 0 & 0 & 0.8 \\
0.3 & 0.7 & 0 & 0 & 0
\end{bmatrix}
\end{array}
$$

$$
\therefore I = \begin{bmatrix} 1 & 0 \\ 0 & 1 \end{bmatrix}, \quad
O = \begin{bmatrix} 0 & 0 & 0 \\ 0 & 0 & 0 \end{bmatrix}, \quad
R = \begin{bmatrix} 0.8 & 0 \\ 0.2 & 0 \\ 0.3 & 0.7 \end{bmatrix}, \quad
Q = \begin{bmatrix} 0 & 0.2 & 0 \\ 0 & 0 & 0.8 \\ 0 & 0 & 0 \end{bmatrix}
$$

隨堂演練 B

P 為吸收馬可夫轉移矩陣，試將 P 化為典式形式。

$$
P = \begin{array}{c}
\begin{array}{cccc} s_1 & s_2 & s_3 & s_4 \end{array} \\
\begin{array}{c} s_1 \\ s_2 \\ s_3 \\ s_4 \end{array}
\begin{bmatrix}
1 & 0 & 0 & 0 \\
\frac{1}{2} & 0 & \frac{1}{2} & 0 \\
0 & 0 & 1 & 0 \\
0 & \frac{1}{3} & \frac{1}{3} & \frac{1}{3}
\end{bmatrix}
\end{array}
$$

Ans：
$$
\begin{array}{c}
\begin{array}{cccc} s_1 & s_3 & s_2 & s_4 \end{array} \\
\begin{array}{c} s_1 \\ s_3 \\ s_2 \\ s_4 \end{array}
\begin{bmatrix}
1 & 0 & 0 & 0 \\
0 & 1 & 0 & 0 \\
\frac{1}{2} & \frac{1}{2} & 0 & 0 \\
0 & \frac{1}{3} & \frac{1}{3} & \frac{1}{3}
\end{bmatrix}
\end{array}
$$

命題 A

$\begin{bmatrix} I & O \\ R & Q \end{bmatrix}$ 是吸收馬可夫鏈之標準式：

$$P^n = \begin{bmatrix} I & O \\ R+QR+Q^2R+\cdots+Q^{n-1}R & O^n \end{bmatrix} = \begin{bmatrix} I & O \\ NR & O \end{bmatrix}$$

$$N = (I-Q)^{-1}$$

證 明

(1) Q^n 為 n 次轉移後非吸收狀態到吸收狀態之機率矩陣

∵ Q 之任一元素 q_{ij} 均有 $0 \le q_{ij} \le 1$

∴ $\lim\limits_{n \to \infty} Q^n \to O$

(2) $R+QR+Q^2R+\cdots+Q^{n-1}R = R(I+Q+Q^2+\cdots+Q^{n-1})$

∵ $I-Q^n = (I-Q)(I+Q+Q^2+\cdots+Q^{n-1})$

∴ $I+Q+\cdots+Q^{n-1} = (I-Q)^{-1}(I-Q^n)$

當 $n \to \infty$ 時 $I+Q+\cdots+Q^{n-1} = (I-Q)^{-1}$

$\Rightarrow R+QR+\cdots+Q^{n-1}R = (I+Q+\cdots+Q^{n-1})R = (I-Q)^{-1}R$

命題 A 之 $(I-Q)^{-1}$ 也稱吸收馬可夫矩陣之**基本矩陣** (fundamental matrix)，通常用 $N = (I-Q)^{-1}$ 表示。

命題 B

吸收馬可夫矩陣 P 之基本矩陣 N，$N = (I-Q)^{-1}$，則

(1) N 之元素 n_{ij} 為非吸收狀態 s_i，在被吸收前，停留在非吸收狀態 s_j 之次數

(2) $B=NR$ 之元素 b_{ij} 表示由非吸收狀態 s_i 開始後被吸收狀態 s_j 吸收之機率

(3) $T = Ne, e = \underbrace{[1,1,\cdots 1]}_{n-s}^T$，則 T 之元素 $t_i =$ 由非吸收狀態 s_i 開始至被吸收之平均轉移次數

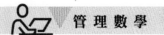

例 5

（承例 3）

求(1) 每一個非吸收狀態在每一個非吸收狀態之平均停留次數。

(2) 每一個非吸收狀態被吸收狀態吸收之機率。

(3) 由各非吸收狀態開始，平均要轉移幾次才會到吸收狀態？

解

(1) $Q = \begin{bmatrix} 0.2 & 0.3 \\ 0.2 & 0.2 \end{bmatrix}$　　$\therefore N = (I-Q)^{-1} = \begin{bmatrix} 0.8 & -0.3 \\ -0.2 & 0.8 \end{bmatrix}^{-1} = \begin{bmatrix} \dfrac{80}{58} & \dfrac{30}{58} \\ \dfrac{20}{58} & \dfrac{80}{58} \end{bmatrix}$

即 $\begin{array}{c} \\ s_1 \\ \\ s_4 \end{array} \begin{array}{cc} s_1 & s_4 \end{array} \begin{bmatrix} \dfrac{80}{58} & \dfrac{30}{58} \\ \dfrac{20}{58} & \dfrac{80}{58} \end{bmatrix}$

由狀態 s_1 開始在被吸收前平均在狀態 s_1 停留 $\dfrac{80}{58}$ 次，在狀態 s_4 停留 $\dfrac{30}{58}$ 次。

由狀態 s_4 開始在被吸收前平均在狀態 s_1 停留 $\dfrac{20}{58}$ 次，在狀態 s_4 停留 $\dfrac{80}{58}$ 次。

(2) 又 $B = NR = \begin{bmatrix} \dfrac{80}{58} & \dfrac{30}{58} \\ \dfrac{20}{58} & \dfrac{80}{58} \end{bmatrix} \begin{bmatrix} 0.2 & 0.3 \\ 0.5 & 0.1 \end{bmatrix} = \begin{bmatrix} \dfrac{31}{58} & \dfrac{27}{58} \\ \dfrac{44}{58} & \dfrac{14}{58} \end{bmatrix}$

$\begin{bmatrix} a & c \\ b & d \end{bmatrix}^{-1}$

$= \dfrac{1}{ad-bc} \begin{bmatrix} d & -c \\ -b & a \end{bmatrix}$

即 $\begin{array}{c} \\ s_1 \\ \\ s_4 \end{array} \begin{array}{cc} s_2 & s_3 \end{array} \begin{bmatrix} \dfrac{31}{58} & \dfrac{27}{58} \\ \dfrac{44}{58} & \dfrac{14}{58} \end{bmatrix}$

$\therefore$ 由狀態 s_1 開始被狀態 s_2，s_3 吸收之機率分別為 $\dfrac{31}{58}$，$\dfrac{27}{58}$

由狀態 s_4 開始被狀態 s_2，s_3 吸收之機率分別為 $\dfrac{44}{58}$，$\dfrac{14}{58}$

(3) $T = Ne = \begin{array}{c} s_1 \\ s_4 \end{array} \begin{bmatrix} \dfrac{80}{58} & \dfrac{30}{58} \\ \dfrac{20}{58} & \dfrac{80}{58} \end{bmatrix} \begin{bmatrix} 1 \\ 1 \end{bmatrix} = \begin{bmatrix} \dfrac{110}{58} \\ \dfrac{100}{58} \end{bmatrix}$

$\therefore$ 由狀態 s_1 開始平均要轉移 $\dfrac{110}{58}$ 次才會被吸收狀態吸收。

由狀態 s_4 開始平均要轉移 $\dfrac{100}{58}$ 次才會被吸收狀態吸收。

學習目標

1. 以軟體繪製馬可夫鏈轉移圖。
2. 以軟體計算馬可夫鏈轉移機率。
3. 以軟體計算馬可夫鏈穩定狀態機率。
4. 以軟體計算馬可夫鏈非吸收狀態到吸收狀態之機率。

本節以 SpiceLogic™ Inc.公司所發展的 Markov Chain Calculator 軟體為例,說明馬可夫鏈轉移圖的繪製與機率之計算,此軟體可從該公司網站 (https://www.spicelogic.com/)下載。Markov Chain Calculator 提供簡易的模式輸入方式,並設定起始狀態為特定某一狀態或不確定情境下各狀態的起始機率。輸入完成後,除能展示轉移圖外,機率計算結果亦能以視覺化方式動態地呈現各項機率。另外,各項機率計算結果也提供轉存為 Excel 的功能,對初學者是一相當容易入門的分析工具。底下將以前幾節的範例為依據,說明如何透過軟體的協助以更快、更有效率方式了解馬可夫鏈的基本概念與應用。

例 1

若一馬可夫鏈有 A, B, C, D 四個狀態,各狀態之轉移矩陣如下,請求出對應之轉移圖。

$$\begin{array}{c} \\ A \\ B \\ C \\ D \end{array} \begin{array}{cccc} A & B & C & D \\ \begin{bmatrix} 0.55 & 0.25 & 0.05 & 0.15 \\ 0.25 & 0.35 & 0.20 & 0.20 \\ 0.20 & 0.30 & 0.10 & 0.40 \\ 0.30 & 0.20 & 0.10 & 0.40 \end{bmatrix} \end{array}$$

解

(1) 啟動 SpiceLogic Markov Chain Calculator 後，依序按➕輸入狀態名稱，完成狀態輸入，如圖 6-3，完成後點按 Proceed。

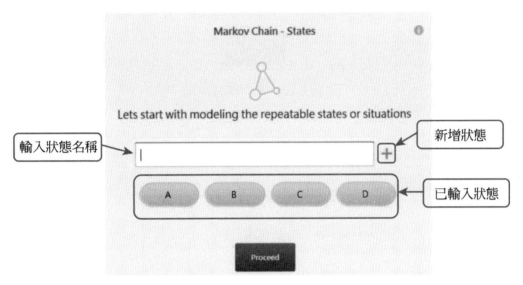

圖 6-3 狀態名稱之輸入

(2) 輸入狀態間的轉移機率，如圖 6-4。

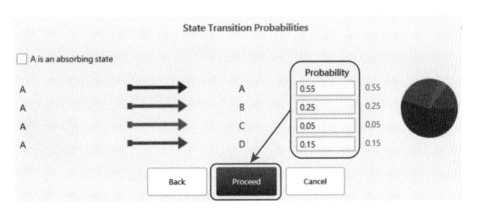

(a)輸入狀態 A 之轉移機率

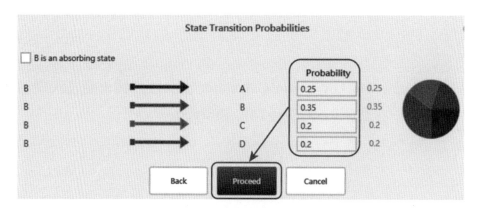

(b)輸入狀態 B 之轉移機率

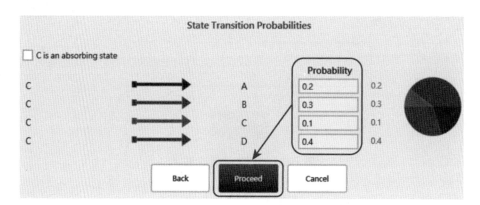

(c)輸入狀態 C 之轉移機率

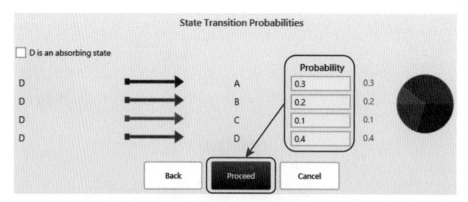

(d)輸入狀態 D 之轉移機率

Congratulations. You have successfully modeled a Markov Chain.

Now, you can take your time to explore the model, change the various controls or decision parameters and predict the future states.

(e)完成狀態轉移機率輸入

圖 6-4 例 1 各狀態轉移機率之輸入

(3) 輸入完成後，可得如圖 6-5 的結果，點選左上方 Decision Graph 按鈕，可得此題之轉移圖（圖 6-6(a)），可以滑鼠拖曳各狀態位置，以得到較佳的視覺效果（圖 6-6(b)）。

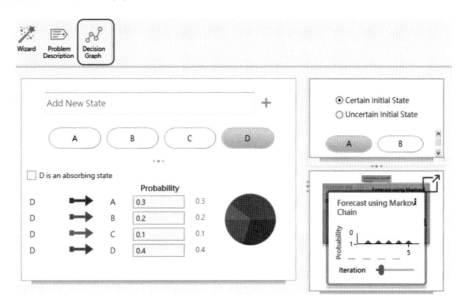

圖 6-5 輸入完成畫面

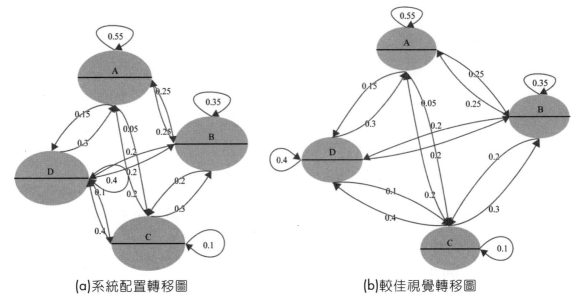

(a)系統配置轉移圖　　　　　　　　　　(b)較佳視覺轉移圖

圖 6-6　例 1 馬可夫鏈轉移圖

例 2

承 6.1 節，例 6，求(1) p_{12}^4；(2) p_{11}^6。

解

(1) 輸入狀態名稱與移轉機率，請注意因狀態 2 為一吸收狀態，故輸入移轉
機率時，選取左側核取方塊即可（圖 6-7）。

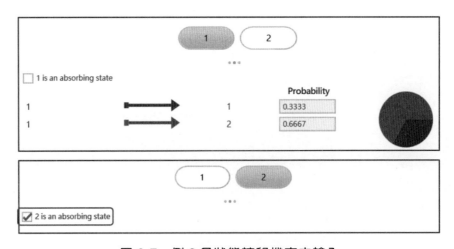

圖 6-7　例 2 各狀態轉移機率之輸入

(2) 求 p_{12}^4 時，在右側選擇 Certain Initial State，並點選下方的狀態 1，其下方
可得到相關圖表，如圖 6-8 所示。

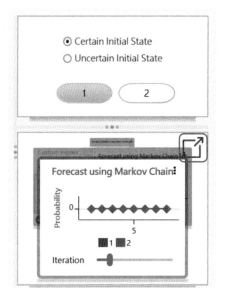

圖 6-8 狀態 1 為起始狀態之計算結果

(3) 點選圖表展開按鈕 ，可得如圖 6-9 的計算結果圖表。

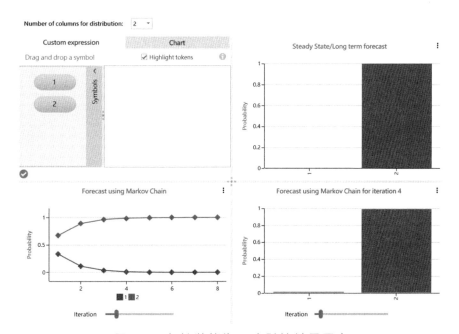

圖 6-9 起始狀態為 1 之計算結果圖表

(4) 在 Forecast using Markov Chain 視窗中下方的轉移次數拉至最右側，並於
右上方點選 ⋮ 按鈕，於下拉式選單中點選顯示資料表(Show Data Table)
可得轉移次數與對應的各狀態機率，其結果如圖 6-10。由圖 6-10 中可得
$p_{12}^4 = 0.988, p_{11}^6 = 0.0014$。

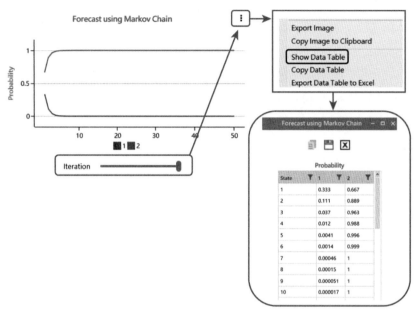

圖 6-10 轉移次數與對應的各狀態機率

例 3

求解 6.2 節，例 4。

解

(1) 輸入狀態名稱與相關轉移機率後，
可得圖 6-11 的轉移圖。

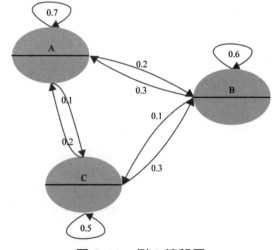

圖 6-11 例 3 轉移圖

(2)　在右側選擇 Uncertain Initial State，並分別輸入各公司的起始市場占有率（A 公司為 $\frac{1}{4} = 0.25$，B 公司為 $\frac{1}{3} \cong 0.3333$，C 公司為 $\frac{5}{12} \cong 0.4167$），其下方可得到相關圖表，如圖 6-12 所示。

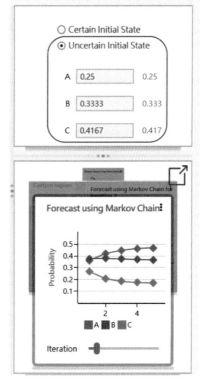

圖 6-12　各公司起始市場占有率與計算結果

(3) 點選圖表展開按鈕 ，可得如圖 6-13 的計算結果圖表。

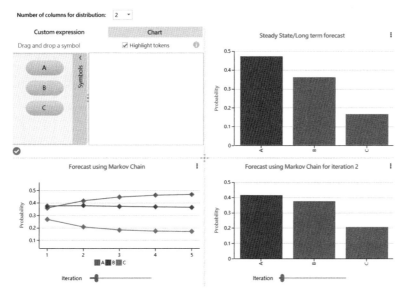

圖 6-13　已知起始狀態機率之計算結果圖表

(4) 在 Forecast using Markov Chain 視窗之右上方點選 ⋮ 按鈕，於下拉式選單中點選顯示資料表可得轉移次數與對應的各狀態機率，其結果如圖 6-14。由圖 6-14 中可得 $u_1 = \begin{bmatrix} 0.358 & 0.375 & 0.267 \end{bmatrix}$，故得知 A 公司的市場占有率由 0.25 增加為 0.358。

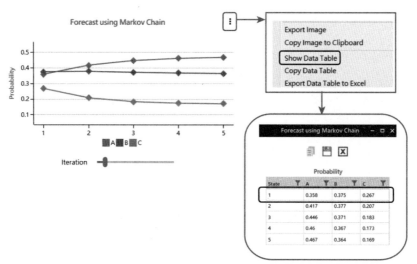

圖 6-14　次期三家公司之市場占有率

(5) 在 Steady State/Long term forecast 視窗之右上方點選 ⋮ 按鈕，於下拉式選單中點選顯示資料表可得穩定狀態機率，其結果如圖 6-15。由圖 6-15 中可得三家公司市場占有率之穩定狀態機率分別為 0.472, 0.361, 0.167。

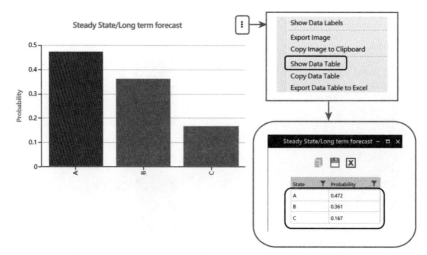

圖 6-15　三家公司市場占有率之穩定狀態機率

練習題 6

1. 試判斷下列矩陣何者為機率矩陣？

   (1) $P_1 = \begin{bmatrix} \dfrac{1}{2} & \dfrac{1}{4} & \dfrac{1}{4} \\ 0 & 0 & 1 \\ 1 & 0 & 0 \end{bmatrix}$ (2) $P_2 = \begin{bmatrix} -\dfrac{1}{2} & 1 & \dfrac{1}{2} \\ 1 & -\dfrac{1}{4} & \dfrac{1}{4} \\ -\dfrac{1}{9} & \dfrac{1}{9} & 1 \end{bmatrix}$

2. 若 $P = \begin{bmatrix} 1 & 0 \\ \dfrac{1}{2} & \dfrac{1}{2} \end{bmatrix}$, $u_0 = \begin{bmatrix} \dfrac{2}{3} & \dfrac{1}{3} \end{bmatrix}$

   (1) 用 Chapman-Kolmogrov 命題求 $P^{(3)}$。

   (2) 求 u_3。

3. 試完成下列轉移圖之機率並以轉移矩陣表示：

   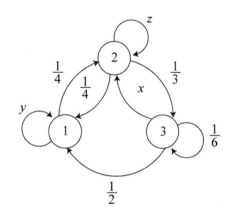

4. 設 M, N 均為一轉移矩陣，問下列敘述何者成立？

   (1) M 為非奇異陣

   (2) M^{-1} 不一定存在

   (3) M^2 不為轉移矩陣，則 M 也不是轉移矩陣

   提示：(3)應用命題邏輯推論

5. 轉移矩陣如下：

(1) 試繪出對應之轉移圖：

$$P = \begin{array}{c} \\ 1 \\ 2 \\ 3 \end{array}\begin{array}{ccc} 1 & 2 & 3 \\ \left[\begin{array}{ccc} \dfrac{1}{3} & \dfrac{1}{3} & \dfrac{1}{3} \\ \dfrac{1}{3} & \dfrac{2}{3} & 0 \\ \dfrac{1}{3} & 0 & \dfrac{2}{3} \end{array}\right] \end{array}$$

(2) 若一粒子在 1, 2, 3 三個狀態間游移，若它現在在狀態 2，問在 2 步轉移後；它在狀態 1, 2, 3 之機率各為何？

6. 給定轉移矩陣如下：

$$p = \begin{array}{c} \\ 1 \\ 2 \end{array}\begin{array}{cc} 1 & 2 \\ \left[\begin{array}{cc} \dfrac{1}{2} & \dfrac{1}{2} \\ \dfrac{1}{4} & \dfrac{3}{4} \end{array}\right] \end{array}$$

(1) 應用 Chpman-Kolmogrov 方程式求 $P^{(3)}$。
(2) 用遷移圖求 $P_{21}^{(3)}$。

7. 判斷下列何者為正規馬可夫鏈？

(1) $P_1 = \begin{bmatrix} 0.183 & 0.007 & 0.81 \\ 1 & 0 & 0 \\ 0.645 & 0.3 & 0.055 \end{bmatrix}$ (2) $P_2 = \begin{bmatrix} 1 & 0 & 0 \\ 0.842 & 0.15 & 0.008 \\ 0 & 0.7 & 0.3 \end{bmatrix}$

8. 若 $P = \begin{bmatrix} \dfrac{3}{4} & \dfrac{1}{4} \\ \dfrac{1}{2} & \dfrac{1}{2} \end{bmatrix}$

(1) 用遷移圖求 $P_{12}^{(3)}$。

(2) $P^{(3)} = ?$

(3) 若 $u_0 = \begin{bmatrix} \dfrac{1}{2} & \dfrac{1}{2} \end{bmatrix}$，求 u_3。

9. 請就你的管理知識說明例 3 是基於何種假設才有此結果。

10. $P = \begin{bmatrix} x & \dfrac{3}{10} & \dfrac{3}{10} \\ y & \dfrac{3}{10} & \dfrac{1}{10} \\ z & \dfrac{1}{10} & \dfrac{3}{10} \end{bmatrix}$ 為一機率矩陣

(1) 求 x，y，z。

(2) P 是正規馬可夫矩陣嗎？

(3) 若是，若 $u_0 = \begin{bmatrix} \dfrac{1}{3} & \dfrac{1}{6} & \dfrac{1}{2} \end{bmatrix}$，求 $u_2 = ?$

(4) 長期以往，求穩定機率向量。

(5) $\lim\limits_{n \to \infty} P^n$。

11. $P = \begin{array}{c} \\ s_1 \\ s_2 \\ s_3 \\ s_4 \\ s_5 \end{array} \begin{array}{c} \begin{matrix} s_1 & s_2 & s_3 & s_4 & s_5 \end{matrix} \\ \begin{bmatrix} 0 & 0.2 & 0 & 0.8 & 0 \\ 0 & 0 & 0.8 & 0.2 & 0 \\ 0 & 0 & 0 & 0.3 & 0.7 \\ 0 & 0 & 0 & 1 & 0 \\ 0 & 0 & 0 & 0 & 1 \end{bmatrix} \end{array}$，試化成吸收馬夫矩陣之典式形式。

試分別求第 12, 13 題之

(1) 試化成吸收馬可夫鏈之典式形式。

(2) N，B，T 並說明其意義。

12. $P = \begin{array}{c} \\ s_1 \\ s_2 \\ s_3 \\ s_4 \end{array} \begin{array}{c} \begin{matrix} s_1 & s_2 & s_3 & s_4 \end{matrix} \\ \begin{bmatrix} 0.2 & 0.3 & 0.4 & 0.1 \\ 0 & 1 & 0 & 0 \\ 0 & 0 & 1 & 0 \\ 0 & 0.4 & 0.3 & 0.3 \end{bmatrix} \end{array}$

13. $P = \begin{array}{c} \\ s_1 \\ s_2 \\ s_3 \\ s_4 \end{array} \begin{array}{cccc} s_1 & s_2 & s_3 & s_4 \\ \begin{bmatrix} \dfrac{3}{10} & \dfrac{1}{10} & \dfrac{2}{10} & \dfrac{4}{10} \\ 0 & 1 & 0 & 0 \\ 0 & 0 & 1 & 0 \\ \dfrac{2}{10} & \dfrac{3}{10} & \dfrac{3}{10} & \dfrac{2}{10} \end{bmatrix} \end{array}$

07 CHAPTER

賽局理論

7.1 賽局的意義及要素

學習目標

1. 以一些賽局理論的經典例子說明賽局理論是什麼。
2. 了解賽局理論之一些基本名詞。

 前　言

　　當今企業除非是獨占企業，否則多少有一些競爭企業，為了互相衝突的目標，大家會擬訂一些策略，尤其是我們知道對手企業所有可能的策略，自然會根據對手之不同策略而採因應策略，希冀在這場競爭中獲得最大利益。**賽局理論**(game theory)最早可溯及 1928 年馮·諾伊曼(von Neumann, 1903~1957)之研究，1944 年他與奧斯卡·摩根斯坦(Oskar Morgenstern, 19021~977)合著之《賽局論與經濟行為》(Theory of Games and Economic Behavior)(1944)而奠定賽局理論之理論架構，後來納許（John Nash, 1928~2015, 1994 年諾貝爾經濟學獎得主）提出之**納許均衡**(Nash equilibrium)為賽局理論的一般化奠定了堅實基礎。

一個古典名例

　　一般人對賽局理論大概多停留在**零和遊戲**(zero-sum game)，這是因為報章雜誌、政論節目中耳聞能詳的名詞，人們也知道它指的是一場競爭活動中我方贏得的恰是他方輸的，反之亦然，選舉是最典型的例子。但賽局理論之內容絕不僅於此，它有極為深邃之數學理論來作支撐，這當然超過本書之範圍，但我們在此舉一個例子讓讀者對賽局理論有初步之了解。

例 1 （A Tucker 教授之囚徒困境(prisoner's dilemma)）

設有二名殺人嫌犯 A, B 分別被關在二個隔離牢房接受審訊，檢察官未完全握有犯行之證據，但監視器錄到二人闖入被害者之房中。因此，希望能透過下列誘導以取得供詞：

(1) A, B 中有 1 人認罪而另一人不認罪時，認罪的可改為汙點證人而無罪，另一個不認罪的將判 10 年之有期徒刑。

(2) A, B 2 人均認罪，那麼 2 人將各判 8 年有期徒刑。

(3) A, B 2 人均不認罪，則會以闖入私宅而各判 2 年有期徒刑。

若以**報酬矩陣**(reward matrix)表現則為

		B（他方）	
		認罪	不認罪
A （我方）	認罪	(8, 8)	(0, 10)
	不認罪	(10, 0)	(2, 2)

上述例子顯示了賽局之三大要素：

(1) 參賽者：A, B

(2) 策略：認罪或不認罪

(3) 報酬（結果）：矩陣內之有序元素對 (x, y) 之 x, y 分別表示 A（即我方）及 B（即他方）在不同策略下之結果，二人各自以刑期最短做為他們認不認罪之策略（**決策**(decision making)或**行動**(action)）

解 析

我們先從 A 角度來看他的選擇：

① 若 A 選擇認罪當做汙點證人，那麼他便可無罪，但如果 B 選擇認罪，那 A 反而被判 8 年

② 若 A 選擇不認罪，那他就要賭上 B 也不認罪，如此，二人都只判 2 年徒刑，是比較不慘的，但萬一 B 認罪，那 A 反而會被重判 10 年，是各種情形最糟的。

在 B 之角度所做的選擇也是一樣。

因為 A, B 二人都是獨立地進行理性思考，目的是使自己判刑最輕，但又要顧到對方之「背叛」，因此，在只追求個人利益的情形下，以採取均不認罪似乎對雙方損失最輕。

賽局之基本要求

剛才已說過賽局有三大要素－參賽者、策略、以及報酬，我們續前再說明如下：

1. **參賽者**(player)：在賽局中執行策略的不論個人、團體都是參賽者。本書只討論**二人賽局**(two person game)，亦即賽局之參賽者只有二人，通常以 R 與 C 表示，R 通常代表「自己」，C 為「對方」。

2. **策略**(strategy)：簡單地說，賽局之參與者均有一些行動可供他在賽局中獲取最大利益或最小損失，這些行動也稱為策略或方案。賽局因參與者選擇策略方式而有以下之分類：

   (1) **單純策略賽局**(pure strategy game)又稱為**有鞍點**(saddle point)賽局：最佳策略是從諸策略中只採其中某一策略，在**本質上屬確定型模式**。

   (2) **混合策略賽局**(mixed strategy game)或無鞍點賽局：這是雙方之最佳策略是由各自策略採行之機率混合組成，在**本質上屬隨機型模式**，因此，有些學者稱單純策略賽局為**嚴格決定賽局**(strictly determined game)而混合策略賽局為**非嚴格決定賽局**(not strictly determined game)。

3. **報酬**

   報酬常稱為**償付**(pay off)它是 R, C 各取某個策略所產生之**利得**(gain)或**損失**(loss)。當一方之利得恰等於他方之損失時，我們稱這種賽局為零和賽局否則為**非零和賽局**(non-zero-sum game)。

若雙方以最佳策略（或策略組合）所獲得之報酬稱為**賽局值**(game value)，賽局值 v 為 0 之賽局稱為**公平賽局**(fair game)。

報酬矩陣

報酬矩陣是一個 $m \times n$ **陣列**(array)。矩陣中將參與者、策略、報酬均標註在此陣列中，以 a_{21} 為例，它意指 R 採 R_2，C 採 C_1 策略下之償付，餘可類推。**報酬矩陣是以 R 方之觀點**，因此：

1. $a_{ij} > 0$ 表示 R 從 C 得到 a_{ij} 之報酬，故對 R 有利。

2. $a_{ij} = 0$ 時，R，C 雙方沒輸贏。

3. $a_{ij} < 0$ 時表示 R 從 C 得到 a_{ij}（負）的報酬，即 R 輸 a_{ij} 給 C，故對 C 有利。

例 2

R, C 二人玩剪刀、石頭、布的猜拳遊戲，報酬矩陣如下：

		C		
		剪刀	石頭	布
R	剪刀	0	−1	1
	石頭	1	0	−1
	布	−1	1	0

為了清晰起見，我們可把上述報酬矩陣改寫成下列形式：

		C		
		剪刀	石頭	布
R	剪刀	R 贏 0，C 贏 0	R 輸 1，C 贏 1	R 贏 1，C 輸 1
	石頭	R 贏 1，C 輸 1	R 贏 0，C 贏 0	R 輸 1，C 贏 1
	布	R 輸 1，C 贏 1	R 贏 1，C 輸 1	R 贏 0，C 贏 0

由上表易知，R, C 不論採取何策略，他們報酬之總和均為 0，此即為零和賽局。

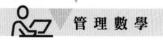

並非所有賽局均為零和賽局，像例 2 這樣雙方輸贏（利得／損失）和為常數者，稱為**常數和賽局**(constant sum game)。

例 3

若一賽局之賽局值為 5，且若此賽局之報酬矩陣：

$$
\begin{array}{c}
 & C \\
 & \begin{array}{cc} C_1 & C_2 \end{array} \\
R \begin{array}{c} R_1 \\ R_2 \end{array}
\begin{bmatrix} -2 & 0 \\ 3 & -4 \end{bmatrix}
\end{array}
$$

試仿例 1 之方式作表解釋 R, C 在不同策略下之各人輸贏情形。

解

		C	
		C_1	C_2
R	R_1	R輸 2，C贏 7	R贏 0，C贏 5
	R_2	R贏 3，C贏 2	R輸 4，C贏 9

隨堂演練 A

承例 2.若賽局值為 1，重做上表。

Ans：

		C	
		C_1	C_2
R	R_1	R輸 2，C贏 3	R輸 0，C贏 1
	R_2	R贏 3，C輸 2	R輸 4，C贏 5

7.2 單純策略賽局

學習目標

1. 了解什麼是鞍點及如何找出鞍點。
2. 了解有鞍點的賽局是單純策略賽局。
3. 了解一報酬矩陣未必有鞍點且即便有鞍點也未必唯一。

在二人賽局，從 **R** 之立場，他希望能由每個策略之最小利得中找出其中最大者，但從 **C** 之立場，他希望能由每個策略之損失最大中找出其中最小者，如果這二個結果相同，我們稱這個賽局處於**均衡狀態**(equilibrium)，表示雙方都會採取**單純策略**(pure strategy)。

定 義

設二人賽局之報酬矩陣

$$
\begin{array}{c}
 & C \\
 & \begin{array}{cccc} C_1 & C_2 & \cdots & C_n \end{array} \\
R\begin{array}{c} R_1 \\ R_2 \\ \vdots \\ R_m \end{array}
& \begin{bmatrix}
a_{11} & a_{12} & \cdots & a_{1n} \\
a_{21} & a_{22} & \cdots & a_{2n} \\
\vdots & \vdots & \cdots & \vdots \\
a_{m1} & a_{m2} & \cdots & a_{mn}
\end{bmatrix}
\end{array}
$$

若 $\underset{1\le i\le m}{\text{Max}}(\underset{1\le j\le n}{\min}a_{ij})=\underset{1\le j\le n}{\text{Min}}(\underset{1\le i\le m}{\max}a_{ij})=v$，則稱此賽局之賽局值為 v，$v=0$ 時稱此賽局為**公平賽局**(fair game)。

由定義可知，**R** 是採小中取大原則即從每列最小者中取最大值；**C** 是採大中取小原則，即從每行最大者中取最小值，且二者之結果相等，若 R 採 R_i 策略，C 採 C_j 策略滿足 $\underset{1\le i\le m}{\text{Max}}(\underset{1\le j\le n}{\min}a_{ij})=\underset{1\le j\le n}{\text{Min}}(\underset{1\le i\le m}{\max}a_{ij})=v$，則稱此賽局有**鞍點**(saddle point)，**即有賽局值為** v。並用 $[0\ 0\ \cdots\ 1\ 0\ \cdots\ 0]$ 來表示 R 之最佳單純策略
$\qquad\qquad\qquad\qquad\qquad\qquad\qquad\uparrow$第$i$個位置
(optimal pure strategy)為 R_i，以 $[0\ 0\ \cdots\ 1\ 0\ \cdots\ 0]$ 代表 C 之最佳單純策略為 C_j。
$\qquad\qquad\qquad\qquad\qquad\qquad\uparrow$第$j$個位置

例 1

判斷下列報酬矩陣何者有鞍點？若有鞍點並求賽局值。

$$(1)\begin{bmatrix} 3 & -12 \\ -8 & 4 \end{bmatrix} \qquad (2)\begin{bmatrix} 1 & 3 \\ 2 & 4 \end{bmatrix}$$

解

$$(1) \quad R\ \begin{array}{c} \\ \\ R_1 \\ R_2 \end{array} \begin{array}{c} C \\ C_1 \quad C_2 \\ \begin{bmatrix} 3 & -12 \\ -8 & 4 \end{bmatrix} \end{array} \begin{array}{l} -12 \\ -8 \leftarrow \text{Maximin} \end{array}$$

$$\begin{array}{cc} 3 & 4 \end{array}$$

$$\uparrow\ \text{Minimax}$$

∵ Maximin ≠ Minimax

∴本報酬矩陣無鞍點。

$$(2) \quad R\ \begin{array}{c} \\ \\ R_1 \\ R_2 \end{array} \begin{array}{c} C \\ C_1 \quad C_2 \\ \begin{bmatrix} 1 & 3 \\ 2 & 4 \end{bmatrix} \end{array} \begin{array}{l} 1 \\ 2 \leftarrow \text{Maximin} \end{array}$$

$$\begin{array}{cc} 2 & 4 \end{array}$$

$$\uparrow\ \text{Minimax}$$

∵ Maximin = Minimax

∴本報酬矩陣有鞍點，其賽局值為 2，且 R 採 R_2 策略，C 採 C_1 策略。

在此，有幾個應注意的地方：

1. 若 a_{ij} 是報酬矩陣之一個鞍點，則參賽者 R 將採策略 R_i，C 採策略 C_j。

2. 不見得每個報酬矩陣都有鞍點，即便有也未必唯一，如果報酬矩陣有二個以上鞍點，它們的賽局值必相等。

3. 即便是**零和賽局**，它的**賽局值未必是 0**。

4. 賽局沒鞍點時，我們便要用下節之混合策略賽局。

例 2

給定一二人賽局之報酬矩陣如下：

$$
\begin{array}{c}
& C \\
& \begin{array}{ccccc} C_1 & C_2 & C_3 & C_4 & C_5 \end{array} \\
R \begin{array}{c} R_1 \\ R_2 \\ R_3 \\ R_4 \end{array}
\begin{bmatrix}
1 & 0 & 6 & 14 & 3 \\
12 & 10 & 9 & 11 & 12 \\
5 & 9 & 8 & 8 & 13 \\
10 & 11 & 7 & 7 & 6
\end{bmatrix}
\end{array}
$$

問 (1) 此報酬矩陣是否有鞍點？

(2) R, C 是否會採單純策略？若是，R, C 之最佳策略？

(3) 由(1)，R 之利得為何？C 之損失又為何？

(4) 本賽局之賽局值為何？

解

(1)
$$
\begin{array}{c}
& C \\
& \begin{array}{ccccc} C_1 & C_2 & C_3 & C_4 & C_5 \end{array} \\
R \begin{array}{c} R_1 \\ R_2 \\ R_3 \\ R_4 \end{array}
\begin{bmatrix}
1 & 0 & \mathbf{6} & 14 & 3 \\
\mathbf{12} & \mathbf{10} & \mathbf{9} & \mathbf{11} & \mathbf{12} \\
5 & 9 & \mathbf{8} & 8 & 13 \\
10 & 11 & \mathbf{7} & 7 & 6
\end{bmatrix}
\begin{array}{l}
0 \\
9 \leftarrow \text{Maximin} \\
5 \\
6
\end{array}
\end{array}
$$

$$
\begin{array}{ccccc}
12 & 11 & 9 & 14 & 13
\end{array}
$$

$$
\uparrow\!\!\!\text{—— Minimax}
$$

$\because \mathrm{Maximin} = \mathrm{Minimax} = 9$

$\therefore$ 本賽局有唯一鞍點

(2) 因有鞍點，所以雙方會採取單純策略，即 R 之最佳策略為 R_2，C 之最佳策略為 C_3。

(3) R 之利得為 9，C 之損失為 9。

(4) 賽局值為 9。

隨堂演練 A

下列賽局有無鞍點？若有，求 R，C 各應採何策略及其賽局值。

$$
\begin{array}{c}
 & & C \\
 & & C_1 \ C_2 \ C_3 \ C_4 \\
R & \begin{array}{c} R_1 \\ R_2 \\ R_3 \end{array} & \begin{bmatrix} 11 & 3 & 8 & 1 \\ 8 & 7 & 8 & 9 \\ 2 & 4 & 6 & 2 \end{bmatrix}
\end{array}
$$

Ans：有鞍點，R 採 R_2 策略，C 採 C_2 策略，賽局值 $v = 7$

命題 A

若 R，C 二人之報酬矩陣為 A，A 有鞍點。設 R 之最佳單純策略為 P^*，C 之最佳單純策略 Q^*，v 為賽局值，則 $v = P^* A Q^*$

證 明

設 R 採策略 R_i，C 採 C_j 策略時有一鞍點，對應之賽局值 $v = a_{ij}$。則

$$P^* = \begin{bmatrix} 0 & 0 & \cdots & 0 & 1 & 0 & \cdots & 0 \end{bmatrix}，Q^* = \begin{bmatrix} 0 & \cdots & 0 & 1 & 0 & \cdots & 0 \end{bmatrix}^T$$

⎣— 第 i 個位置　　　　⎣— 第 j 個位置

$$\therefore P^*AQ^* = \begin{bmatrix} 0 & 0 & \cdots & 1 & \cdots & 0 \end{bmatrix} \begin{bmatrix} a_{11} & a_{12} & \cdots & a_{1n} \\ a_{21} & a_{22} & \cdots & a_{2n} \\ \cdots & \cdots & \cdots & \cdots \\ a_{m1} & a_{m2} & \cdots & a_{mn} \end{bmatrix} \begin{bmatrix} 0 \\ 0 \\ \vdots \\ 1 \\ 0 \\ 0 \\ 0 \end{bmatrix}$$

第 i 個位置

$$= \begin{bmatrix} a_{i1} & a_{i2} & \cdots & a_{ij} & \cdots & a_{in} \end{bmatrix} \begin{bmatrix} 0 \\ 0 \\ 1 \\ 0 \\ \vdots \end{bmatrix} \leftarrow 第 j 個位置$$

$$= a_{ij} = v$$

例 3

以例 2 為例驗證命題 A。

解

在例 2, $P^* = \begin{bmatrix} 0 & 1 & 0 & 0 \end{bmatrix}$, $Q^* = \begin{bmatrix} 0 & 0 & 1 & 0 & 0 \end{bmatrix}^T$

$$v^* = P^*AQ^* = \begin{bmatrix} 0 & 1 & 0 & 0 \end{bmatrix} \begin{bmatrix} 1 & 0 & 6 & 14 & 3 \\ 12 & 10 & 9 & 11 & 12 \\ 5 & 9 & 8 & 8 & 13 \\ 10 & 11 & 7 & 7 & 6 \end{bmatrix} \begin{bmatrix} 0 \\ 0 \\ 1 \\ 0 \\ 0 \end{bmatrix}$$

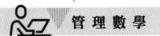
$$=[12\ 10\ 9\ 11\ 12]\cdot\begin{bmatrix}0\\0\\1\\0\\0\end{bmatrix}=9$$

隨堂演練 B

以隨堂演練 A 之報酬矩陣來驗證命題 A。

7.3　混合策略賽局

學習目標

1. 混合策略賽局是無鞍點。
2. 了解 2×2 階之混合賽局。
3. 了解凌越策略。

2×2 混合策略賽局

　　本節我們將探討一個特殊的賽局，二個人且每人只有二個策略之無鞍點零和賽局。在此情況下，二個人都將採混合策略，混合策略是個機率向量，機率向量內之元素 P_i 表明決策者採取第 i 個策略之機率。

　　在混合策略賽局中，R（我方）是採 Maximin（小中取大準則），而 C（對方）採 Minimax（大中取小準則），以求取各自之最佳期望賽局值（或報酬）E。R 在 C 採 C_1，C_2 之策略下分別求取期望報酬 E，E 為 P 之函數，二函數圖形之交點即為 R 之混合策略。

2×2賽局	
R 方	C 方

我們舉一個例子：

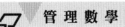

 例 1

$$
\begin{array}{c}
\quad\quad C \\
\quad\quad C_1 \quad C_2 \\
R\ \begin{array}{c} R_1 \\ R_2 \end{array}\left[\begin{array}{cc} -2 & 2 \\ 3 & 1 \end{array}\right]
\end{array}
$$

試求此賽局 R, C 之混合策略為何？賽局值為何？此賽局對誰有利？

解

這個償付矩陣無鞍點，所以不是個單純策略，因此我們用混合賽局：

(1) R 之最佳混合策略：

$$
\begin{array}{c}
\quad C_1 \quad C_2 \\
\begin{array}{c} p \\ 1-p \end{array}\left[\begin{array}{cc} -2 & 2 \\ 3 & 1 \end{array}\right]
\end{array}
$$

則

① C 採策略 C_1；則 R 之 E 值為 $E_1 = -2p + 3(1-p) = 3 - 5p$ (a)

② C 採策略 C_2；則 R 之 E 值為 $E_2 = 2p + (1-p) = 1 + p$ (b)

令 $E_1 = E_2$ 即 $3 - 5p = 1 + p$，所以 $p = \dfrac{1}{3}$，$1 - p = \dfrac{2}{3}$ 得 R 之最佳混合策略為

$\left[\begin{array}{cc} \dfrac{1}{3} & \dfrac{2}{3} \end{array}\right]$，即 R 有 $\dfrac{1}{3}$ 的機率用策略 R_1，$\dfrac{2}{3}$ 的機率用策略 R_2。代 $p = \dfrac{1}{3}$ 到(a)或

(b)，可得 R 之期望報酬為 $\dfrac{4}{3}$，因為望報酬 $\dfrac{4}{3}$ 大於 0，故本賽局對 R 有利。

(2) C 之最佳混合策略：

$$
\begin{array}{c}
\quad q \quad 1-q \\
令\ \begin{array}{c} R_1 \\ R_2 \end{array}\left[\begin{array}{cc} -2 & 2 \\ 3 & 1 \end{array}\right]
\end{array}
$$

① R 採策略 R_1，則 C 之 E 值為 $E_1 = -2q + 2(1-q) = 2 - 4q$ (c)

② R 採策略 R_2，則 C 之 E 值為 $E_2 = 3q + (1-q) = 2q + 1$ (d)

令 $E_1 = E_2$ 即 $2 - 4q = 2q + 1$，所以 $q = \dfrac{1}{6}$，$1 - q = \dfrac{5}{6}$ 得 C 之最佳混合策略為

$\begin{bmatrix} \dfrac{1}{6} & \dfrac{5}{6} \end{bmatrix}^T$，即 C 有 $\dfrac{1}{6}$ 之機率用策略 R_1，$\dfrac{5}{6}$ 之機率用策略 R_2。代 $q = \dfrac{1}{6}$ 到(c)或(d)

可得 C 之期望損失為 $\dfrac{4}{3}$，顯然對 C 不利。

我們可將本題圖解如下：

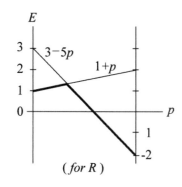

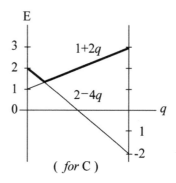

命題 A

若一報酬矩陣 A 如下：

$$A = \begin{bmatrix} a_{11} & a_{12} \\ a_{21} & a_{22} \end{bmatrix}$$

若 A **無鞍點**，則 R 與 C 之最佳策略分別為

$$P^* = \begin{bmatrix} \dfrac{a_{22} - a_{21}}{a_{11} + a_{22} - a_{12} - a_{21}} & \dfrac{a_{11} - a_{12}}{a_{11} + a_{22} - a_{12} - a_{21}} \end{bmatrix}$$

$$Q^* = \begin{bmatrix} \dfrac{a_{22} - a_{12}}{a_{11} + a_{22} - a_{12} - a_{21}} & \dfrac{a_{11} - a_{21}}{a_{11} + a_{22} - a_{12} - a_{21}} \end{bmatrix}^T$$

$$賽局值 \ v = \dfrac{\begin{vmatrix} a_{11} & a_{12} \\ a_{21} & a_{22} \end{vmatrix}}{a_{11} + a_{22} - a_{12} - a_{21}}$$

證 明

(1) R 方策略有 R_1, R_2 二種，決策者採用 R_1, R_2 之機率分別為 p，$1-p$，即

$$R \begin{matrix} & & C_1 \quad C_2 \\ p \\ 1-p \end{matrix} \begin{bmatrix} a_{11} & a_{12} \\ a_{21} & a_{22} \end{bmatrix}$$

若 C 採策略 C_1 則 R 之期望報酬為：

$E_1 = pa_{11} + (1-p)a_{21}$

若 C 採策略 C_2 則 R 之期望報酬為：

$E_2 = pa_{12} + (1-p)a_{22}$

R 之最佳策略發生在 E_1, E_2 二線交點：

$pa_{11} + (1-p)a_{21} = pa_{12} + (1-p)a_{22}$

解之 $p = \dfrac{a_{22} - a_{21}}{a_{11} + a_{22} - a_{12} - a_{21}}$

$\therefore R$ 之混合策略是 $P^* = [p \ 1-p] = \left[\dfrac{a_{22} - a_{21}}{a_{11} + a_{22} - a_{12} - a_{21}} \quad \dfrac{a_{11} - a_{12}}{a_{11} + a_{22} - a_{12} - a_{21}} \right]$

(2) C 之策略有 C_1, C_2 二種，決策者採用機率分別為 q，$1-q$：

$$R \begin{matrix} & C \\ R_1 \\ R_2 \end{matrix} \begin{matrix} q \quad 1-q \\ \begin{bmatrix} a_{11} & a_{12} \\ a_{21} & a_{22} \end{bmatrix} \end{matrix}$$

若 R 採 R_1 策略，則 C 之期望損失為：

$E_1 = a_{11}q + a_{12}(1-q)$

若 R 採 R_2 策略，則 C 之期望損失為：

$E_2 = a_{21}q + a_{22}(1-q)$

C 之最佳策略發生在上述二直線 E_1, E_2 交點：

即 $a_{11}q + a_{12}(1-q) = a_{21}q + a_{22}(1-q)$

解之 $q = \dfrac{a_{22} - a_{12}}{a_{11} + a_{22} - a_{12} - a_{21}}$

$\therefore C$ 之混合策略為 $[q \ 1-q]^T$

$$= \left[\frac{a_{22} - a_{12}}{a_{11} + a_{22} - a_{12} - a_{21}} \quad \frac{a_{11} - a_{21}}{a_{11} + a_{22} - a_{12} - a_{21}} \right]^T$$

(3) 由 $P^* = \begin{bmatrix} p & 1-p \end{bmatrix} = \left[\frac{a_{22} - a_{21}}{a_{11} + a_{22} - a_{12} - a_{21}} \quad \frac{a_{11} - a_{12}}{a_{11} + a_{22} - a_{12} - a_{21}} \right]$

代 $p = \dfrac{a_{22} - a_{21}}{a_{11} + a_{22} - a_{12} - a_{21}}, 1-p = \dfrac{a_{11} - a_{12}}{a_{11} + a_{22} - a_{12} - a_{21}}$ 入 E_1 或 E_2

得

$$v = \frac{\begin{vmatrix} a_{11} & a_{12} \\ a_{21} & a_{22} \end{vmatrix}}{a_{11} + a_{22} - a_{12} - a_{21}}$$

① 例 2

考慮下列報酬矩陣：

$$\begin{array}{c} & C \\ & C_1 \quad C_2 \\ R \begin{array}{c} R_1 \\ R_2 \end{array} \begin{bmatrix} 4 & 3 \\ 1 & 5 \end{bmatrix} \end{array}$$

試求此賽局 R, C 之混合策略為何？賽局值為何？此賽局對誰有利？

解

由命題 A

R 之混合策略 $= \left[\dfrac{5-1}{4+5-3-1} \quad \dfrac{4-3}{4+5-3-1} \right] = \left[\dfrac{4}{5} \quad \dfrac{1}{5} \right]$

即 R 採 R_1 策略之機率為 $\dfrac{4}{5}$ ，採 R_2 策略之機率為 $\dfrac{1}{5}$

C 之混合策略 $= \left[\dfrac{5-3}{4+5-3-1} \quad \dfrac{4-1}{4+5-3-1} \right]^T = \left[\dfrac{2}{5} \quad \dfrac{3}{5} \right]^T$

即 C 採 C_1 策略之機率為 $\dfrac{2}{5}$ ，採 C_2 策略之機率為 $\dfrac{3}{5}$

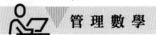

$$v = \frac{\begin{vmatrix} a_{11} & a_{12} \\ a_{21} & a_{22} \end{vmatrix}}{a_{11} + a_{22} - a_{12} - a_{21}} = \frac{\begin{vmatrix} 4 & 3 \\ 1 & 5 \end{vmatrix}}{4 + 5 - 3 - 1} = \frac{17}{5}$$

$\because v = \dfrac{17}{5} > 0$，表示此賽局對 R 有利。

隨堂演練 A

根據例 2 之報酬矩陣，用例 1 之方法求 R 之混合策略及賽局值。

Ans：結果如例 1

凌越策略

因為賽局中 R 之目標是求利得極大化，而 C 之目標是求損失極小化，在追求上述目標時，只要一個策略 R_i 比 R_j 對參賽者不利時，參賽者就自然就會把 R_i 刪掉。如此，對賽局分析上更為方便。這是我們研究**凌越策略** (dominated strategy)之目的了。

凌越規則

給定一個 $m \times n$ 階之報酬矩陣：

就 R 而言，R 有 A, B 二個策略

$A = [a_1 \ a_2 \ \cdots \ a_n]$

$B = [b_1 \ b_2 \ \cdots \ b_n]$

若 $a_1 \geq b_1$，$a_2 \geq b_2 \cdots a_n \geq b_n$，以 $A \geq B$ 表之，則 R 不會用策略 B，如此可將策略 B 刪除。

就 C 而言，C 有 X, Y 二個策略

$$X = \begin{bmatrix} x_1 \\ x_2 \\ \vdots \\ x_m \end{bmatrix}, \quad Y = \begin{bmatrix} y_1 \\ y_2 \\ \vdots \\ y_m \end{bmatrix}$$

若 $x_1 \le y_1,\ x_2 \le y_2 \cdots x_m \le y_m$，以 $X \ge Y$ 表之，則 C 不會用策略 Y，如此可將策略 Y 刪除。

例 3

一報酬矩陣如下：

$$\begin{array}{c} \ \ C \\ \begin{array}{cccc} C_1 & C_2 & C_3 & C_4 \end{array} \\ \begin{array}{c} R_1 \\ R\,R_2 \\ R_3 \end{array} \begin{bmatrix} 3 & 3 & 1 & -5 \\ 3 & 2 & 1 & 5 \\ 3 & 0 & 6 & 4 \end{bmatrix} \end{array}$$

(1) 判斷此矩報酬矩陣有無鞍點。

(2) 找出混合策略。

解

(1)
$$\begin{array}{c} \begin{array}{cccc} C_1 & C_2 & C_3 & C_4 \end{array} \\ \begin{array}{c} R_1 \\ R_2 \\ R_3 \end{array} \begin{bmatrix} 3 & 3 & 1 & -5 \\ 3 & 2 & 1 & 5 \\ 3 & 0 & 6 & 4 \end{bmatrix} \begin{array}{l} -5 \\ 1 \leftarrow \mathrm{Maximin} \\ 0 \end{array} \\ \ \ \begin{array}{cccc} 3 & 3 & 6 & 5 \end{array} \\ \ \ \uparrow \end{array}$$

Minimax

此報酬矩陣無鞍點，因此必須採混合策略。

$$\text{(2)} \quad \begin{array}{c} \\ R_1 \\ R_2 \\ R_3 \end{array} \overset{\begin{array}{cccc} C_1 & C_2 & C_3 & C_4 \end{array}}{\begin{bmatrix} 3 & 3 & 1 & -5 \\ 3 & 3 & 1 & 5 \\ 3 & 0 & 6 & 4 \end{bmatrix}} \xrightarrow{C_2 \geq C_1} \begin{array}{c} R_1 \\ R_2 \\ R_3 \end{array} \overset{\begin{array}{ccc} C_2 & C_3 & C_4 \end{array}}{\begin{bmatrix} 3 & 1 & -5 \\ 3 & 1 & 5 \\ 0 & 6 & 4 \end{bmatrix}} \xrightarrow{R_2 \geq R_1}$$

$$\begin{array}{c} R_2 \\ R_3 \end{array} \overset{\begin{array}{ccc} C_2 & C_3 & C_4 \end{array}}{\begin{bmatrix} 3 & 1 & 5 \\ 0 & 6 & 4 \end{bmatrix}} \xrightarrow{C_2 \geq C_4} \begin{array}{c} R_2 \\ R_3 \end{array} \overset{\begin{array}{cc} C_2 & C_3 \end{array}}{\begin{bmatrix} 3 & 1 \\ 0 & 6 \end{bmatrix}}$$

$$\therefore R \text{ 採混合策略} \left[0 \quad \frac{6-1}{3+6-1-0} \quad \frac{3-0}{3+6-1-0} \right] = \left[0 \quad \frac{5}{8} \quad \frac{3}{8} \right]$$

$$C \text{ 採混合策略} \left[0 \quad \frac{3-0}{3+6-1-0} \quad \frac{6-1}{3+6-1-0} \quad 0 \right]^T = \left[0 \quad \frac{3}{8} \quad \frac{5}{8} \quad 0 \right]^T$$

讀者可看出，凌越策略不為參賽者所採，因此，它在最佳混合策略中對應之機率均為 0。

隨堂演練 B

試用凌越策略將下列報酬矩陣刪掉凌越策略。

$$R \quad \begin{array}{c} \\ R_1 \\ R_2 \\ R_3 \\ R_4 \end{array} \overset{\begin{array}{cccc} & & C & \\ C_1 & C_2 & C_3 & C_4 \end{array}}{\begin{bmatrix} 1 & 2 & 3 & 3 \\ 3 & 5 & 6 & 2 \\ 5 & 4 & 4 & 5 \\ 2 & 1 & 5 & 1 \end{bmatrix}}$$

$$\text{Ans :} \quad \begin{array}{c} R_2 \\ R_3 \end{array} \overset{\begin{array}{cc} C_2 & C_4 \end{array}}{\begin{bmatrix} 5 & 2 \\ 4 & 5 \end{bmatrix}}$$

線性規劃在賽局理論之應用*

學習目標

了解如何將一個無鞍點的報酬矩陣以線性規劃模式解之：

(1) 先從 2×2 階無鞍點報酬矩陣，以圖解法解之。

(2) 由(1)之學習擴張至 *m×n* 階無鞍點報酬矩陣。

本節我們將討論如何應用 **LP** 來解一個無鞍點的報酬矩障。我們之所以強調無鞍點之報酬矩陣，主要是因為有鞍點的報酬矩陣可依單純策略賽局輕易地讀出 R, C 雙方最佳策略與賽局值。在應用 **LP** 前，首先判斷賽局是否有鞍點。

在討論之前，讀者仍請記住 "R 方是追求最大利得，C 方是追求最小損失"，但由後面之討論，它們的 **LP** 模式，R 方竟是求極小化，而 C 方是求極大化。

2×2 階無鞍點賽局

考慮下列之 2×2 階無鞍點之報酬矩陣：

$$\begin{array}{c} \quad\quad\quad C \\ \quad\quad C_1 \quad C_2 \\ \begin{array}{c} R \end{array} \begin{array}{c} R_1 \\ R_2 \end{array} \begin{bmatrix} a_{11} & a_{12} \\ a_{21} & a_{22} \end{bmatrix} \end{array}$$

假設 R 採混合策略 $[p_1 \ p_2]$, $1 \ge p_1 \ge 0$, $1 \ge p_2 \ge 0$, $p_1 + p_2 = 1$，則

(1) 就 R 而言

設 R 採取之最佳混合策略 $P^* = [p_1 \ p_2]$ 則

$$[p_1 \ p_2] \begin{bmatrix} a_{11} & a_{12} \\ a_{21} & a_{22} \end{bmatrix} \ge [v \quad v]$$

---

*：本節時間不足可略之不授。

如此，我們有

$$\begin{cases} a_{11}p_1 + a_{21}p_2 \ge v \\ a_{12}p_1 + a_{22}p_2 \ge v \end{cases}$$

$$\therefore \begin{cases} a_{11}\dfrac{p_1}{v} + a_{21}\dfrac{p_2}{v} \ge 1 \\ a_{12}\dfrac{p_1}{v} + a_{22}\dfrac{p_2}{v} \ge 1 \end{cases}$$

又　$p_1 + p_2 = 1$　　$\therefore \dfrac{p_1}{v} + \dfrac{p_2}{v} = \dfrac{1}{v}$

令 $x_1 = \dfrac{p_1}{v}$ ，　$x_2 = \dfrac{p_2}{v}$ ，使原本求 v 之極大化就等價地成為求 $\dfrac{1}{v}$ 極小

化：

Min　x_1　　$+x_2$

s.t.　$a_{11}x_1 + a_{21}x_2 \ge 1$

　　　$a_{12}x_1 + a_{22}x_2 \ge 1$

　　　$x_1,\quad x_2 \ge 0$

(2) 就 C 而言

設 Q^* 之最佳混合策略

$Q^* = [q_1, q_2]^T$ ，則：

$$\begin{bmatrix} a_{11} & a_{21} \\ a_{12} & a_{22} \end{bmatrix} \begin{bmatrix} q_1 \\ q_2 \end{bmatrix} \le \begin{bmatrix} v \\ v \end{bmatrix}$$

取 $y_1 = \dfrac{q_1}{v}$ ，　$y_2 = \dfrac{q_2}{v}$ ，則有：

Max　$y_1 + y_2$

s.t.　$a_{11}y_1 + a_{12}y_2 \le 1$

　　　$a_{21}y_1 + a_{22}y_2 \le 1$

　　　$y_1,\quad y_2 \ge 0$

（導證過程同(1)）

因此，我們有命題 A：

命題 A

設 R, C 二人之報酬矩陣為

$$R \begin{array}{c} \\ R_1 \\ R_2 \end{array} \begin{array}{cc} C_1 & C_2 \end{array} \begin{bmatrix} a_{11} & a_{12} \\ a_{21} & a_{22} \end{bmatrix}$$

若此報酬矩陣無鞍點,則

R 之最佳混合策略對應之 LP 模式:

Min　$x_1 + x_2$

s.t.　$a_{11}x_1 + a_{21}x_2 \geq 1$

　　　$a_{12}x_1 + a_{22}x_2 \geq 1$

　　　$x_1,\quad x_2 \geq 0$

C 之最佳混合模式對應之 LP 模式:

Max　$y_1 + y_2$

s.t.　$a_{11}y_1 + a_{12}y_2 \leq 1$

　　　$a_{21}y_1 + a_{22}y_2 \leq 1$

　　　$y_1,\quad y_2 \geq 0$

例 1

R, C 二人之報酬矩陣如下:

$$R \begin{array}{c} \\ R_1 \\ R_2 \end{array} \begin{array}{c} C \\ \begin{array}{cc} C_1 & C_2 \end{array} \end{array} \begin{bmatrix} 4 & 2 \\ 3 & 5 \end{bmatrix}$$

(1) 試問此報酬矩陣是否有鞍點。

(2) 試用 LP 之圖解法求此賽局之最佳混合策略。

解

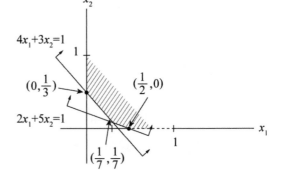

$$\begin{bmatrix} 4 & 2 \\ 3 & 5 \end{bmatrix}\begin{matrix} 2 \\ 3 \end{matrix} \leftarrow \text{Maximin}$$

(1)   4   5

$\uparrow$

Minimax

$\because$ Minimax $a_{ij} \neq$ Maximin a_{ij}

$\therefore$ 此報酬矩陣無鞍點。

(2) ①求 R 之最佳混合策略

min $x_1 + x_2$

s.t. $4x_1 + 3x_2 \geq 1$

      $2x_1 + 5x_2 \geq 1$

      $x_1,\ x_2 \geq 0$

我們可繪出上述 LP 之圖形如右上，得到 3 個端點 $\left(0, \dfrac{1}{3}\right)$, $\left(\dfrac{1}{7}, \dfrac{1}{7}\right)$,

$\left(\dfrac{1}{2}, 0\right)$。將此 3 個端點帶入目標函數，可得：

	$\left(0, \dfrac{1}{3}\right)$	$\left(\dfrac{1}{7}, \dfrac{1}{7}\right)$	$\left(\dfrac{1}{2}, 0\right)$
$z = x_1 + x_2$	$\dfrac{1}{3}$	$\dfrac{2}{7}$	$\dfrac{1}{2}$

$\therefore x_1 = \dfrac{1}{7},\ x_2 = \dfrac{1}{7}$ 時，$f(x_1, x_2) = x_1 + x_2 = \dfrac{2}{7} = \dfrac{1}{v}$，故 $v = \dfrac{7}{2}$

又 $\dfrac{p_1}{v} = x_1$

$\therefore p_1 = vx_1 = \dfrac{7}{2} \cdot \dfrac{1}{7} = \dfrac{1}{2}$，同理 $p_2 = \dfrac{1}{2}$

$\therefore R$ 之最佳混合策略為 $\begin{bmatrix} \dfrac{1}{2} & \dfrac{1}{2} \end{bmatrix}$

②求 C 之最佳混合策略：

Max　$y_1 + y_2$

s.t.　$4y_1 + 2y_2 \leq 1$

　　　$3y_1 + 5y_2 \leq 1$

　　　$y_1,\ y_2 \geq 0$

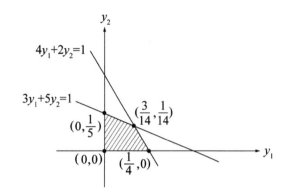

	$(0, 0)$	$\left(0, \dfrac{1}{5}\right)$	$\left(\dfrac{1}{4}, 0\right)$	$\left(\dfrac{3}{14}, \dfrac{1}{14}\right)$
$z = y_1 + y_2$	0	$\dfrac{1}{5}$	$\dfrac{1}{4}$	$\dfrac{2}{7}$

$\therefore y_1 = \dfrac{3}{14},\ y_2 = \dfrac{1}{14}$ 時，$\dfrac{1}{v} = \dfrac{2}{7}$，故 $v = \dfrac{7}{2}$

$\because y_1 = \dfrac{q_1}{v} \therefore q_1 = y_1 v = \dfrac{3}{14} \cdot \dfrac{7}{2} = \dfrac{3}{4}$ 又 $q_2 = y_2 v = \dfrac{1}{14} \cdot \dfrac{7}{2} = \dfrac{1}{4}$

故 $Q^* = \begin{bmatrix} \dfrac{3}{4} & \dfrac{1}{4} \end{bmatrix}^T$

即 C 有 $\dfrac{3}{4}$ 之機率採取策略 C_1，$\dfrac{1}{4}$ 之機會採取策略 C_2

隨堂演練 A

R, C 二人之報酬矩陣為 $\begin{bmatrix} 6 & 2 \\ 3 & 5 \end{bmatrix}$，試分別建立 R, C 二人之 LP 模式以求最佳策略。

Ans：R：Min　$x_1 + x_2$　　　　C：Max　$y_1 + y_2$

　　　　s.t.　$6x_1 + 3x_2 \geq 1$　　s.t.　$6y_1 + 2y_2 \leq 1$

　　　　　　$2x_1 + 5x_2 \geq 1$　　　　$3y_1 + 5y_2 \leq 1$

　　　　　　$x_1, x_2 \geq 0$　　　　　　$y_1, y_2 \geq 0$

練習題 7

1. 給定下列報酬矩陣

$$
\begin{array}{c}
 & C \\
 & \begin{array}{ccc} C_1 & C_2 & C_3 \end{array} \\
R\ \begin{array}{c} R_1 \\ R_2 \end{array} & \begin{bmatrix} -3 & -1 & 5 \\ 1 & -2 & 7 \end{bmatrix}
\end{array}
$$

(1) 若為零和賽局，求 R, C 之輸贏情形。

(2) 若賽局值 $v = 3$，求 R, C 之輸贏情形。

2. $R,\ C$ 二人競選某小鎮之鎮長，若小鎮之合格選民共 12,000 人，設 R 有二個策略 R_1，R_2，C 有三個策略 C_1，C_2，C_3，候選人 R 委託民調公司分別針對 C 之不同策略下，R 若採取 R_1，R_2 策略之得票數。在此選前分析所得結果如下：

$$
\begin{array}{c}
 & C \\
 & \begin{array}{ccc} C_1 & C_2 & C_3 \end{array} \\
R\ \begin{array}{c} R_1 \\ R_2 \end{array} & \begin{bmatrix} 0 & 1 & 0 \\ 1 & 0 & 1 \end{bmatrix}
\end{array}
\quad ; \quad
\begin{array}{c}
 & C \\
 & \begin{array}{ccc} C_1 & C_2 & C_3 \end{array} \\
R\ \begin{array}{c} R_1 \\ R_2 \end{array} & \begin{bmatrix} 3 & 5 & 4 \\ 8 & 4 & 7 \end{bmatrix}
\end{array}
$$

（單位千人）

左邊之報酬顯示中與不中，右邊之報酬矩陣顯示不同策略組合下，R 之獲得選票數（假設投票率 100%），試評論此調查分析有無矛盾？

3. 請自行上網找一個有興趣的例子，並嘗試用自己的語言分析它。

4. 如下之報酬矩陣，請回答下列各題：(1)有無鞍點；(2)若有則求出 $R,\ C$ 雙方之最佳單純策略；(3)求賽局值 v；(4)用 8.2 節命題 A 驗證之。

$$
\begin{array}{c}
 & C \\
 & \begin{array}{ccc} C_1 & C_2 & C_3 \end{array} \\
R\ \begin{array}{c} R_1 \\ R_2 \\ R_3 \end{array} & \begin{bmatrix} 2 & 9 & 3 \\ 5 & 3 & -1 \\ 7 & 6 & 5 \end{bmatrix}
\end{array}
$$

5. 給定二人賽局之報酬矩陣如下：

$$C$$

$$\begin{array}{c} & C_1 & C_2 & C_3 \\ R_1 \\ R\ R_2 \\ R_3 \end{array} \begin{bmatrix} 6 & 8 & 16 \\ 12 & 10 & 12 \\ 18 & 8 & 6 \end{bmatrix}$$

問 (1) R 採策略 R_3，C 採策略 C_3，則 R，C 之利得或損失各為何？

   (2) 本賽局是否有鞍點？若有，R，C 之純粹策略為何？

   (3) 賽局值為何？並以 8.2 節命題 A 驗證之。

利用圖解法分別解答第 6、7 題：

6.
$$C$$
$$\begin{array}{c} & C_1 & C_2 \\ R\ R_1 \\ R_2 \end{array} \begin{bmatrix} 2 & 6 \\ 7 & 5 \end{bmatrix}$$

7.
$$c$$
$$\begin{array}{c} & C_1 & C_2 \\ R\ R_1 \\ R_2 \end{array} \begin{bmatrix} -1 & 2 \\ 3 & 0 \end{bmatrix}$$

(1) 此賽局是_____賽局。

(2) R 採之混合策略？

(3) C 採之混合策略？

(4) 賽局值為何？此賽局對誰有利？

8. 給定 2×2 無鞍點報酬矩陣

$$C$$
$$\begin{array}{c} & C_1 & C_2 \\ R\ R_1 \\ R_2 \end{array} \begin{bmatrix} a_{11} & a_{12} \\ a_{21} & a_{22} \end{bmatrix}$$

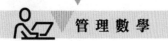

(1) 若報酬矩陣之各元素加上常數 k，$k > 0$

(2) 若報酬矩陣之各元素乘上常數 k

對 R, C 之最佳混合策略，賽局值之影響為何？

9. 試找出下列報酬矩陣之劣勢策略，並求出最佳混合策略：

(1)
$$\begin{array}{c} & C \\ & \begin{array}{ccc} C_1 & C_2 & C_3 \end{array} \\ R\begin{array}{c} R_1 \\ R_2 \\ R_3 \end{array} & \begin{bmatrix} 2 & 3 & 1 \\ 3 & 4 & 2 \\ 2 & 2 & 6 \end{bmatrix} \end{array}$$

(2)
$$\begin{array}{c} & C \\ & \begin{array}{ccc} C_1 & C_2 & C_3 \end{array} \\ R\begin{array}{c} R_1 \\ R_2 \\ R_3 \end{array} & \begin{bmatrix} 6 & 4 & 6 \\ 10 & 28 & 3 \\ -8 & 4 & 4 \end{bmatrix} \end{array}$$

08 CHAPTER

存貨模式

8.1 古典經濟訂購量模式

學習目標

1. 了解 EOQ 模式之假設、推導及應用。
2. 了解 ROP 模式。

前言

企業的**存貨**(inventory)範圍很廣,除了為生產所之需半製品,為銷售所需之成品甚至包括為生產銷售所需之辦公設備、生產設備、運輸工具等,因此存貨模式在作業管理,供應鏈管理,採購管理等均有相當大的重要性。

自從 Ford Harris (1877~1962)在 1913 年首次提出**經濟訂購量**(economic order quantity;簡稱 EOQ)模式後,在業界與學界之努力下研究成果如雨後春筍。

因為年需求量,前置時間是否固定,存貨模式又可分確定性與隨機性兩類。本節之內容主要是解答,在不同之存貨模式假說下如何求取每個批次之最適訂購量以使總採購平均成本為最小以及何時發出訂單二個問題,這涉及採購的**前置時間**(lead time)。前置時間是自訂單發出到採購物件入庫之整個時間。

EOQ 模式之假設

EOQ 模式是最早也是最基本的存貨模式,由 EOQ 模式又衍生了許多存貨模式。

簡單地說,EOQ 是分析企業一次訂購量為多少,可使全年之存貨總成本為最少的一個確定性模式。

EOQ 模式是基於下列假設:

假設 1：存貨在**規劃期間**(planning horizon)之總需求 D 為固定常數。

假設 2：存貨的每天**需求率**(rate of demand)為固定。

假設 3：**每批次之訂購量是一次全數到達。**

假設 4：**不允許缺貨之情形。**

假設 5：每單位之年**持有成本**(carrying cost, holding cost)與每次訂購之**訂購成本**(ordering cost)，均為固定。

命題 A

在 EOQ 之假設下，令 h 為持有成本，s 為每次訂購之訂購成本，則經濟訂購量 Q 為

$$Q = \sqrt{\frac{2s}{h}D}$$

證 明 （**EOQ 模式之推導**）

EOQ 存貨變動情形如圖 8-1，我們分二個步驟來推導每批次之採購量 Q。

步驟一：建立總成本函數 TC(Q)

我們以每批訂購量 Q 為決策變數建立總成本函數 TC(Q)：

TC(Q)只有考慮訂購成本與持有成本。讀者要思考的是為何 $TC(Q)$ 中不含存貨之貨品之購貨費用（見練習題第 1 題）。

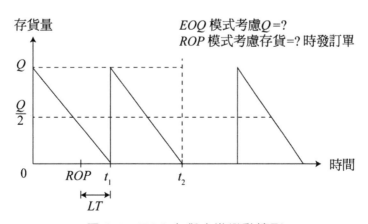

圖 8-1 EOQ 存貨水準變動情形

(1) 訂購成本＝每次訂購成本(s)與規劃期間（如一年）內訂購次數$\left(\dfrac{D}{Q}\right)$之

積，即訂購成本$= s\dfrac{D}{Q}$ ①

(2) 持有成本

根據 EOQ 模式之假設，我們不難由圖 9-1 得知，在規劃期間內之全年平均存貨量為$\dfrac{Q}{2}$（見練習題第 4 題）

因此，全年持有成本$= h\dfrac{Q}{2}$ ②

綜上（①與②），可得全年存貨總成本函數$TC(Q) = h\dfrac{Q}{2} + s\dfrac{D}{Q}$

步驟二：利用微分法求Q之最適值Q^*：

$$\frac{d}{dQ}TC(Q) = \frac{d}{dQ}\left(h\frac{Q}{2} + s\frac{D}{Q}\right) = \frac{1}{2}h - s\frac{D}{Q^2} = 0 \tag{1}$$

$$\therefore Q^* = \sqrt{\frac{2s}{h}D}$$

又$\dfrac{d^2}{dQ^2}TC(Q) = \dfrac{2sD}{Q^3} > 0$，即$Q = \sqrt{\dfrac{2s}{h}D}$時總成本為極小

例 1

設某個半製品一年需求量為 36,000,000 個，半製品之訂價為 50,000 元／個，訂購成本為\$20,000 元／次，每個半製品之持有成本以訂價成本之 0.2% 估算，求經濟訂購量Q。

解

$D = 36{,}000{,}000$個

單位儲存成本h＝單價×0.2%＝50,000 元／個×0.2%＝100 元／個

每次訂購成本 $s = \$20,000$

$\therefore Q = \sqrt{\dfrac{2s}{h}D} = \sqrt{\dfrac{2 \times 20,000}{100} \times 36,000,000} = 120,000$，因此，全年之

訂購成本 $= s\left(\dfrac{D}{Q}\right) = \$20,000 \times \dfrac{36,000,000}{120,000} = \$6,000,000$

持有成本 $= h\dfrac{Q}{2} = \$100 \times \dfrac{120,000}{2} = \$6,000,000$

在例 1，我們發現在經濟訂購量下，全年訂購成本等於全年持有成本，這並非偶然，我們可證明如下：

由 EOQ 推導過程步驟二之式(1)：

$$\dfrac{d}{dQ}TC(Q) = \dfrac{1}{2}h - s\dfrac{D}{Q^2} = 0$$

$$\therefore \dfrac{1}{2}h = s\dfrac{D}{Q^2} \Rightarrow \dfrac{Q}{2}h = s\dfrac{D}{Q}$$

$\therefore$ 全年訂購成本=全年平均存貨成本

實務上，單位存貨成本通常不易由會計資料揭示，因此，習慣上以採購物品之百分比估列。

隨堂演練 A

本公司每年需進用某型電阻器 10,000 個，若單價為 50 元／個，每次採購成本為$1,000，持有成本以電阻器單價之 20%估之，問經濟訂購量為何？全年之採購成本與持有成本為何？

Ans：EOQ=1,414；訂購成本$7,072；全年持有成本$7,070

何時訂購（下訂單）？再訂購點模式

EOQ 模式無法告訴我們何時要開始訂購（即發出訂單）。**再訂購點**(reorder point; ROP)之目的是告訴我們存貨數在某個水準時就要發出訂單，以降低前置時間內發生缺貨之機率。

ROP 模式因需求與前置時間有無變異性而可分確定性模式與隨機性模式二種兩種，底下分別探討之：

一、需求與前置時間均無變異性

當需求與前置時間均無變異性時，亦即需求和前置時間均為定值時，為確保前置時間內有足夠存貨，易知 $ROP = d \times LT$，其中

$d =$ 需求率（單位／日，週）

$LT =$ 前置時間

> 前置時間：從訂貨到入庫之時間。

例 2

若組裝生產線 A 每日需某零組件 200 套，採購前置時間為 5 天，那麼生產線 A 在零組件還剩多少時即需進貨？

解

$\because LT = 5$，$d = 200$ $\therefore ROP = d \times LT = 200$ 套／天 $\times 5$ 天 $= 1,000$ 套

即存貨還剩 1,000 套時即需訂貨

二、需求為隨機變數，但前置時間為定值

若前置時間 LT 為 ℓ 天（常數）且，每日需求量 D 為獨立服從 $n(d, \sigma_0^2)$ 之隨機變數，α 為缺貨風險。則

$$Y = \sum_{i=1}^{\ell} X_i \sim n(\ell d, \ell \sigma_0^2)$$

$\therefore 1 - \alpha$ 之 ROP 滿足 $\dfrac{\text{ROP} - \ell \cdot d}{\sqrt{\ell} \sigma_0} = z_{1-\alpha}$

解之 ROP$= \ell \cdot d + z_{1-\alpha} \sqrt{\ell} \sigma_0$

三、前置時間 *LT* 為隨機變數但日需求為定值

設 $L \sim n(\ell, \sigma_L^2)$ 則 $dL \sim n(d\ell, d^2 \sigma_L^2)$

$\therefore 1 - \alpha$ 之 ROP 滿足 $\dfrac{\text{ROP} - d\ell}{d\sigma_L} = z_{1-\alpha}$

解之

ROP $= d\ell + z_{1-a} d\sigma_L$

例 3

若某校每週粉筆之需求量 D 為服從 $n(100, 64)$（單位盒）之隨機變數。若該校可接受二週內缺貨風險小於 10%，求再訂購點(ROP)為何？

解

ROP $= d\ell + \sqrt{\ell} \sigma z_{1-\alpha}$

$= 100 \times 2 + \sqrt{2} \times 8 \times 1.29 = 214.59$

即當粉筆存量為 215 盒即需訂貨。

另解

$\because D \sim n(100, 64)$

$\therefore 2D \sim n(200, 128)$

$P\left(\dfrac{\text{ROP} - 200}{8\sqrt{2}} \leq z \right) = 0.9$

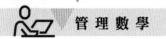

查表 $z = 1.29$ ，故 $\dfrac{ROP - 200}{8\sqrt{2}} \le 1.29$ ，可得

$$ROP = 200 + \sqrt{2} \times 8 \times 1.29 = 214.59 \approx 215$$

隨堂演練 B

某工廠之零組件 A–520 是由供應商提供，其每天需求量 D 為服從 n(400, 1,600) 之隨機變數，若工廠可容忍三天內之缺貨風險 10%以下，求 ROP。

Ans：存貨在約 1,289 個時即要發出訂單

8.2　經濟生產批量模式

學習目標

　了解 EPQ 模式之推導及應用。

　　我們在上一節中已討論了經濟訂購量模式（EOQ 模式），本節之**經濟生產批量模式**（economic production quantity；簡稱 EPQ 模式）在建模上仍不脫 EOQ 之影子，只不過多考量到生產的因子。因此，它也稱為製造業的存貨模式。

🌀 EPQ 模式

　　8.1 節之經濟採購模式是將全年分成若干階段，每個階段採購量是到該階段存貨用完為止，然後又重新另一個階段。而本節之 **EPQ 模式亦是將全年分成若干階段，每個階段先是生產與消耗並存，過了某個時點後開始純消耗直到消耗完為止**，然後再重新另一個階段（如圖 8-2）。

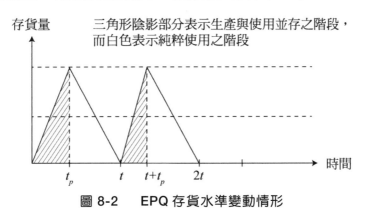

圖 8-2　EPQ 存貨水準變動情形

　　在 EPQ 模式，在整個週期內均要消耗存貨，只有起先一部分時間是生產與需求並存，那麼我們有興趣的是每個週期內生產時間有多長，即 $t_p = ?$

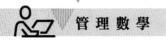

方能使總成本 TC 為最小？EPQ 模式假設，除訂購成本變為開機成本外只多了「存貨消耗速率(u)與存貨生產速率(p)均為定值且 $p>d$」之假設外，大致與 EOQ 模式相同。

EPQ 模式之記號：

令 $p=$ 生產率

$u=$ 使用率

$t=$ 一個存貨／生產週期之長度

$t_p=$ 一個週期內生產之長度

$Q=$ 每個批次（週期）之生產量

$D=$ 規劃週期（如全年）之總生產量

$s=$ 每次開機成本

命題 A

在 EPQ 模式之假設，EPQ 為

$$Q = \sqrt{\frac{2sD}{h}} \sqrt{\frac{p}{p-u}}$$

證 明

(1) 不失一般性，我們先考慮$[0,t]$之存貨情況：

在 $[0, t_p]$ 內是生產與使用並存之階段且在此區間 $p > u$，

∵ 在 t_p 時之存貨 $I = (p-u)t_p$（即三角形之高）

又 $t_p = \dfrac{Q}{p}$　∴ $I = (p-u)\dfrac{Q}{p}$

從而在$[0,t]$之平均存貨為 $\dfrac{(p-u)\dfrac{Q}{p} \cdot t}{2} \bigg/ t = \dfrac{(p-u)Q}{2p}$

持有成本 $= \dfrac{h}{2} \cdot I = h \cdot \dfrac{(p-u)}{2p}Q$　　　　　　　　　　(1)

(2)　重開機成本 $= s \cdot \dfrac{D}{Q}$ 　　　　　　　　　　　　　　　　　(2)

由(1), (2)得為 $TC(Q) = h \cdot \dfrac{Q}{2}\left(1 - \dfrac{u}{p}\right) + s\dfrac{D}{Q}$

現在我們對 Q 微分以得到最適生產量：

$$\frac{d}{dQ}TC = \frac{d}{dQ}\left(h\frac{Q}{2}\left(1 - \frac{u}{p}\right) + s\frac{D}{Q}\right) = \frac{h}{2}\left(1 - \frac{u}{p}\right) - \frac{sD}{Q^2} = 0$$

$$\therefore Q^* = \sqrt{\frac{2sD}{h\left(1 - \dfrac{u}{p}\right)}} \ , \ \left. \frac{d^2}{dQ^2}TC \right|_{Q^*} = \frac{2sD}{Q^3} > 0$$

即 $Q = \sqrt{\dfrac{2sD}{h\left(1 - \dfrac{u}{p}\right)}} = \sqrt{\dfrac{2sD}{h}}\sqrt{\dfrac{p}{p-u}}$ 時總成本為最小。

例 1

某工廠生產某零件一年 360,000 個供自用。假設生產量為 3,000 個／日，使用量為 1,000 個／日，零件之持有成本為 5 元／個，開機成本為 1,000 元／次，求(1)最適生產量；(2)每個存貨週期內之生產日數；(3)一年要生產若干批次？(4)每次重開機的時間間隔？（一年以 360 日計）

解

依題意： $p = 3,000, \ u = 1,000, \ h = 5, \ s = 1,000$

(1) $Q = \sqrt{\dfrac{2sD}{h}}\sqrt{\dfrac{p}{p-u}} = \sqrt{\dfrac{2 \times 1,000 \times 360,000}{5}}\sqrt{\dfrac{3,000}{3,000 - 1,000}} = 14,697$

(2) $t = \dfrac{Q}{p} = \dfrac{14,697}{3,000} = 4.9 \approx 5$ （日）

(3) 一年生產 $\dfrac{360,000}{14,697} = 24.49 \approx 25$ 批次

(4) $\dfrac{360}{25} = 14.4$ （天）

8.3　數量折扣

學習目標

　了解數量折扣模式之計算。

　　EOQ 模式有一個很重要的假設，那是 EOQ 模式中不考慮採購折扣，本節之**數量折扣模式**(quantity discount model)放寬了這個假設。實務上，決策者可依據供應商在不同之訂購數量區間提供不同之優惠價格，數量折扣模式是協助決策者找出使總成本極小化的訂購數量。

　　在數量折扣模式中，因不同採購數量會有不同之折扣，價格不再為一個常數，因此，在分析時必須把價格因素放到採購成本裡，如此，

　　總成本=持有成本+訂購成本+購買成本

$$= h\left(\frac{Q}{2}\right) + s\left(\frac{D}{Q}\right) + pD$$

　　其中

Q = 每批訂購數量

h = 每單位持有成本

D = 整個規劃期間之需求量

s = 訂購成本

p = 單位價格

數量折扣模式之演算

在單位持有成本為固定下，數量折扣模式之演算過程如下：

1. 計算 EOQ，設 EOQ=Q。

2. (1) 若 Q 是在最低價格範圍內，則 Q 是最佳訂購數量。

   (2) 若 Q 不在最低價格範圍內，則比較 Q 與較低價格之折扣區間之最小端點之總成本，其中最低總成本的點就是最佳訂購數量。這時最佳訂購量可能會大於 Q。

例 1

某醫院每年需分批採購醫用手套 20,000 包，訂購成本 40 元／次，持有成本為 4 元／包，若供應商願提供醫院優惠之採購條件如下：

一次採購量（包）	價格（元／包）
1~1,999	16
2,000~3,999	15
4,000 以上	12

求最適訂購量及總採購成本。

解

$$Q = \sqrt{\frac{2sD}{h}} = \sqrt{\frac{2 \times 40 \times 20,000}{4}} = 632$$

$Q = 632$ 恰落在 $1 \le Q \le 1,999$，不在最低價格即 4,000 以上範圍內。

$Q = 632$ 之總成本

$$TC = \frac{Q}{2}h + \frac{D}{Q}s + pD$$

$$\therefore TC\big|_{Q=632} = \frac{632}{2} \times 4 + \frac{20,000}{632} \times 40 + 16 \times 20,000 = \$322,530$$

$$TC\big|_{Q=2,000} = \frac{2,000}{2} \times 4 + \frac{20,000}{2,000} \times 40 + 15 \times 20,000 = \$304,400$$

$$TC\Big|_{Q=4,000} = \frac{4,000}{2} \times 4 + \frac{20,000}{4,000} \times 40 + 12 \times 20,000 = \$248,200$$

∴一次訂購 4,000 個單位是最佳訂購數量

例 2

（承例 1）若醫院跟供應商議價後爭取到進一步的優惠條件：

一次採購量（包）	價格（元／包）
1~1,499	16
1,500~2,999	14
3,000 以上	10

但醫院估計持有成本為價格之 5%，訂購成本仍為 40 元／次

那麼最適訂購量與全年存貨成本為何？

解

　　例 2 和例 1 不同處在於持有成本 h，它是隨價格而不同，故要逐次計算各採購量區間之 EOQ：

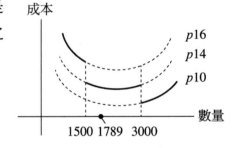

　　由最低價格開始：

(1) $p=10$ 時，$h=10\times 0.05 = 0.5$

$$Q=\sqrt{\frac{2sD}{h}}=\sqrt{\frac{2\times 40 \times 20,000}{0.5}} \doteqdot 1,789$$

∵訂購 1,789 包之單價為\$14，對單價\$10 而言並非合理之最低點

∴再試單價\$14

(2) $p=14$ 時，$h=14\times 0.05 = 0.7$

$$Q=\sqrt{\frac{2sD}{h}}=\sqrt{\frac{2\times 40 \times 20,000}{0.7}} \doteqdot 1,512$$

$$TC\Big|_{Q=1,512} = \frac{1,512}{2} \times 0.7 + \frac{20,000}{1,512} \times 40 + 14 \times 20,000 \doteqdot 281,058$$

(3) $p=10$ 時，$h=10\times0.05=0.5$

$$TC\Big|_{Q=3,000} = \frac{3,000}{2}\times0.5 + \frac{20,000}{3,000}\times40 + 10\times20,000 = \$201,017$$

∴最適訂購量為 3,000 包／次，全年存貨成本為$201,017

隨堂演練 A

某公司訂購某種特殊棉料，與供應商約好價格條款為：

一次採購量（包）	價格（元／包）
1~2,499	16
2,500 以上	14

公司估計全年這種棉料需求量為 10,000 包，每次訂購成本 $s=50$，持有成本為 1 元／包，那麼最適訂購量與總採購成本為何？

Ans：2500 包／次，總採購成本$141,450

8.4 　單一週期存貨模式

學習目標

單一週期存貨模式及其應用。

 **前 言**

　　季節性存貨即是其中一種，像農產品、時尚性商品等商品，過季後之價值就會降低甚至變廢品。

　　這種採購模式在作業管理，供應鏈管理中極為重要，我們將稱它為**單一週期存貨模式**(single period inventory model)。

單一週期存貨模式

　　依客戶訂單所做之單一週期存貨需求量通常為未知，因此我們以機率性模式看待，在模式中以訂購量(q)為唯一決策變數，而把需求量(X)視為服從某種機率分配之隨機變數，此外，因只發出一次訂購，因此將訂購成本視為常數。

　　令 C_o 為訂購超過需求量而產生之過剩成本。

　　C_s 為訂購不足需求量而產生之缺貨成本。

　　C_q 為訂購量 q 時之總成本，因我們不考慮訂購成本、儲存成本等。故 C_q 集中在**過剩成本與缺貨成本**。

　　X：需求量之隨機變數，設 r.v. $X \sim f(x)$

命題 A

$$P(X \le q) = \frac{C_s}{C_o + C_s}$$

命題 A 在離散型需求量時亦適用。

由命題 A 可計算出最適訂購量：

例 1

某生鮮量販集團擬一次訂購吳郭魚一批，它的有效期只有 4 天，依經驗這 4 天之需求量 X 大致服從 $n(100, 25)$（單位：公斤），如果訂購的吳郭魚沒在 4 天內賣完，過剩成本為 15 元／公斤，若缺貨時之缺貨成本 5 元／公斤，問最佳訂購量為何？

解

由命題 A 知 $P(X \le q) = \dfrac{C_s}{C_o + C_s} = \dfrac{5}{15 + 5} = 0.25$

又 $X \sim n(100, 25)$

$\therefore P\left(\dfrac{X - 100}{5} \le \dfrac{q - 100}{5} \right) = 0.25$

即 $P\left(Z \le \dfrac{q - 100}{5} \right) = 0.25$

查表：$\dfrac{q - 100}{5} \approx 0.68$

$\therefore q = 100 + 5 \times 0.68 = 103.4$

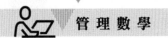

隨堂演練 A

女潮裝店計量一次訂購時尚洋裝若干件，若流行期間之需要求量 $X \sim n(20, 25)$（單位：件），估計缺貨成本為 2,000 元／件，過剩成本為 6,000 元／件，試問最佳訂購量。

Ans：23

練習題 8

1. 為何 EOQ 每年模式之總成本函數不包括購貨成本？

2. 某玩具工廠每年需訂購矽晶片 3,000,000 個，一年以 300 天計，每個單價為\$30，若每次訂購成本為\$2,000，持有成本以單價之 10%估算。求：

   (1) 經濟訂購量？

   (2) 全年之採購成本與儲存成本為何？

   (3) 若每次訂購之前置時間 L 大約 20 天，而前置時間內需求率為 100,000 個／天，求 ROP。

   (4) 若前置時間內之需求率 X 為服從 $n(10,000, 2500)$，求 ROP（假設前置時間為 40 天，缺貨風險小於 10%）。

3. 試分別用總存貨成本公式及 8.1 節命題 A 說明 EOQ 模式之變化情形，(1) 訂購成本 s 為原先訂購成之 $\dfrac{1}{3}$ 而儲存成本不變，求 EOQ 變化情形？(2)儲存成本 h 為原先儲存成本之 $\dfrac{1}{3}$ 而訂購成本不變，那麼 EOQ 變化如何？

4. 說明何以 EOQ 模式之全年平均儲存成本為 $h\dfrac{Q}{2}$。

5. 若某公司對某零組件之年需求量為 36,000 個，每天之生產量為 200 個，設存貨之持有成本為 2 元／個，每次之重開機成本(set-up cost)為 25 元，該公司一年工作日數為 240 天，求

   (1) 最佳之生產批量　　　　(2) 每個存貨週期內之生產日數

   (3) 一年生產幾個批次　　　(4) 每次重開機之生產間隔

6. 假設公司與供應商之訂購合約之價格條款為：

數量	價格
$0 \le Q < 100$	5
$100 \le Q < 200$	4
200 以上	3

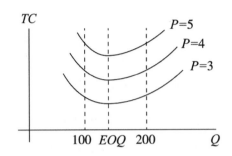

又若會計部門估計之不同數量與總存貨成本之關係圖如上圖，問在折扣數量模式中上述曲線應如何修正符合題給價格條款之需求？

7. 若與供應商之合約言明以下之價格條件：

數量	價格
1~49	90
50~99	80
100 以上	75

若全年需求量為 1000 個，每次訂購成本為 12，試依持有成本 4／個，求最適訂購量及總訂購成本。

8. 承 8.4 節例 1，若不易估出過剩成本與缺貨成本之精確數字但可判斷大約 4:1，問最佳訂購量。

9. 某種當季漁貨之需求量 Q，Q 為服從 $n(\mu, \sigma^2)$ 之隨機變數，若過剩成本與缺貨成本大致相等，求最佳訂購量。

APPENDIX

附　錄

附錄一　標準常態分配表

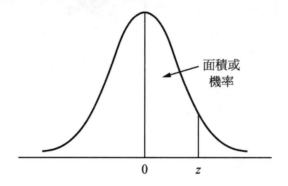

表中的數值代表介於平均數與標準差值間的曲線面積。例如對 $z = 1.25$ 表示介於平均數和 z 之間的面積是 0.3944。

z	.00	.01	.02	.03	.04	.05	.06	.07	.08	.09
.0	.0000	.0040	.0080	.0120	.0160	.0199	.0239	.0279	.0319	.0359
.1	.0398	.0438	.0478	.0517	.0557	.0596	.0636	.0675	.0714	.0753
.2	.0793	.0832	.0871	.0910	.0948	.0987	.1026	.1064	.1103	.1141
.3	.1179	.1217	.1255	.1293	.1331	.1368	.1406	.1443	.1480	.1517
.4	.1554	.1591	.1628	.1664	.1700	.1736	.1772	.1808	.1844	.1879
.5	.1915	.1950	.1985	.2019	.2054	.2088	.2123	.2157	.2190	.2224
.6	.2257	.2291	.2324	.2357	.2389	.2422	.2454	.2486	.2518	.2549
.7	.2580	.2612	.2642	.2673	.2704	.2734	.2764	.2794	.2823	.2852
.8	.2881	.2910	.2939	.2967	.2995	.3023	.3051	.3078	.3106	.3133
.9	.3159	.3186	.3212	.3238	.3264	.3289	.3315	.3340	.3365	.3389
1.0	.3413	.3438	.3461	.3485	.3508	.3531	.3554	.3577	.3599	.3621
1.1	.3643	.3665	.3686	.3708	.3729	.3749	.3770	.3790	.3810	.3830
1.2	.3849	.3869	.3888	.3907	.3925	.3944	.3962	.3980	.3997	.4015
1.3	.4032	.4049	.4066	.4082	.4099	.4115	.4131	.4147	.4162	.4177
1.4	.4192	.4207	.4222	.4236	.4251	.4265	.4279	.4292	.4306	.4319

（下表續）

z	.00	.01	.02	.03	.04	.05	.06	.07	.08	.09
1.5	.4332	.4345	.4357	.4370	.4382	.4394	.4406	.4418	.4429	.4441
1.6	.4452	.4463	.4474	.4484	.4495	.4505	.4515	.4525	.4535	.4545
1.7	.4554	.4564	.4573	.4582	.4591	.4599	.4608	.4616	.4625	.4633
1.8	.4641	.4649	.4656	.4664	.4671	.4678	.4686	.4693	.4699	.4706
1.9	.4713	.4719	.4726	.4732	.4738	.4744	.4750	.4756	.4761	.4767
2.0	.4772	.4778	.4783	.4788	.4793	.4798	.4803	.4808	.4812	.4817
2.1	.4821	.4826	.4380	.4834	.4838	.4842	.4846	.4850	.4854	.4857
2.2	.4861	.4864	.4868	.4871	.4875	.4878	.4881	.4884	.4887	.4890
2.3	.4893	.4896	.4898	.4901	.4904	.4906	.4909	.4911	.4913	.4916
2.4	.4918	.4920	.4922	.4925	.4927	.4929	.4931	.4932	.4934	.4936
2.5	.4938	.4940	.4941	.4943	.4945	.4946	.4948	.4949	.4951	.4952
2.6	.4953	.4955	.4956	.4957	.4959	.4960	.4961	.4962	.4963	.4964
2.7	.4965	.4966	.4967	.4968	.4969	.4970	.4971	.4972	.4973	.4974
2.8	.4974	.4975	.4976	.4977	.4977	.4978	.4979	.4979	.4980	.4980
2.9	.4981	.4982	.4982	.4983	.4984	.4984	.4985	.4985	.4986	.4986
3.0	.4986	.4987	.4987	.4988	.4988	.4989	.4989	.4989	.4990	.4990

附錄二 卜瓦松機率表

表中的數值代表平均數 μ 的卜瓦松過程發生 x 次的機率。例如當 $\mu = 2.5$ 時，發生 4 次的機率是 0.1336。

					μ					
x	0.1	0.2	0.3	0.4	0.5	0.6	0.7	0.8	0.9	1.0
0	.9048	.8187	.7408	.6703	.6065	.5488	.4966	.4493	.4066	.3679
1	.0905	.1637	.2222	.2681	.3033	.3293	.3476	.3595	.3659	.3679
2	.0045	.0164	.0333	.0536	.0758	.0988	.1217	.1438	.1647	.1839
3	.0002	.0011	.0033	.0072	.0126	.0198	.0284	.0383	.0494	.0613
4	.0000	.0001	.0002	.0007	.0016	.0030	.0050	.0077	.0111	.0153
5	.0000	.0000	.0000	.0001	.0002	.0004	.0007	.0012	.0020	.0031
6	.0000	.0000	.0000	.0000	.0000	.0000	.0001	.0002	.0003	.0005
7	.0000	.0000	.0000	.0000	.0000	.0000	.0000	.0000	.0000	.0001

					μ					
x	1.1	1.2	1.3	1.4	1.5	1.6	1.7	1.8	1.9	2.0
0	.3329	.3012	.2725	.2466	.2231	.2019	.1827	.1653	.1496	.1353
1	.3662	.3614	.3543	.3452	.3347	.3230	.3106	.2975	.2842	.2707
2	.2014	.2169	.2303	.2417	.2510	.2584	.2640	.2678	.2700	.2707
3	.0738	.0867	.0998	.1128	.1255	.1378	.1496	.1607	.1710	.1804
4	.0203	.0260	.0324	.0395	.0471	.0551	.0636	.0723	.0812	.0902
5	.0045	.0062	.0084	.0111	.0141	.0176	.0216	.0260	.0309	.0361
6	.0008	.0012	.0018	.0026	.0035	.0047	.0061	.0078	.0098	.0120
7	.0001	.0002	.0003	.0005	.0008	.0011	.0015	.0020	.0027	.0034
8	.0000	.0000	.0001	.0001	.0001	.0002	.0003	.0005	.0006	.0009
9	.0000	.0000	.0000	.0000	.0000	.0000	.0001	.0001	.0001	.0002

μ

x	2.1	2.2	2.3	2.4	2.5	2.6	2.7	2.8	2.9	3.0
0	.1225	.1108	.1003	.0907	.0821	.0743	.0672	.0608	.0550	.0498
1	.2572	.2438	.2306	.2177	.2052	.1931	.1815	.1703	.1596	.1494
2	.2700	.2681	.2652	.2613	.2565	.2510	.2450	.2384	.2314	.2240
3	.1890	.1966	.2033	.2090	.2138	.2176	.2205	.2225	.2237	.2240
4	.0992	.1082	.1169	.1254	.1336	.1414	.1488	.1557	.1622	.1680
5	.0417	.0476	.0538	.0602	.0668	.0735	.0804	.0872	.0940	.1008
6	.0146	.0174	.0206	.0241	.0278	.0319	.0362	.0407	.0455	.0504
7	.0044	.0055	.0068	.0083	.0099	.0118	.0139	.0163	.0188	.0216
8	.0011	.0015	.0019	.0025	.0031	.0038	.0047	.0057	.0068	.0081
9	.0003	.0004	.0005	.0007	.0009	.0011	.0014	.0018	.0022	.0027
10	.0001	.0001	.0001	.0002	.0002	.0003	.0004	.0005	.0006	.0008
11	.0000	.0000	.0000	.0000	.0000	.0001	.0001	.0001	.0002	.0002
12	.0000	.0000	.0000	.0000	.0000	.0000	.0000	.0000	.0000	.0001

μ

x	3.1	3.2	3.3	3.4	3.5	3.6	3.7	3.8	3.9	4.0
0	.0450	.0408	.0369	.0344	.0302	.0273	.0247	.0224	.0202	.0183
1	.1397	.1304	.1217	.1135	.1057	.0984	.0915	.0850	.0789	.0733
2	.2165	.2087	.2008	.1929	.1850	.1771	.1692	.1615	.1539	.1465
3	.2237	.2226	.2209	.2186	.2158	.2125	.2087	.2046	.2001	.1954
4	.1734	.1781	.1823	.1858	.1888	.1912	.1931	.1944	.1951	.1954
5	.1075	.1140	.1203	.1264	.1322	.1377	.1429	.1477	.1522	.1563
6	.0555	.0608	.0662	.0716	.0771	.0826	.0881	.0936	.0989	.1042
7	.0246	.0278	.0312	.0348	.0385	.0425	.0466	.0508	.0551	.0595
8	.0095	.0111	.0129	.0148	.0169	.0191	.0215	.0241	.0269	.0298
9	.0033	.0040	.0047	.0056	.0066	.0076	.0089	.0102	.0116	.0132
10	.0010	.0013	.0016	.0019	.0023	.0028	.0033	.0039	.0045	.0053
11	.0003	.0004	.0005	.0006	.0007	.0009	.0011	.0013	.0016	.0019
12	.0001	.0001	.0001	.0002	.0002	.0003	.0003	.0004	.0005	.0006
13	.0000	.0000	.0000	.0000	.0001	.0001	.0001	.0001	.0002	.0002
14	.0000	.0000	.0000	.0000	.0000	.0000	.0000	.0000	.0000	.0001

μ

x	4.1	4.2	4.3	4.4	4.5	4.6	4.7	4.8	4.9	5.0
0	.0166	.0150	.0136	.0123	.0111	.0101	.0091	.0082	.0074	.0067
1	.0679	.0630	.0583	.0540	.0500	.0462	.0427	.0395	.0365	.0337
2	.1393	.1323	.1254	.1188	.1125	.1063	.1005	.0948	.0894	.0842
3	.1904	.1852	.1798	.1743	.1687	.1631	.1574	.1517	.1460	.1404
4	.1951	.1944	.1933	.1917	.1898	.1875	.1849	.1820	.1789	.1755
5	.1600	.1633	.1662	.1687	.1708	.1725	.1738	.1747	.1753	.1755
6	.1093	.1143	.1191	.1237	.1281	.1323	.1362	.1398	.1432	.1462
7	.0640	.0686	.0732	.0778	.0824	.0869	.0914	.0959	.1002	.1044
8	.0328	.0360	.0393	.0428	.0463	.0500	.0537	.0575	.0614	.0653
9	.0150	.0168	.0188	.0209	.0232	.0255	.0280	.0307	.0334	.0363
10	.0061	.0071	.0081	.0092	.0104	.0118	.0132	.0147	.0164	.0181
11	.0023	.0027	.0032	.0037	.0043	.0049	.0056	.0064	.0073	.0082
12	.0008	.0009	.0011	.0014	.0016	.0019	.0022	.0026	.0030	.0034
13	.0002	.0003	.0004	.0005	.0006	.0007	.0008	.0009	.0011	.0013
14	.0001	.0001	.0001	.0001	.0002	.0002	.0003	.0003	.0004	.0005
15	.0000	.0000	.0000	.0000	.0001	.0001	.0001	.0001	.0001	.0002

μ

x	5.1	5.2	5.3	5.4	5.5	5.6	5.7	5.8	5.9	6.0
0	.0061	.0055	.0050	.0045	.0041	.0037	.0033	.0030	.0027	.0025
1	.0311	.0287	.0265	.0244	.0225	.0207	.0191	.0176	.0162	.0149
2	.0793	.0746	.0701	.0659	.0618	.0580	.0544	.0509	.0477	.0446
3	.1348	.1293	.1239	.1185	.1133	.1082	.1033	.0985	.0938	.0892
4	.1719	.1681	.1641	.1600	.1558	.1515	.1472	.1428	.1383	.1339
5	.1753	.1748	.1740	.1728	.1714	.1697	.1678	.1656	.1632	.1606
6	.1490	.1515	.1537	.1555	.1571	.1584	.1594	.1601	.1605	.1606
7	.1086	.1125	.1163	.1200	.1234	.1267	.1298	.1326	.1353	.1377
8	.0692	.0731	.0771	.0810	.0849	.0887	.0925	.0962	.0998	.1033
9	.0392	.0423	.0454	.0486	.0519	.0552	.0586	.0620	.0654	.0688
10	.0200	.0220	.0241	.0262	.0285	.0309	.0334	.0359	.0386	.0413

附錄三　練習題簡答

CHAPTER　01

1. (1) p：2+3 是偶數，q：3+1 是奇數；$p \rightarrow q$

   (2) p：我在圖書館，q：我會看書，r：跟別人討論功課；$p \rightarrow q \lor r$

   (3) p：明天下雨，q：我去賣場買東西，r：去咖啡店喝咖啡；$p \rightarrow q \land r$

2. (3) 為永真式；無永假式

3. (1) 必要；(2) 充分；(3) 充要；(4) 必要

4. (1)　　　　　　　　(2)　　　　　　　　(3)

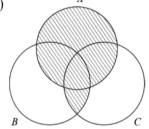 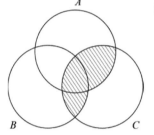 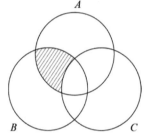

5. (1) $\{b, c, e\}$ ；(2) $\{a\}$ ；(3) $\{a, e, f\}$ ；(4) $\{h\}$ ；(5) $\{\phi, \{h\}\}$

6. (1)(4)(5)正確。

7. $\{\{a\}, \{b, c\}, \{a, \{b, c\}\}, \phi\}$

8. (1) ϕ (2) (3) (4) A

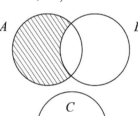 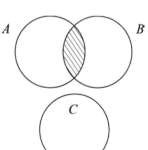

9. (1) A ；(2) $A \cap B$ ；(3) ϕ ；(4) $A \cap B$ ；(5) $A \cup B$

10. (1) $A \cap B$ ；(2) A

11. $A \cap (B \cup C) = (A \cap B) \cup (A \cap C)$

12. 3

13. 6

CHAPTER 02

1. $A^2 = \begin{bmatrix} 1 & 2 \\ 0 & 1 \end{bmatrix}$，$A^3 = \begin{bmatrix} 1 & 3 \\ 0 & 1 \end{bmatrix} \cdots A^{131} = \begin{bmatrix} 1 & 131 \\ 0 & 1 \end{bmatrix}$

2. (1) $-I$；(2) $-2A$；(3) $\begin{bmatrix} 2a & 1 \\ 1 & 2b \end{bmatrix}$

3. (1) $p = s$；(2) $n = s = t$

4. $\begin{bmatrix} 0 & a & b \\ 0 & 0 & c \\ ac & 0 & 0 \end{bmatrix}$

5. (1) 必要；(2) 充要

6. (1) 11；(2) 72

7. (1) 0；(2) 0；(3) -6；(4) 4；(5) 6

8. 1 或 2

9. (1) 否，如 $A = \begin{bmatrix} 1 & 1 & 0 \\ 1 & 1 & 1 \end{bmatrix}$，$B = \begin{bmatrix} 1 & 1 \\ 0 & 1 \\ 1 & 0 \end{bmatrix}$

   (2) 是

   (3) 是

   (4) 否，如 $A = \begin{bmatrix} 1 & 0 \\ 0 & 0 \end{bmatrix}$，$B = \begin{bmatrix} 0 & 0 \\ 0 & 1 \end{bmatrix}$

10. 略

11. (1) $z = t$，$y = s$，$x = 3 - 2s - t$，$s, t \in \mathbf{R}$

    (2) $x = -2 + \dfrac{t}{4}$，$y = 4 - \dfrac{3}{4}t$，$z = t$，$t \in \mathbf{R}$

12. $x_1 = 8 - 2t$ ，$x_2 = t - 5$ ，$x_3 = t$ ，$t \in \mathbf{R}$

13. (1) $\dfrac{1}{5}\begin{bmatrix} 4 & -1 \\ -3 & 2 \end{bmatrix}$ ；(2) $\dfrac{1}{12}\begin{bmatrix} -6 & -6 & 6 \\ 3 & -3 & -3 \\ 2 & 6 & 2 \end{bmatrix}$ ；(3) $\begin{bmatrix} \dfrac{1}{a} & 0 & 0 \\ 0 & \dfrac{1}{b} & 0 \\ 0 & 0 & \dfrac{1}{c} \end{bmatrix}$

14. (1) 2 ；(2) 3 ；(3) 4

15. (1) $\dfrac{1}{11}\begin{bmatrix} 4 & -3 \\ 1 & 2 \end{bmatrix}$ ，$x = 1$ ，$y = -1$ ；(2) 略

16.~19. 略

CHAPTER 03

1. (1) $(\overline{A} \cap B \cap C) \cup (A \cap \overline{B} \cap C) \cup (A \cap B \cap \overline{C}) \cup (A \cap B \cap C)$
   (2) $(A \cap B \cap \overline{C}) \cup (A \cap \overline{B} \cap C)$

2. (1) 8
   (2) {(正,正,正),(正,正,反),(正,反,正),(正,反,反),(反,正,正),
   (反,正,反),(反,反,正),(反,反,反)}
   (3) ϕ
   (4) {(正,正,正),(正,正,反),(正,反,正),(反,正,正)}
   (5) {(正,反,反),(反,正,反)}

3. (1) 36

(2)

第二次擲出點數

		1	2	3	4	5	6
第一次擲出點數	1	(1, 1)	(1, 2)	(1, 3)	(1, 4)	(1, 5)	(1, 6)
	2	(2, 1)	(2, 2)	(2, 3)	(2, 4)	(2, 5)	(2, 6)
	3	(3, 1)	(3, 2)	(3, 3)	(3, 4)	(3, 5)	(3, 6)
	4	(4, 1)	(4, 2)	(4, 3)	(4, 4)	(4, 5)	(4, 6)
	5	(5, 1)	(5, 2)	(5, 3)	(5, 4)	(5, 5)	(5, 6)
	6	(6, 1)	(6, 2)	(6, 3)	(6, 4)	(6, 5)	(6, 6)

(3) $\{(5,1),(6,1),(6,2)\}$

(4) $\{(1,3),(1,4),(2,2),(2,3),(3,1),(3,2),(4,1)\}$

4. 0.1

5. 0.6；0.1

6. 對

7. (1) 25%；(2) 25%；(3) 45%

8. 評估有誤

9. (1) 0.3；(2) 0.7

10. (1) $\dfrac{1}{4}$；(2) $\dfrac{1}{3}$；(3) $\dfrac{3}{4}$

11. (1) A, B 不為獨立；(2) $\dfrac{2}{3}$；(3) 0

12. (1) $\dfrac{40}{429}$；(2) $\dfrac{200}{2197}$；(3) 抽出不放回之機率較大

13. $\dfrac{2}{3}$

14. 略

15. (1) 大；減少 (2) 串聯

16. $\dfrac{5p}{1+4p}$

17. (1) $\dfrac{a}{a+b-ab}$; (2) $\dfrac{a}{a+2b}$

18. $\dfrac{2}{11}$

19. (1) $\dfrac{1}{2}$; (2) $\dfrac{13}{60}$

20. $E(X)=\dfrac{n+1}{2}$; $V(X)=\dfrac{n^2-1}{12}$

21. (1) 3 ; (2) $\dfrac{1}{27}$

22. $1-e^{-2}$

23. 略

24. 0.9970

25. $\dfrac{\log 0.2}{\log(1-p)}$

26. (1)0.2637 ; (2) 0.2637

27. $1-\dfrac{10\times 5^9}{6^{10}-5^{10}}\cong 0.6148$

28. (1)$\dfrac{25}{63}$; (2)$\dfrac{5}{84}$; (3)$\dfrac{5}{21}$

CHAPTER 04

1. (1) Max $\quad z = 2x_1 +3x_2 +0x_3 +0x_4$

    s.t. $\quad\quad x_1 +x_2 +x_3 \quad\quad = 5$

    $\quad\quad\quad\quad 2x_1 +x_2 \quad\quad +x_4 = 8$

    $\quad\quad\quad\quad x_1, x_2, x_3, x_4 \geq 0$

(2) Max $\quad z = -2x_1 \ -3x_2 \ +0x_3 \ +0x_4 \ +0x_5$

$\quad$ s.t. $\qquad 3x_1 \ +x_2 \ +x_3 \qquad\qquad\quad = 5$

$\qquad\qquad\qquad 2x_1 \ +x_2 \qquad\quad +x_4 \qquad\quad = 8$

$\qquad\qquad\qquad -3x_1 \ +x_2 \qquad\qquad\quad +x_5 \quad = 2$

$\qquad\qquad\qquad x_1, x_2, x_3, x_4, x_5 \geq 0$

2. 設每 10 公斤飼料中玉米、燕麥、大豆的重量分別為 x_1, x_2, x_3 公斤

$\quad$ Min $\quad z = \dfrac{125}{30}x_1 + \dfrac{75}{40}x_2 + \dfrac{1}{30}x_3$

$\quad$ s.t.

$\qquad x_1 + x_2 + x_3 = 10$

$\qquad \dfrac{10}{30}x_1 + \dfrac{8}{40}x_2 + \dfrac{7}{30}x_3 \geq 2$

$\qquad \dfrac{3}{30}x_1 + \dfrac{2}{40}x_2 + \dfrac{5}{30}x_3 \geq 4$

$\qquad \dfrac{4}{30}x_1 + \dfrac{3}{40}x_2 + \dfrac{3}{30}x_3 \leq 5$

$\qquad x_1, x_2, x_3 \geq 0$

3. (1) 12 $\qquad\qquad\qquad\qquad\qquad\qquad$ (2) $\dfrac{7}{3}$

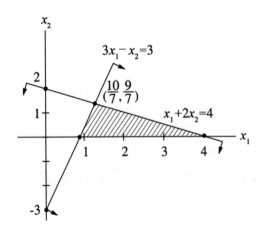

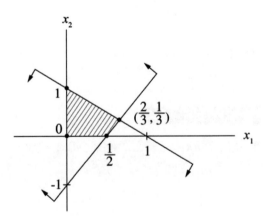

4. (1) 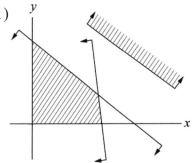 ; (2)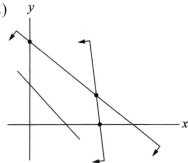

5. 不一定

6. (1) 略；(2)最大值為 9

7. (1) 對；(2) 可能；(3)成立

8. 8

9. $\dfrac{34}{5}$

10. 70

CHAPTER 05

1. (1) ① 20；② A_2

(2)

方案 ＼ 狀態	S_1	S_2	S_3
A_1	10	3	8
A_2	0	0	0

(3) 在狀態 S_1 下採取方案 A_2 之機會損失

(4) A_2

2. (1)略；(2) A_2；(3)① $A_1$②採 A_2 或 $A_3$③ $A_2$④ A_1；悲觀；⑤ A_2；(4)①0.1；② A_2

3. (1) ① $A_2$② $A_3$③ $A_2$④ A_3；樂觀⑤ A_2；(2) A_2

4. (1) 均為 A_1；(2) $0 \le p \le \dfrac{12}{17}$ 時 A_1 仍為最佳方案；$1 \ge p \ge \dfrac{12}{17}$ 時 A_2 為最佳方案。

5. (1) 未經評估前採 A_2

  (2) 評估後若為 I_1 則採 A_2，若為 I_2 則採 A_2

6. 6

7. (1) 未經評估前採 A_2

  (2) 評估後，若為 I_1 則採 A_2，若為 I_2 則採 A_2

CHAPTER　06

1. (1) P_1

2. (1) $\begin{bmatrix} 1 & 0 \\ \dfrac{7}{8} & \dfrac{1}{8} \end{bmatrix}$；(2) $\begin{bmatrix} \dfrac{23}{24} & \dfrac{1}{24} \end{bmatrix}$

3. (1) $x = \dfrac{1}{3}$, $y = \dfrac{3}{4}$, $z = \dfrac{5}{12}$；(2)

$$\begin{array}{c} & \begin{array}{ccc} 1 & 2 & 3 \end{array} \\ \begin{array}{c} 1 \\ 2 \\ 3 \end{array} & \begin{bmatrix} \dfrac{3}{4} & \dfrac{1}{4} & 0 \\ \dfrac{1}{4} & \dfrac{5}{12} & \dfrac{1}{3} \\ \dfrac{1}{2} & \dfrac{1}{3} & \dfrac{1}{6} \end{bmatrix} \end{array}$$

4. (1) 不一定；(2)對；(3)對

5. (1) $\dfrac{2}{3}$；(2) $\dfrac{3}{9}$, $\dfrac{5}{9}$, $\dfrac{1}{9}$

6. (1) $\begin{bmatrix} \dfrac{11}{32} & \dfrac{21}{32} \\ \dfrac{21}{64} & \dfrac{43}{64} \end{bmatrix}$; (2) $\dfrac{21}{64}$

7. 只有(1) P_1 是正規馬可夫鏈。

8. (1) $\dfrac{21}{64}$; (2) $\begin{bmatrix} \dfrac{43}{64} & \dfrac{21}{64} \\ \dfrac{21}{32} & \dfrac{11}{32} \end{bmatrix}$; (3) $\begin{bmatrix} \dfrac{85}{128} & \dfrac{43}{128} \end{bmatrix}$

9. 略

10. (1) $\dfrac{2}{5}, \dfrac{3}{5}, \dfrac{3}{5}$; (2) 是 ; (3) $\begin{bmatrix} \dfrac{74}{150} & \dfrac{37}{150} & \dfrac{39}{150} \end{bmatrix}$; (4) $\begin{bmatrix} \dfrac{1}{2} & \dfrac{1}{4} & \dfrac{1}{4} \end{bmatrix}$

(5) $\begin{bmatrix} \dfrac{1}{2} & \dfrac{1}{4} & \dfrac{1}{4} \\ \dfrac{1}{2} & \dfrac{1}{4} & \dfrac{1}{4} \\ \dfrac{1}{2} & \dfrac{1}{4} & \dfrac{1}{4} \end{bmatrix}$

11.

	s_4	s_5	s_1	s_2	s_3
s_4	1	0	0	0	0
s_5	0	1	0	0	0
s_1	0.8	0	0	0.2	0
s_2	0.2	0	0	0	0.8
s_3	0.3	0.7	0	0	0

12. (1)

	s_2	s_3	s_1	s_4
s_2	1	0	0	0
s_3	0	1	0	0
s_1	0.3	0.4	0.2	0.1
s_4	0.4	0.3	0	0.3

, $R = \begin{bmatrix} 0.3 & 0.4 \\ 0.4 & 0.3 \end{bmatrix}$, $Q = \begin{bmatrix} 0.2 & 0.1 \\ 0 & 0.3 \end{bmatrix}$

(2) ① $N = (I - Q)^{-1} = \begin{array}{c} s_1 \\ s_4 \end{array} \begin{array}{c} s_1 \quad\quad s_4 \\ \begin{bmatrix} \dfrac{70}{56} & \dfrac{10}{56} \\ 0 & \dfrac{80}{56} \end{bmatrix} \end{array}$: 表示由 s_1 開始在被吸收前平均在 s_1, s_4

停留數分別為 $\dfrac{70}{56}$, $\dfrac{10}{56}$ 次;由 s_4 開始在被吸收前在 s_1, s_4 停留之次

數分別為 $0, \dfrac{80}{56}$ 次。

② $B = NR = \begin{array}{c} s_1 \\ s_4 \end{array} \begin{array}{c} s_2 \quad\quad s_3 \\ \begin{bmatrix} \dfrac{25}{56} & \dfrac{31}{56} \\ \dfrac{32}{56} & \dfrac{24}{56} \end{bmatrix} \end{array}$: 表示由 s_1 開始被 s_2, s_3 吸收之機率分別為

$\dfrac{25}{56}$ 與 $\dfrac{31}{56}$; s_4 開始被 s_2, s_3 吸收之機率分別為 $\dfrac{32}{56}$ 與 $\dfrac{24}{56}$。

③ $T = Ne = \begin{array}{c} S_1 \\ \\ S_4 \end{array} \begin{bmatrix} \dfrac{80}{56} \\ \dfrac{80}{56} \end{bmatrix}$, s_1, s_4 開始平均各要轉移 $\dfrac{80}{56}$ 次才會被吸收狀態

吸引。

13. (1) $\begin{array}{c} s_2 \\ s_3 \\ s_1 \\ s_4 \end{array} \begin{array}{c} s_1 \quad s_2 \quad s_3 \quad s_4 \\ \begin{bmatrix} 1 & 0 & 0 & 0 \\ 0 & 1 & 0 & 0 \\ \dfrac{1}{10} & \dfrac{2}{10} & \dfrac{3}{10} & \dfrac{4}{10} \\ \dfrac{3}{10} & \dfrac{3}{10} & \dfrac{2}{10} & \dfrac{2}{10} \end{bmatrix} \end{array}$, $R = \begin{bmatrix} \dfrac{1}{10} & \dfrac{2}{10} \\ \dfrac{3}{10} & \dfrac{3}{10} \end{bmatrix}$, $Q = \begin{bmatrix} \dfrac{3}{10} & \dfrac{4}{10} \\ \dfrac{2}{10} & \dfrac{2}{10} \end{bmatrix}$

(2) ① s_1 開始在未被吸收前在 s_1 停留 $\dfrac{80}{48}$ 次,在 s_4 停留 $\dfrac{40}{48}$ 次; s_4 開始在未

被吸收前在 s_1 停留 $\dfrac{20}{48}$ 次,在 s_4 停留 $\dfrac{70}{48}$ 次。

② 由狀態 s_1 開始被狀態 s_2，s_3 吸收之機率分別為 $\dfrac{20}{48}$ 與 $\dfrac{28}{48}$；由狀態 s_4 開始被狀態 s_2，s_3 吸收之機率分別為 $\dfrac{23}{48}$ 與 $\dfrac{25}{48}$。

③ 從 s_1 開始平均移轉移 $\dfrac{120}{48}$ 次後進入吸收狀態，從 s_4 開始平均移轉 $\dfrac{90}{48}$ 次後進入吸收狀態。

CHAPTER 07

1. (1)

		C		
		C_1	C_2	C_3
R	R_1	R 輸 3，C 贏 3	R 輸 1，C 贏 1	R 贏 5，C 輸 5
	R_2	R 贏 1，C 輸 1	R 輸 2，C 贏 2	R 贏 7，C 輸 7

(2)

		C		
		C_1	C_2	C_3
R	R_1	R 輸 3，C 贏 6	R 輸 1，C 贏 4	R 贏 5，C 輸 2
	R_2	R 贏 1，C 輸 4	R 輸 2，C 贏 5	R 贏 7，C 輸 4

2. 右邊之報酬矩陣 R 採策略 R_1，得票 5000，C 採策略 C_2 得票 7000，理應 R 輸，但左邊卻顯示 R 贏，不合理。

3. 略

4. (1) 有鞍點　(2) $P^* = \begin{bmatrix} 0 & 0 & 1 \end{bmatrix}$，$Q^* = \begin{bmatrix} 0 & 0 & 1 \end{bmatrix}^T$　(3) $v = 5$　(4) $P^* A Q^* = 5$

5. (1) R 從 C 得到 6　(2) $P^* = \begin{bmatrix} 0 & 1 & 0 \end{bmatrix}$，$Q^* = \begin{bmatrix} 0 & 1 & 0 \end{bmatrix}^T$　(3) $v = 10$

6. (1) 混合　(2) R 之混合策略 $\begin{bmatrix} \dfrac{1}{3} & \dfrac{2}{3} \end{bmatrix}$　(3) C 之混合策略 $\begin{bmatrix} \dfrac{1}{6} & \dfrac{5}{6} \end{bmatrix}^T$

(4) $\dfrac{16}{3}$，對 R 有利

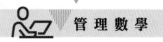

7. (1) 混合　(2) R 之混合策略 $\begin{bmatrix} \dfrac{1}{2} & \dfrac{1}{2} \end{bmatrix}$　(3) C 之混合策略 $\begin{bmatrix} \dfrac{1}{3} & \dfrac{2}{3} \end{bmatrix}^{T}$　(4) $v = 1$，對 R 有利

8. (1) 對 R, C 之最佳混合策略不變，賽局值比原賽局值多 k
   (2) 對 R, C 之最佳混合策略不變，賽局值為原賽局值之 k 倍

9. (1) R 之最佳混合策略 $\begin{bmatrix} 0 & \dfrac{4}{5} & \dfrac{1}{5} \end{bmatrix}$，$C$ 之最佳混合策略 $\begin{bmatrix} \dfrac{4}{5} & 0 & \dfrac{1}{5} \end{bmatrix}^{T}$，$v = \dfrac{14}{5}$

   (2) R 之最佳混合策略 $\begin{bmatrix} \dfrac{25}{27} & \dfrac{2}{27} & 0 \end{bmatrix}$，$C$ 之最佳混合策略 $\begin{bmatrix} 0 & \dfrac{1}{9} & \dfrac{8}{9} \end{bmatrix}^{T}$，$v = \dfrac{52}{9}$

CHAPTER 08

1. 略

2. (1) $Q = 63,246$；(2) 全年訂購成本\$94,868，全年持有成本\$94,869
   (3) 2,000,000；(4) 400,408

3. (1) $\dfrac{1}{\sqrt{3}}$ 倍；(2) $\sqrt{3}$ 倍

4. 略

5. (1) 1897；(2) 9.5 天；(3) 19 批次／年；(4) 12.6 天

6. 略

7. 最適訂購量為 77 個／次，總成本=6,470

8. $103.94 \approx 104$

9. μ

MEMO ―――――――――――――――――――――――――――――――

國家圖書館出版品預行編目資料

管理數學/黃河清, 童冠燁著. -- 初版. -- 新北市：
新文京開發出版股份有限公司, 2024.02
　　面；　公分

　ISBN　978-986-430-842-2（平裝）

　1.CST：管理數學

319　　　　　　　　　　　　　　111008523

管理數學 （書號：H211）

編 著 者	黃河清　童冠燁
出 版 者	新文京開發出版股份有限公司
地　　址	新北市中和區中山路二段 362 號 9 樓
電　　話	(02) 2244-8188（代表號）
Ｆ　Ａ　Ｘ	(02) 2244-8189
郵　　撥	1958730-2
初　　版	西元 2024 年 02 月 01 日

建議售價：490 元

New Wun Ching Developmental Publishing Co., Ltd.

New Age · New Choice · The Best Selected Educational Publications — NEW WCDP